U0186385

"十四五"国家重点出版物出版规划项目

湖北省公益学术著作
Hubei Special Funds 出版专项资金
for Academic and Public-interest
Publications

"一带一路"倡议与中国国家权益问题研究丛书
总主编／杨泽伟

海洋命运共同体的
国际法制化及其实现路径研究

——以"区域"内开采规章制定为例

李光辉　著

WUHAN UNIVERSITY PRESS
武汉大学出版社

图书在版编目(CIP)数据

海洋命运共同体的国际法制化及其实现路径研究:以"区域"内开采规章制定为例/李光辉著.—武汉:武汉大学出版社,2023.12
("一带一路"倡议与中国国家权益问题研究丛书/杨泽伟总主编)
2020年度湖北省公益学术著作出版专项资金项目"十四五"国家重点出版物出版规划项目
ISBN 978-7-307-24019-3

Ⅰ.海… Ⅱ.李… Ⅲ.①海洋学—关系—国际关系—研究 ②海洋开发—海洋法—国际法—研究 Ⅳ.①P7 ②D81 ③D993.5

中国国家版本馆 CIP 数据核字(2023)第 189480 号

责任编辑:林 莉 责任校对:汪欣怡 版式设计:马 佳

出版发行:武汉大学出版社 (430072 武昌 珞珈山)
(电子邮箱:cbs22@whu.edu.cn 网址:www.wdp.com.cn)
印刷:湖北恒泰印务有限公司
开本:720×1000 1/16 印张:21 字数:205 千字 插页:2
版次:2023 年 12 月第 1 版 2023 年 12 月第 1 次印刷
ISBN 978-7-307-24019-3 定价:88.00 元

本书系杨泽伟教授主持的 2022 年度教育部哲学社会科学研究重大课题攻关项目"全球治理的区域转向与中国参与亚洲区域组织实践研究"（项目批准号为：22JZD040）阶段性成果之一

"'一带一路'倡议与中国国家权益问题研究丛书"总序

"一带一路"倡议自 2013 年提出以来，迄今已取得了举世瞩目的成就，并产生了广泛的国际影响。截至 2022 年 2 月中国已累计同 148 个国家、32 个国际组织签署了 200 多份政府间共建"一带一路"合作文件。可以说，"一带一路"倡议顺应了进入 21 世纪以来国际合作发展的新趋势，昭示了新一轮的国际政治新秩序的变革进程，并且是增强中国国际话语权的有益尝试；共建"一带一路"正在成为中国参与全球开放合作、改善全球经济治理体系、促进全球共同发展繁荣、推动构建人类命运共同体的中国方案。况且，作为现代国际法上一种国际合作的新形态、全球治理的新平台和跨区域国际合作的新维度，"一带一路"倡议对现代国际法的发展产生了多方面的影响。[①]

同时，中国已成为世界第二大经济体、第一大制造国、第一大外汇储备国、第一大债权国、第一大货物贸易国、第一大石油进口国、第一大造船大国、全球最大的投资者，经济对外依存度长期保持在 60% 左右；中国有 3 万多家企业遍布世界各地，几百万中国公民工作学习生活在全球各个角落，2019 年中国公民出境旅游人数高达 1.55 亿人次，且呈逐年上升趋势。可见，中国国家权益涉及的范围越来越广，特别是海外利益已成为中国国家利益的重要组成部分。因此，在这一背景下出版"'一带一路'倡议与中国国家权益问题研究丛书"，具有重要意义。

首先，它将为落实"十四五"规划和实现 2035 年远景目标提供

---

① 杨泽伟等."一带一路"倡议与国际规则体系研究[M].北京：法律出版社，2020.22.

理论支撑。习近平总书记在 2020 年 11 月中央全面依法治国工作会议上强调,"要坚持统筹推进国内法治和涉外法治"。《中华人民共和国国民经济和社会发展第十四个五年规划和 2035 年远景目标纲要》提出要"加强涉外法治体系建设,加强涉外法律人才培养"。中国 2035 年的远景目标包括"基本实现国家治理体系和治理能力现代化""基本建成法治国家、法治政府、法治社会"。涉外法治体系是实现国家治理体系和治理能力现代化,基本建成法治国家、法治政府、法治社会的重要方面。本丛书重点研究"全球海洋治理法律问题""海上共同开发争端解决机制的国际法问题"以及"直线基线适用的法律问题"等,将有助于统筹运用国际法完善中国涉外立法体系,从而与国内法治形成一个相辅相成且运行良好的系统,以助力实现"十四五"规划和 2035 年远景目标。

其次,它将为推动共建"一带一路"高质量发展提供国际法方面的智力支持。十九届五中全会明确提出继续扩大开放,坚持多边主义和共商共建共享原则,推动全球治理变革,推动构建人类命运共同体。本丛书涉及"'一带一路'倡议与中国国际法治话语权问题""'一带一路'背景下油气管道过境法律问题"等。深入研究这些问题,既是对中国国际法学界重大关切的回应,又将为推动共建"一带一路"高质量发展提供国际法方面的智力支持。

再次,它将为中国国家权益的维护提供国际法律保障。如何有效维护中国的国家主权、安全与发展利益,切实保障国家权益,共同应对全球性风险和挑战,这是"十四五"规划的重要任务之一。习近平总书记特别指出"要强化法治思维,运用法治方式,有效应对挑战、防范风险,综合利用立法、执法、司法等手段开展斗争,坚决维护国家主权、尊严和核心利益"。① 有鉴于此,本丛书涵盖了"中国国家身份变动与利益保护的协调性问题""国际法中有效控制规则研究"等内容,能为积极运用国际法有效回应外部挑战、维护中国国家权益找到答案。

---

① 习近平. 坚定不移走中国特色社会主义道路 为全面建设社会主义现代化国家提供有力法治保障 习近平在中央全面依法治国工作会议上的讲话[J]. 求是,2021,(5).

　　最后，它还有助于进一步完善中国特色的对外关系法律体系。对外关系法是中国特色社会主义法律体系的重要组成部分，也是处理各类涉外争议的法律依据。涉外法治是全面依法治国的重要内容，是维护中国国家权益的"巧实力"。然而，新中国成立以来，中国对外关系法律体系不断发展，但依然存在不足。随着"一带一路"倡议的深入推进，中国对外关系法律体系有待进一步完善。而本丛书探讨的"'一带一路'倡议与中国国际法治话语权问题""全球海洋治理法律问题""'一带一路'背景下油气管道过境法律问题""海上共同开发争端解决机制的国际法问题"等，既有利于中国对外关系法律体系的完善，也将为中国积极参与全球治理体系变革、推动构建人类命运共同体提供国际法律保障。

　　总之，"'一带一路'倡议与中国国家权益问题研究丛书"的出版，既有助于深化国际法相关理论问题的研究，也有利于进一步提升中国在国际法律秩序发展和完善过程中的话语权、有益于更好地维护和保障中国的国家权益。

　　作为享誉海内外的出版社，武汉大学出版社一直对学术著作的出版鼎力支持；张欣老师是一位充满学术情怀的责任编辑。这些得天独厚的优势，保证了本丛书的顺利出版。趁此机会，本丛书的所有作者向出版社的领导和张欣老师表示衷心的感谢！另外，"'一带一路'倡议与中国国家权益问题研究丛书"议题新颖、涉及面广，且大部分作者为学术新秀，因此，该丛书难免会存在不足和错漏，敬请读者斧正。

杨泽伟 [1]

2022 年 2 月 19 日

武汉大学国际法研究所

---

　　[1]　教育部国家重大人才计划特聘教授，武汉大学珞珈杰出学者、二级教授、法学博士、武汉大学国际法研究所博士生导师，国家高端智库武汉大学国际法治研究院团队首席专家，国家社科基金重大招标项目、国家社科基金重大研究专项和教育部哲学社会科学研究重大课题攻关项目首席专家。

目　　录

绪　　论

一、研究背景

中国于 2019 年正式提出的海洋命运共同体理念作为全球海洋治理的一种全新思路，为全球海洋秩序变革、人类海洋利益共享提供了新的方案。在国际实践中，一种新的国际理念只有经提出、发展、丰富与完善后逐渐被各国所接受，并经国家不断实践，最终以法律形式将其中所涉权利义务予以确立和固定，才能真正实现其为全人类利益服务的目标。因此，海洋命运共同体理念只有实现国际法制化，以国际公约或条约等国际法规范形式对其中所包含的愿景、权利义务的分配方案等内容加以规定，才能推动海洋命运共同体的早日实现，更好地解决现有全球海洋治理中的困境。

世界上许多国家对海洋命运共同体理念尚未有完全了解，对其国际法制化的实现也是模棱两可，加之海洋命运共同体国际法制化的框架宏大，这就使得海洋命运共同体国际法制化的实现不可能一蹴而就。因此，海洋命运共同体国际法制化的构建需要有典型"范例"来予以先行实践，使之可以提供经验与参考，从而形成"以面引点""以点带面"的互动模式，通过海洋命运共同体中的价值理念来引领其在典型"范例"中国际法制化的实现，又以典型"范例"中国际法制化的实行来逐步催化海洋命运共同体国际法制化的实现，从而最终推动海洋命运共同体的构建。

海洋命运共同体理念兼收并蓄，涉及人类海洋生活的各方各面。当前，"国际能源版图不断重塑，国际能源体系尚待革新完善"。①

---

① 杨泽伟."一带一路"倡议背景下全球能源治理体系变革与中国作用[J]. 武大国际法评论，2021，5（2）：26.

人类对资源的需求随着社会的深入发展与日俱增，而国际海底区域（International Seabed Area，以下称"区域"）内蕴藏的丰饶资源尚待有效开采，"区域"内资源的利用将会对人类社会发展提供巨大的机遇与支撑。纵观"区域"内资源开采现有法律规范，不难发现"区域"内资源开采立法尚未完善。自 2001 年至 2021 年的 20 年时间里，国际海底管理局（International Seabed Authority，以下称"海底管理局"）共计批准了 30 个"区域"内采矿区。2021 年 12 月 10 日，海底管理局理事会第 26 届第二期会议在牙买加金斯顿闭幕，会议决定将国际海洋金属联合组织（Interoceanmetal Joint Organization）、俄罗斯联邦南方生产协会（the JSC Yuzhmorgeologiya for the Russian Federation）、韩国政府（the Government of Korea）、日本深海资源开发公司（Deep Sea Resources Development Corporation of Japan）、中国大洋协会（China Ocean Mineral Resources R & D Association）、法国海洋开发研究院（France Ifremer）和德国联邦地球科学与自然资源研究所（Germany Federal Institute for Geosciences and Natural Resources）分别持有的七个"区域"内多金属结核勘探合同延长 5 年，[1] 进而为迎接"区域"内资源的商业性开采做好充足准备。"区域"内的开采活动需要有相关法律法规予以规范。从 2016 年第一部"区域"内开采规章（草案）出台起，至 2018 年，海底管理局连续每年都出台一份开采规章（草案）。通过对三部开采规章（草案）的对比分析不难发现，其在内容上不断丰富，结构也逐渐趋向合理，一些重要问题得到了细化，但在某些关键问题上却仍需进一步的完善。[2] 随着开采规章（草案）制定的上述发展与演变，"区域"内资源的开采也逐渐具有了可能性，配套的相关法律规定也将会在资源开采过程中发挥重要作用。

---

① 参见 ISA. ISA Assembly Concludes In-person Meetings under the 26th Session［EB/OL］. https：//www. isa. org. jm/news/isa-assembly-concludes-person-meetings-under-26th-session，2021-12-05/2021-12-15.

② 参见王勇. 国际海底区域开发规章草案的发展演变与中国的因应［J］. 当代法学，2019，33（4）：79.

目前，"区域"内资源开发的相关法律制度已经迎来了发展的关键时期。"区域"内资源开采规则内容的逐渐成熟，不仅关系到人类共同继承财产原则的落实，更是关系到作为第一批承包者在"区域"内申请勘探合同的中国的切身利益。中国是目前唯一与海底管理局签订富钴铁锰结壳、多金属结核和多金属硫化物三种矿产资源勘探合同以及拥有四块专属矿区的国家。① 然而，由于缺乏"区域"内探矿、勘探和开采整套规则的"采矿法"，"区域"内相关开采活动无法得到法律的有效规制，承包者的相应权利也缺少立法上的保障。海洋命运共同体理念作为实现全球海洋治理的"中国方案"，以其"和谐海洋"的核心要义，推进构建"和平之海""安全之海""合作之海""清洁之海"，可以为"区域"内资源的开采提供一种全新的思路，为"区域"内开采中遇到的问题提供一种全新的解决路径，其通过进一步落实人类共同继承财产原则，促进"区域"内资源有效开采与利用，从而使"区域"内资源为全人类利益需求而服务。因此，本书选择"区域"内资源开采来进一步落实海洋命运共同体理念，实现其在"区域"内开采规章制定中的国际法制化，具有重要意义。与此同时，中国作为"区域"内资源开采的利益最相关者，在海洋命运共同体理念的指引下，深度参与全球海洋治理，密切关注并积极参与"区域"内开采规章的制定工作，申明中国立场与态度，提升中国在"区域"内的话语权，将中国先驱投资者的身份落到实处，从而获取现实利益，已是大势所趋。②

而今，尚在制定中的"区域"内开采规章仍存在许多不足之处。例如，承包者对所属矿区内特定种类矿产资源的专属权及优先开采权并未在现有版本的开采规章（草案）中得到体现；"区域"内海洋环境保护的重要性与特殊性，以及环境管理计划未得到应有的重视；担保国责任未得到进一步的明确与细化；承包商与各行为主体

① 参见王勇．国际海底区域开发规章草案的发展演变与中国的因应[J]．当代法学，2019，33(4)：88.
② 参见杨泽伟．国际海底区域"开采法典"的制定与中国的应有立场[J]．当代法学，2018，32(2)：26-34.

之间的责任与赔付责任依然未得到落实，等等。中国可以在海洋命运共同体理念的指引下进一步明确承包者应该享有的权利内容，如其在 2017 年《关于〈"区域"内矿产资源开发规章草案〉的评论意见》中就曾指出，应当在开采规章中实现承包者的权利义务平衡，明确包括优先开采权在内的承包者权利。[①] 中国应当立足于"区域"内开采规章（草案）三年来在内容上的发展变化，在重新审视中国已有主张与利益需求的基础上，积极参与开采规章的制定，并深入贯彻海洋命运共同体理念，推动其在"区域"内开采规章制定中的国际法制化，逐步引领相关规则的制定。

此外，选取"区域"作为"中国方案"的海洋命运共同体理念的具体实践领域，可以促成海洋命运共同体理念国际法制度化的早日实现。在这一重要的过程中，中国深度参与其中，贡献中国的智慧与中国力量。在"区域"内资源即将进入开采阶段这一关键时机，中国深海法体系尚待完善，未来需要在海洋命运共同体理念及其国际法制化的指引下，密切关注"区域"内开采活动立法动向及各国态度，推动中国国内深海采矿法的更新与完善，为中国在"区域"内的资源开采活动搭建法律保障。

二、研究意义

作为中国在全球海洋治理中提出的又一中国方案，海洋命运共同体理念充分彰显了中国智慧，并表明了积极参与全球海洋治理、维护全人类海洋权益、保护海洋环境安全的中国决心。海洋命运共同体作为一种理念倡议，只有将其予以国际法制化，才能使其获得国际法上的效力，使得在国家范围内的权利义务得以固定，并在国际法领域具备法律效力。而选取"区域"内开采规章制定作为海洋命运共同体国际法制化的推进与实践领域，更有其深刻意义。

随着社会生活的不断深入发展，国际能源资源也相应变得紧

---

① 参见国际海底管理局．中华人民共和国政府关于《"区域"内矿产资源开发规章草案》的评论意见［EB/OL］．https：//www. isa. org. jm/files/documents/EN/Regs/2017/MS/ChinaCH. pdf，2017-12-20/2021-03-15.

缺，"区域"内资源的开采为人类生存与发展提供了更多可能的资源支撑。多年以来制定的"区域"开采规章合同中规定的各事项，为"区域"内资源由勘探转入开发做了充分的准备。因为历经多年的勘探与技术提升，以及开采制度的逐步完善，当下对"区域"内资源的开采已经具备时机成熟、技术成熟等有利条件，此时转入开采阶段将具有重要的现实意义。然而，由于缺乏系统完善的开采规章对开采活动予以规制，对权利义务予以保障，就合同期届满后是否应由勘探转入开采阶段，以及包括开采阶段相关问题的处理，如开采阶段承包者的优先权如何实现、各行为主体的责任与赔付责任问题、担保国责任等内容尚待明确，这对未来的"区域"内资源开采将产生一定的消极影响。目前的开采规章制定工作依旧面临重重阻碍，各国意见不一，利益需求不同，对开采规章的制定提出不同的评论、表现出不同的态度，在相关议题上各持己见，难以达成合意。中国首倡的海洋命运共同体理念进一步推动了"区域"内资源的开发，并为开采阶段面临的现实问题提供了理念的革新和解决的路径。因此，本书的写作与分析，可以为"区域"内资源开采进一步做好准备，通过引入海洋命运共同体理念，厘清开采过程中的承包者权利义务关系、担保国责任问题、环境保护等与资源开采紧密相关又与海洋命运共同体理念价值高度契合的问题，通过实现其"区域"内国际法制化来补足当前开采规章制度中的不足，实现资源的有序开采，使"区域"内资源为全人类利益服务，并推动海洋命运共同体国际法制化的实现。

(一) 理论价值

本书通过对海洋命运共同体理念的研究，探究其国际法制化的实现，并以"区域"内开采规章的制定为例，探索其在未来"区域"内开采规章制定中的实现，主要有以下理论价值：

1. 深化共同体理念指引，丰富人类命运共同体理念

构建海洋命运共同体的倡议是对当前全球海洋治理体系与模式的更新和完善，可以推动其深入发展。海洋命运共同体理念的核心精神在于其所包含的共同体价值，即是一种坚持合作共赢、追求国

际公平正义的共同利益观，就是要建设"持久和平、普遍安全、共同繁荣、开放包容、清洁美丽的海洋世界"。① 在海洋命运共同体理念下探寻"区域"内开采规章制定中的相关问题，需要充分落实与贯彻"共同体"价值，深化"共同体"理念的指引。海洋命运共同体在内容上是对人类命运共同体理念的丰富与发展，在实践上既是在全球海洋治理领域对人类命运共同体的落实与践行，亦是其重要的组成部分。通过"区域"内资源开采制度的更新与完善，促进海洋命运共同体的构建，从而可以完善人类命运共同体的海洋内涵并凸显其在海洋领域的重要价值，最终推动人类命运共同体的早日实现。海洋命运共同体理念是人类命运共同体理念在海洋领域中的具体化与系统化的新倡议、新政策。在制度建构层面，"海洋命运共同体"是中国特色社会主义"人类命运共同体"的延续与承继，② 是人类命运共同体理念的丰富与完善。③ 作为人类命运共同体重要组成部分的海洋命运共同体是推动全球海洋发展与治理的具体方案，④ 它们在内容、理念、方案设计上一脉相承。

2. 实现海洋命运共同体国际法制化，为全球海洋治理变革提供新方案

首先，海洋命运共同体理念最终在国际法律制度上的体现，既是中国立场、中国智慧、中国价值的制度表达，也是中国国际海洋话语权塑造和中国全球海洋治理领导力的重要指标。国际法是各国在交往过程中形成的规则或习惯，现有国际法律制度已经逐步成为国际社会在处理国际关系与事务时无法忽视的存在。国际法使得权利义务在国际社会层面得以固定，使得国际事务有章可循。国际法

---

① 中央宣传部. 习近平新时代中国特色社会主义思想学习纲要[M]. 北京：学习出版社、人民出版社，2019.186.

② 陈秀武."海洋命运共同体"的相关理论问题探讨[J]. 亚太安全与海洋研究，2019，（3）：23-36.

③ 参见徐峰."海洋命运共同体"的时代意蕴与法治建构[J]. 中共青岛市委党校青岛行政学院学报，2020，（1）：64.

④ 参见徐艳玲，陈明琨. 人类命运共同体的多重建构[J]. 毛泽东邓小平理论研究，2016，（7）：74-79.

对当今的世界格局或现有资源利益予以分配调整，而谁在国际法形成的过程中发挥了重要作用，则其便可将自己的意愿附加到国际法制内容中。因此，可以说，当今世界谁把握了国际法制度创新的先机，谁就把握了相关国家权利义务配置的主动权，也就把握了利益格局重新分配的主动权，进而能在规则制定实施过程中，体现、维护并实现自己的利益。① 其次，环顾当前国际海洋局势，海洋命运共同体除得到了传统邦交友好国家的支持以外，尚未在西方发达国家尤其是海洋大国引起广泛共鸣。外文媒体对此相关报道尚少。其也仅是见诸中国国际电视台、新华网英文版、中国日报英文版等中国官方媒体。② 综上所述，应及时将海洋命运共同体理念转化为国际法律制度，从而形成有效、长期的国际共识，指导全球海洋治理。

当前，全球海洋治理陷入困境，全球海洋治理模式需要更新迭代，全球海洋治理中的问题不断凸显，尚未找到有效的解决之路。海洋命运共同体理念的诞生及其国际法制化的实现，可以为全球海洋治理面对的困境提供解决之路，为全球海洋治理变革提供新的行动方案与有效对策，其国际法制化的实现可以为目前在全球海洋治理过程中遇到的新问题从法律层面上提供解决办法，并在未来方面发挥管控分歧、避免争端产生的有效作用。

3. 为"区域"内开采规章制定与中国深海法体系完善提供新思路

"区域"内资源开采活动是全球海洋治理中的重要组成部分。其自身条件与环境的独特性导致其问题的复杂性。例如，目前"区域"内资源开采的优先权、担保国责任、环境保护等问题尚未解决，"区域"内开采规章尚在制定中，研究海洋命运共同体国际法制化的必要性与实现路径，并且探讨其在"区域"内实现的路径，

---

① 参见彭芩萱. 人类命运共同体的国际法制度化及其实现路径[J]. 武大国际法评论，2019，3(4)：9.

② 参见彭芩萱. 人类命运共同体的国际法制度化及其实现路径[J]. 武大国际法评论，2019，3(4)：9.

可以为当前"区域"内开采规章制定中的相关规定与"区域"内相关问题的解决提供新的思路与模式，从而使得"区域"内资源开发活动以及"区域"内开采规章的规定更符合全人类的共同利益。

《中华人民共和国深海海底区域资源勘探开发法》(以下简称《深海法》)已经于2016年颁布，其目的是进一步加强对"区域"内资源勘探开采活动的规范，保护深海生态环境，促进资源可持续利用，维护人类在"区域"内的共同利益。① 然而，中国《深海法》施行较晚，法律规定尚不成熟，深海法体系亦尚未完善，可以说其仍处于起步阶段，作为在"区域"内申请勘探开采合同的先驱投资者之一，完善的国内深海法体系将会为中国在"区域"内资源开采过程中赢得更多的先机与惠益。海洋命运共同体理念及其国际法制化的实现可以为中国《深海法》内容与深海法体系的完善提供新的思路与指引，目前，开采规章的制定工作仍在进行中，中国应该进一步加强对"区域"内立法的研究与关注，同时对国内深海法律制度予以调整，从而为未来"区域"内开采活动提供制度保障，② 也进一步推动中国海洋法体系的完整构建。

(二)现实意义

本书通过对海洋命运共同体理念的研究，探究其国际法制化的实现，并以"区域"内开采规章的制定为例，探索其在未来"区域"内开采规章制定中的实现，主要有以下现实意义：

1. 检视"区域"内现有制度不足，探索提出立法改进建议

国际社会对"区域"的探索从初识到试图对其内资源进行操控垄断，再到各国同意通过谈判协商解决，又到初步实现立法规制，赋予其"人类共同继承财产"意义，从国际立法走向国内立法，历经半个多世纪；从技术的缺乏到技术的成熟，"区域"内开采制度循序渐进地被推向成熟，走向完善，也让深海底采矿逐步成为可

---

① 参见《中华人民共和国深海海底区域资源勘探开发法》第1条。

② 参见罗国强，冉研."区域"内活动的担保国法律保障机制研究[J].江苏大学学报(社会科学版)，2021，23(3)：30.

能，即将变为现实。在首批勘探开发合同即将届期之际，海底管理局连发三部草案，准备迎接"区域"内矿产资源进入开采阶段。但对于详细的开采规定，以及现阶段合同期限届满是否应该即刻转入开采，又应该如何进行开采，开采过程中的一系列相关问题，如承包者的优先权保护、海底环境保护、担保国责任细化、各行为主体的责任与赔付责任落实等，仍然缺乏明确详细的立法规定。本书通过总结现有的学术研究成果，溯源"区域"内资源开采的发展历程，回顾"区域"内资源开采的历史阶段，肯定当下应该转入开采的趋势，在海洋命运共同体及其国际法制化的视域下检索与查找现有制度的不足之处，探究其对未来开采制度规定的缺漏，以便在接下来的写作中可以从立法上为即将迎来的开采阶段提供法律依据，从实践上指导开采中的各项活动。

在海洋命运共同体理念的指导下，"区域"内资源开采活动需要更为详细和明确的立法规范与指引，通过进一步落实人类共同继承财产原则，使"区域"内资源能为全人类利益需求服务。然而据当前情况来看，对于"区域"内开采合同届期后转入开采阶段的相关立法规定仍然缺位，对未来"区域"内资源开采活动造成了一定的阻碍。是以在分析当前开采规章中不足之处的基础之上，从国际法角度予以考虑，更新"区域"内开采规章的制定理念，以海洋命运共同体及其国际法制化为指引，尝试补足当前规定中在合同期限届满是否应该转入开采，又应该如何开采以及开采过程中的一系列相关问题，如承包者的优先权问题、担保国责任问题、各行为主体的责任与赔付责任问题等方面的相关立法缺陷，从而为"区域"内的开采活动提供海洋命运共同体视域下国际法的指引与规范。

2. 提升中国"区域"内话语权，引领国际规则构建

中国在海底管理局的地位近年来得到不断的提升。1996 年，中国当选为海底管理局主要投资国（B 组）首届理事会成员，并在 2000 年获得了连任。2004 年，中国又成功当选为主要消费国（A 组）理事会成员，任期四年（2005 年 1 月 1 日至 2008 年 12 月 31 日）。中国从 B 组进入 A 组，不仅表明中国经济实力的增强，更是

中国在"区域"内事务中地位提升的彰显。① 2021 年 3 月 3 日，国际海底管理局第 26 届大会通过静默程序选出新任理事会成员，任期为 2021 年至 2024 年，中国连任 A 组成员。② 作为海底管理局的主要成员，中国在海底管理局以及"区域"内各规章制定工作中均发挥了不可小觑的作用。③ 中国不仅要在实践上积极参与"区域"内资源开采活动，还应该积极关注中国在"区域"内资源开采活动中的话语权。在未来的"区域"内资源开采活动中，中国除了要强化硬实力，如技术水平、人员资源配备等；还需要着力加强软实力，即在制定"区域"制度方面不断提高影响力，将符合中国利益诉求的规则纳入其中，从而使中国的主张能够在相关国际立法，如未来"区域"内开采规章中得到充分体现。而这一目标的实现则取决于"区域"内开采的国内立法的完善。④ 中国在"区域"内资源开采的过程中要善用国际眼光，讲中国故事，采比较方法，显中国特色，努力提升"区域"资源管理与开采中的中国元素和中国贡献，提升中国在"区域"内的话语权，构建中国国际海洋话语体系。

此外，"区域"内的资源开采活动也离不开中国的广泛参与，中国作为技术大国、负责任大国，不论是在技术支撑，还是在资源的分配、争端的解决、规则的制定中都扮演着重要的角色，肩负着重要的使命，中国作为发展中国家的最广泛利益代表，要积极推动落实人类共同继承财产原则，践行海洋命运共同体理念，引领国际海洋规则的构建，为广大发展中国家利益发声。因此，中国对"区

---

① 参见中华人民共和国外交部. 中国在国际海底管理局第十届年会上当选理事会 A 组成员［EB/OL］. https：//www. fmprc. gov. cn/web/wjb_673085/zzjg_673183/tyfls_674667/xwlb_674669/t129336. shtml，2021-03-16/2022-05-27.

② 参见中华人民共和国自然资源部. 中国连任国际海底管理局理事会 A 组成员［EB/OL］. http：//www. mnr. gov. cn/dt/hy/202103/t20210316_2617258. html，2021-03-16/2022-04-05.

③ 参见张辉. 国际海底区域法律制度基本框架及其发展［J］. 法学杂志，2011，32(4)：13.

④ 参见张湘兰，叶泉. 中国国际海底区域开发立法探析［J］. 法学杂志，2012，33(8)：73.

域"内资源开采活动的参与既是开采资源以满足现实需求的必然需
要，也是中国积极参与"区域"内资源开采活动的重要表现。中国
只有积极参与到"区域"内资源开采活动之中，才能为自己的权益
保驾护航，只有积极参与并引领国际海洋规则的构建，才能够为中
国在"区域"内获取资源提供根据与抢占先机。只有把握国际海洋
规则创新的先机，才能使中国在海洋利益分享中占据权利义务配置
的主动，从而可以实现利益格局的重新分配，进而才能在规则制定
实施过程中，体现、维护并实现中国利益。本书通过对"区域"内
开采合同届期，及其期满转入开采后相关制度的研究，最终落脚到
中国的相关启示之上，即提出中国的应对之策，激励中国顺应历史
潮流，抢抓机遇，积极参与"区域"内资源开采活动，谋求中国利
益，引领"区域"内国际规则制度的构建，为中国在"区域"内资源
利益获取上争取主动。

3. 纾解共同继承财产原则适用困境，积极构建海洋命运共
同体

自"区域"内资源作为全人类共同继承财产由全人类共同享有
与利用这一基本原则在《联合国海洋法公约》(United Nations
Convention on the Law of the Sea，以下简称《海洋法公约》)中得到确
立以来，其在目前的适用过程中也出现了新的问题与困境，这导致
全人类的共同利益不能得到根本的维护。海洋命运共同体国际法制
化的实现既可以作为全人类共同继承财产原则的时代载体，又可以
将其进一步细化，并以国际法制的形式固定下来，使其实现更有法
制保障；海洋命运共同体在"区域"内开采规章中国际法制化实现
则又可以有效地化解当前该原则在"区域"内的适用困境，使其更
具有可操作性与实践意义。

积极参与全球海洋治理，是构建海洋命运共同体的必由之路。
海洋能源资源的开发，"区域"内资源的开采，既是对人类共同继
承财产原则的有效践行，亦是对构建海洋命运共同体的有力助推。
海洋命运共同体理念在"区域"内开采规章制定中的国际法制化是
实现"区域"内资源价值、弘扬海洋命运共同体理念的绝佳机会。
中国提出海洋命运共同体绝不是一时之意，也绝非仅仅是"喊口

号"，而是要将其落到实处，切实推动海洋命运共同体的构建，真正实现海洋共同繁荣。因此，本书以海洋命运共同体为视域，既是一种全新的视角，更是深切地关系到"区域"内未来的资源开采走向，通过其国际法制化实现可以为"区域"内未来开采活动与全人类利益提供法制保障，并践行对人类海洋命运共同体的构建。

　　本书将海洋命运共同体理念作为全新视域，以探索海洋命运共同体国际法制化为起点与核心，选取海洋命运共同体理念在"区域"内开采规章制定中的国际法制化与实践为研究例证，关注"区域"内资源开采相关制度的构建，并选取其中当前国际社会较为关注、更多讨论、分歧较多的问题领域，如担保国责任履行、"区域"开采中的海洋环境保护与保全、各行为主体的责任与赔付责任、优先权等问题，以期可以用海洋命运共同体的全新视角为其探寻突破口，以国际法制化为出路，找到解决之策，落实人类共同继承财产原则的适用，也可以进一步推动"区域"内开采规章的制定。最终落脚到关注中国深海法体系的建构，为中国的深海权益提供法律规范，也推动中国"海洋命运共同体"倡议的早日落实，促使其国际法制化的完成。

三、国内外研究现状综述

　　海洋命运共同体理念自 2019 年被正式提出以来，其发展时间尚短，相关研究也并不多见。国内外对"海洋命运共同体"的研究还未见深入，针对其国际法意涵与国际法制化实现的研究，尚付阙如。而作为海洋命运共同体理念实践领域的"区域"内立法，从《海洋法公约》的规定到相关开采法规的制定已经历了深刻的讨论，国内外相关研究也较为丰富、全面。但在海洋命运共同体理念及其国际法制化指引下的"区域"内开采规章制定与制度的完善及问题解决方面的相关研究还尚未出现。

（一）国内研究现状

　　在国内，对海洋命运共同体的研究仍停留在提出背景、提出理念、理念渊源等初级研究阶段，或是对海洋命运共同体理念的内涵和时代意义的探究之上，或较为简单、宏观地讨论其法治实现路径；而在"区域"内立法完善上，以对现有法律规范的评论为主要研究内容，并兼顾对中国深海采矿法的完善与深海法体系的构建，在海洋命运共同体及其国际法制化实现视域下的"区域"内立法研究尚不多见。

1."海洋命运共同体"研究

例如，孙超、马明飞在其《海洋命运共同体思想的内涵和实践路径》一文中，研究了海洋命运共同体的思想渊源与概念，并且提出了关于"区域海洋命运共同体"构建的设想与论证，同时关注了提升中国国际海洋制度性话语权的内容。① 海洋命运共同体理念内容丰富，刘巍在《海洋命运共同体：新时代全球海洋治理的中国方案》一文中阐述了"开放包容、和平安宁、合作共赢、人海和谐"是海洋命运共同体理念的深刻内涵，同时他在文章中也详细论述了构建海洋命运共同体的必然性与必要性。② 金永明在其《论海洋命运共同体理论体系》一文中，详细剖析了海洋命运共同体理论体系的构建。他指出，"和谐海洋"与人类命运共同体理念中所包含的原则和精神是与海洋命运共同体理念的目标和价值追求相一致的。为此，各方要在遵守既有共识与协议的基础上，为解决海洋权益争端积极创造有利条件，也要在充分运用已有平台的基础上创设新的平台，共同为完善海洋命运共同体理论体系作出贡献，推动海洋命运共同体的早日构建。③

全球海洋治理涉及海洋管理的诸多方面，有公共产品供给、危机管控等内容，海洋命运共同体理念则为全球海洋治理中的相关问题提供了新的思路与指引。如在面对海洋危机管控方面，杨泽伟认为构建海洋命运共同体的倡议可以从坚持"共商、共建、共享"原

---

① 参见孙超，马明飞.海洋命运共同体思想的内涵和实践路径[J].河北法学，2020，38(1)：183-191.
② 参见刘巍.海洋命运共同体：新时代全球海洋治理的中国方案[J].亚太安全与海洋研究，2021，(4)：32-45.
③ 参见金永明.论海洋命运共同体理论体系[J].中国海洋大学学报(社会科学版)，2021，(1)：1-11.

则、加强国际组织之间的协调等方面更好地推动海洋危机管控国际合作的变革。① 上述以问题为导向的研究成果，为进一步在海洋命运共同体理念指引下分析与完善全球海洋治理体系提供了必要的参考和借鉴。

2."海洋命运共同体"的法治路径完善研究

海洋命运共同体作为一种全球海洋治理的全新方略被提出，其国际法制化实现关乎着该理念可以在多大程度上达成目标、发挥作用。然而，当前学界针对海洋命运共同体国际法制化的研究仍寥寥无几。吴蔚在其《构建海洋命运共同体的法治路径》一文中提出，"通过加快海洋立法，完善海洋治理法律体系，与时俱进修订相关涉海法律，强化海洋生态保护立法，积极参与国际涉海法律规制制定，维护国际海洋法治的正义五个方面来提出新时代完善全球海洋法治的主要路径"，② 并从健全国内海洋法律制度、进一步加强海洋法治的国际交流与合作，为全球海洋法治建设贡献"中国方案"和"中国智慧"，讲好遵守国际海洋法治的"中国故事"，彰显负责任大国形象四个方面提出进一步完善海洋法治建设的路径思考。③ 徐峰在其《"海洋命运共同体"的时代意蕴与法治建构》一文中则指出：在实施内容上，出于进一步维护中国海洋主权、构建海洋安全保障、发展蓝色海洋经济、保护海洋生态环境的考虑，急需探索出一条符合中国国情与利益需求的海洋法治化道路。中国应从国内、区域与国际三个层面出发，有计划、分阶段地明确各个阶段的具体任务及相关措施。④ 以上这些研究内容都较为宏观、宽泛，缺乏较为具体、实际可行的行动措施与方案。

---

① 参见杨泽伟.论"海洋命运共同体"构建中海洋危机管控国际合作的法律问题[J].中国海洋大学学报(社会科学版)，2020，(3)：1-2.
② 吴蔚.构建海洋命运共同体的法治路径[J].国际问题研究，2021，(2)：108-113.
③ 参见吴蔚.构建海洋命运共同体的法治路径[J].国际问题研究，2021，(2)：108-113.
④ 参见徐峰."海洋命运共同体"的时代意蕴与法治建构[J].中共青岛市委党校青岛行政学院学报，2020，(1)：64.

14

3. 担保国责任问题研究

例如，赵忆怡研究了"区域"内开采阶段担保国家的相关责任问题，对即将到来的开采阶段中的担保国责任进行了探析，阐明"区域"内开采规章制定中尚未解决的问题主要包括担保国责任的承担范围、海洋环境保护水平对担保国直接义务的影响，以及海底管理局权力的行使将对担保国尽责义务的履行产生的影响，并提出了一定的见解。① 又如，张辉在《论国际海底区域开发担保国责任制度》一文中，对担保国所应承担责任的性质予以了定性，并讨论了担保国的归责原则，试图寻找担保国承担责任的构成要件及其所应承担责任的范围。② 王岚在其《国际海底区域开发中的国家担保制度研究》一文中，比较研究了外国针对"区域"内立法中的国家担保责任制度，并与"区域"内国家担保责任及其他国际法律责任进行了对比评析。③ 罗国强、冉研在其《"区域"内活动的担保国法律保障机制研究》一文中指出："各国应该通过完善'区域'内海洋环境保护的法律制度以履行其环保义务，从而可以有效规避环境损害的赔偿责任，同时各国有必要通过建立反担保制度来提高投资准入门槛，进而可以确保承包者有较强的风险承受能力。"此外，文章还指出为相对减轻担保国的责任承担，可以将责任部分转移给承包者或者保险人。而担保国责任的不确定风险则可以通过设定最高赔偿限额制度来进行缓解，从而有效降低各国参与"区域"内活动的责任风险。④ 以上这些研究都对担保国的责任及其保障路径进行了分析与探索。

4. "区域"内开采海洋环境保护问题研究

---

① 参见赵忆怡. 国际海底区域开发阶段的担保国责任问题[J]. 中南大学学报(社会科学版)，2018，24(3)：58-65.

② 参见张辉. 论国际海底区域开发担保国责任制度[J]. 人民论坛·学术前沿，2017，(18)：44-51.

③ 参见王岚. 国际海底区域开发中的国家担保制度研究[J]. 学术界，2016，(12)：205-215.

④ 罗国强，冉研. "区域"内活动的担保国法律保障机制研究[J]. 江苏大学学报(社会科学版)，2021，23(3)：30.

海洋环境保护是实现海洋可持续发展与利用的重要一环，而"区域"内开采活动因其处在深海底可能会对海洋环境产生整体性破坏，因此"区域"内环境保护成为重中之重。例如，沈灏在其《我国深海海底资源勘探开发的环境保护制度构建》一文中，阐明了构建中国《深海法》的配套环境保护制度的必要性和相关建议，并从申请前阶段、申请阶段相关主体、勘探开采阶段等几个方面予以了分析。① 薛桂芳在《国际海底区域环境保护制度的发展趋势与中国的应对》一文中，阐述了"区域"内环境保护规章制定的立法演进与严苛趋势，以及担保国对"区域"开采活动中环境保护所承担的责任。② 董世杰则着重关注了"区域"内区域环境管理计划的法律地位，确立了"无区域环境管理计划，无开发活动"应当作为一般原则被遵守，并保持例外灵活性，③ 这对于"区域"内开采活动的环境保护设定前置性义务具有重要意义。

5. 缴费机制问题研究

《海洋法公约》及其 1994 年《关于执行海洋法公约第十一部分的协定》（以下称《执行协定》）以及开采规章（草案）等都对"区域"内资源的开采活动作出了应当缴纳一定费用的规定。但因缴费可以说直接与各国的利益相关，被认为其是为各国设定了一项义务。因此，关于"区域"内开采活动的缴费机制，各国意见不一，尚未达成一致。例如，Klaas Willaert 在其《国际海底区域内与外大陆架矿物资源开发缴费机制比较研究》一文中对比研究了国际海底区域内与外大陆架矿物资源开发缴费机制的问题；详细论证了《海洋法公约》第 82 条所规定的外大陆架非生物资源开采缴费机制与目前讨

---

① 参见沈灏. 我国深海海底资源勘探开发的环境保护制度构建[J]. 中州学刊，2017，（11）：57-60.
② 参见薛桂芳. 国际海底区域环境保护制度的发展趋势与中国的应对[J]. 法学杂志，2020，41(5)：41-51.
③ 参见董世杰. 国际海底区域内区域环境管理计划的法律地位[J]. 中华海洋法学评论，2020，16(4)：85-119.

论的"区域"内深海采矿活动管理模式之间并不完全一致的关系。①
随着未来开采活动的兴起与实现，"区域"内相关活动对缴费的需
求也将不断增长，并随之提高。因此，对缴费机制的完善尚待深入
研究。曾文革与高颖则在《国际海底区域采矿规章谈判：理念更新
与制度完善》中提出，未来开采规章谈判的过程中要着重关注统筹
完善缴费机制与惠益分享机制。②

6. 中国深海法体系完善研究

当前，中国对深海开发尚处于起步阶段，虽技术已经远超其他
发展中国家，但相应的法律制度却不足，配套规则未得到落实，中
国深海法体系尚不完善。张丹、吴继陆在《我国首部深海海底区域
资源勘探开发法评析》一文中对中国《深海法》的名称与适用范围、
规范的主要活动及其设立的环境保护制度进行了详细的剖析。③ 又
如，薛桂芳在其《我国深海法律体系的构建研究》一书中系统梳理
了中国深海法律体系的构建历程与现有成果，并探索了中国深海法
律体系完善的未来方向，如应关注行政许可制度、环境保护和保障
制度，监督检查和法律责任制度的完善，等等。④ 刘画洁在其文章
中研究了"区域"内国家担保义务的履行，兼评了中国《深海法》，
她认为中国《深海法》共 7 章 29 条，属于框架性法律，而针对许可
制度的具体规范仅体现在第 7 条中，如果要使之付诸实施则还需要
制定部门规章对其进一步细化，并提出了可以从如下几个方面展
开：如①许可条件的细化，包括对申请人的资质审核，要求其提供
诚信证明以及无犯罪记录证明；为保护经济利益，可以要求申请人
提供详细作业方案与经济保险；为保护环境利益，要求申请人在提

① 参见 Klaas Willaert. 国际海底区域内与外大陆架矿物资源开发缴费机制比较研究[J]. 中华海洋法学评论，2020，16(4)：43-84.

② 参见曾文革，高颖. 国际海底区域采矿规章谈判：理念更新与制度完善[J]. 阅江学刊，2020，12(1)：102.

③ 参见张丹，吴继陆. 我国首部深海海底区域资源勘探开发法评析[J]. 边界与海洋研究，2016，1(1)：62-69.

④ 参见薛桂芳. 我国深海法律体系的构建研究[M]. 上海：上海交通大学出版社，2019. 128.

交环境影响评价报告的基础上明确环保措施，增加环保条款。②许可后续监督的加强：完善检查制度、重视信息传递、完善深海公共平台等，① 同时也对这些内容较为详细、全面地予以了分析。

7. 海洋命运共同体视域下"区域"内开采问题研究

例如，曾文革、高颖在其《国际海底区域采矿规章谈判：理念更新与制度完善》一文中指出，"现阶段，'区域'内开采规章（草案）已经发布三稿，结构趋近合理，内容不断完善。但是，各国在缴费与惠益分享机制、担保国责任、海洋环境保护等核心议题上仍争议较大。当下，需要在平等协商、合作共赢的海洋命运共同体理念指引下，统筹完善缴费机制和惠益分享机制，逐步完善担保国责任的归责原则及其责任范围，构建全方位、多层次的海洋环境保护制度。中国应当更新理念，在海洋命运共同体理念的指引下，深入研究开采规章的具体制度并完善国内深海法律制度，为商业开采提供法律保障。"②密晨曦则进一步强调："事实上，中国在参与相关国际海洋规则制定的过程中已经反映出渴望构建海洋命运共同体的目标愿景。中国在 2018 年针对'区域'内开采规章（草案）的评论意见中强调，未来开采规章的制定应该以鼓励和促进'区域'内资源开采为导向，明确各活动主体的权责义务，同时按照《海洋法公约》及其《执行协定》等规定保护'区域'内海洋环境不受开采活动产生的有害影响。开采规章的制定应当在尊重客观事实与科学证据的基础上确立与当前社会、经济、法律、科技等实际情况相适应的制度、规则和标准。中国政府同时指出，构建海洋命运共同体倡议的提出，将会为全球海洋法治建设进一步指明方向。"③

8. 域外各国"区域"内立法研究

例如，肖湘在《发达国家国际海底区域立法及对中国的启示》

---

① 参见刘画洁. 国际海底区域国家担保义务的履行研究——兼评我国《深海海底资源勘探开发法》[J]. 社会科学家，2019，(6)：113-121.

② 曾文革，高颖. 国际海底区域采矿规章谈判：理念更新与制度完善[J]. 阅江学刊，2020，12(1)：94-105.

③ 密晨曦. 海洋命运共同体与海洋法治建设[N]. 中国海洋报，2019-09-17(002).

一文中分别剖析了美国、德国、英国在"区域"内开采活动中的立法现状，并对比评价了美、德、英三国海底采矿法律规范的优势与不足，对中国海洋基本法的构建与"区域"内立法的具体内容进行了思考，并提出了一定的借鉴。① 张梓太、程飞鸿则在其《论美国国际海底区域政策的演技逻辑、走向及启示》一文中专门研究了美国国际海底区域政策的演进逻辑、走向及启示，希望通过对美国成功经验与教训的分析来获得对中国的启示。②

9. 未来开采规章制定研究

如前所述，当前关于开采规章的制定工作是海底管理局工作的核心，其也将对未来开采活动的走向产生重要影响。因此，对于开采规章制定的研究显得颇为重要。例如，杨泽伟在《国际海底区域"开采法典"的制定与中国的应有立场》一文中，从国际海底区域"开采法典"制定背景着手，分析了"区域"内"开采法典"的主要内容及特点，并表明了中国在"区域"内"开采法典"制定过程中应有的立场以及角色定位，同时指出中国在"区域"内"开采法典"制定过程中应发挥"引领国"的作用。③ 王勇在其《国际海底区域开发规章草案的发展演变与中国的因应》一文中详细分析了关于 2016—2018 年开采规章(草案)主要内容的演变及其原因，并深刻地提出了中国的应对之策，如中国可以从"对担保国责任制度提出具体的建议方案、对如何简化开发活动的申请程序和条件提出具体意见、进一步明确为承包者增加的权利"等方面提出意见。④

此外，陈慧青还研究了"区域"内矿产资源开采中承包者的机

① 参见肖湘.发达国家国际海底区域立法及对中国的启示[J].长沙理工大学学报(社会科学版)，2015，30(5)：82-88.

② 参见张梓太，程飞鸿.论美国国际海底区域政策的演进逻辑、走向及启示[J].太平洋学报，2020，28(11)：61-72.

③ 参见杨泽伟.国际海底区域"开采法典"的制定与中国的应有立场[J].当代法学，2018，32(2)：26-34.

④ 参见王勇.国际海底区域开发规章草案的发展演变与中国的因应[J].当代法学，2019，33(4)：79-93.

密信息保护问题;① 陈诗琴讨论了国际海底开发过程中"区域"内剩余责任解决的问题;② 相京佐、曲亚图、裴兆斌进行了关于"区域"内活动与其他海洋开发利用活动的协调研究,③ 等等。

(二)国外研究现状

国外学者也对"区域"内开采活动的相关问题进行了广泛研究，贡献了宝贵的研究成果与资料。其中，最早提及"区域"内资源开采的书籍是 1965 年 John L. Mero 的著作 *The Mineral Resources of the Seas*。不过，在当时这本书的重点是要提醒人们注意到深海底蕴藏的巨大资源及可观的经济效益，而不是来关注如何建立"区域"内资源开采的制度体系。因此，该书的主要内容是对"区域"内丰富矿产资源的介绍。④ 此后，英国剑桥大学 James Harrison⑤、澳大利亚悉尼科技大学 DavidLeary⑥ 和南非 Dire Tladi⑦ 又分别研究了"区域"内资源开采的各项制度、"区域"内基因资源开发的各项行为以及从发展中国家的立法参与者角度详细介绍了《海洋法公约》制定的各种倾向与阻碍。这些研究成果均

---

① 参见陈慧青. 国际海底区域内矿产资源开发中承包者的机密信息保护研究[J]. 资源开发与市场, 2020, 36(10): 1109-1114.

② 参见陈诗琴. 国际海底开发过程中"区域"内剩余责任解决[J]. 西部学刊, 2020, (10): 129-130.

③ 参见相京佐, 曲亚图, 裴兆斌. 国际海底区域活动与其他海洋开发利用活动的协调研究[J]. 海洋开发与管理, 2020, 37(2): 30-35.

④ [美]约翰·L. 梅罗. 海洋矿物资源[M]. 马孟超, 孙英等, 译. 北京: 地质出版社, 1980. 5.

⑤ 参见 James Haerrison. Making the Law of the Sea[M]. New York: Cambridge University Press, 2011. 290.

⑥ 参见 David Kenneth Leary. International Law and the Genetic Resources of the Deep Sea[M]. Leiden: Martinus Nijhoff Publishers, 2007. 189.

⑦ Tladi D. The Common Heritage of Mankind and the Proposed Treaty on Biodiversity in Areas Beyond National Jurisdiction: The Choice Between Pragmatism and Sustainability[J]. Yearbook of International Environmental Law, 2016. 1.

为后人的进一步研究带来了宝贵的资料与启发。然而，国外学者对海洋命运共同体的研究则可以说是屈指可数，更没有针对海洋命运共同体国际法制化的研究。

1. "人类共同继承财产"原则研究

人类共同继承财产原则作为"区域"内资源的支配性原则，旨在保证实现"区域"内资源全人类共有的属性。该原则自提出至今，已经经过了不断的发展与积淀、补充和完善。1966 年 7 月，时任美国总统约翰逊(Lyndon Baines Johnson)在制定深海资源开采政策时就曾经指出："'区域'内资源的开采决不能演变为海洋国家的殖民式竞争，要坚决避免对公海区域的瓜分在'区域'内再次上演。我们必须保证实现深海及其资源是全人类的共同财产。"①美国加利福尼亚大学 John E. Noyes 在他的 *Law of the Sea in a Nut Shell* 一书中对人类共同继承财产原则的内涵进行了释义，并对该原则的实施状况、不足之处以及未来的修正方向作出了详细论证。② 海底管理局秘书长 Michael W. Lodge 的 *The Common Heritage of Mankind* 一文则从海底管理局职能的角度出发，详细分析了人类共同继承财产原则的得与失。③ Marie Bourrel，Torsten Thiele，Duncan Currie 则在其 *The Common of Heritage of Mankind as a Means to Assess and Advance Equity in Deep Sea Mining* 一文中指出，人类共同继承财产原则是关于帮助实现公正、公平的国际经济秩序的考虑，关注人类作为一个整体的利益和需求，尤其是发展中国家的特殊利益与需求。就任何其他国际法原则而言，人类共同继承财产原则发展的背景对于理解其背后的哲学、其演变，都具有重要意义与价值。

2. 国际海底管理局"适当注意义务"研究

---

① 转引自小田滋. 海の资源と国际法(第 1 卷)[M]. 东京：有斐阁，1972. 39.

② Noyes, J. E., et al. Law of the Sea in a Nut shell[J]. 2011, (9)：89.

③ Michael W. Lodge. The Common Heritage of Mankind[J]. International Journal of Marine and Coastal Law, 2012, 27(4)：735-742.

例如，Yu Long 在其 *The Role of the International Seabed Authority in the Implementation of "Due Regard" Obligation Under the LOSC* 一文中曾指出：根据《海洋法公约》，适当注意义务为协调"区域"内的竞争性使用，包括深海海底采矿和海底电缆活动提供了规范基础。然而，由于缺乏执行适当注意义务的框架，这些活动在实践中协调作用的有效性受到了阻碍。文章讨论了海底管理局在填补这一空白方面的作用和潜力，同时还介绍了国际组织在履行适当注意义务时所扮演的角色，在海底电缆活动与深海底开采冲突的背景下，提出了海底管理局可以借鉴其他国际组织的经验。最后得出结论：作为深海底采矿的主管国际组织，海底管理局可以制定一个协调框架，通过行使其规则制定功能来履行适当注意义务。①

3. 担保国责任问题研究

例如，David Freestone 在其 *Responsibilities and Obligations of States Sponsoring Persons and Entities with Respect to Activities in the Area* 一文中研究了关于在"区域"内活动的担保国和担保实体的责任与义务。2011 年 2 月 1 日，国际海洋法法庭海底争端分庭一致通过了一项具有历史意义的咨询意见：《关于在"区域"内活动的担保国和担保实体的责任和义务》（以下称"咨询意见"）。本意见回应了海底管理局理事会的一项请求，该请求已于 2010 年 5 月 11 日由海底管理局秘书长正式通知法庭登记处。作者认为，除了其他方面，担保国责任制度应该严格依照 1982 年《海洋法公约》的规定予以执行。② Ximena Hinrichs Oyarce 在其 *Sponsoring States in the Area：Obligations，Liability and the Role of Developing States* 一文中关注了发展中国家的责任，指出私营实体可以在"区域"内从事采矿活动，

---

① 参见 Yu Long. The Role of the International Seabed Authority in the Implementation of "Due Regard" Obligation Under the LOSC [J]. The Journal of Territorial and Maritime Studies，2021，8(1)：27-46.

② 参见 David Freestone. Responsibilities and Obligations of States Sponsoring Persons and Entities with Respect to Activities in the Area [J]. The American Journal of International Law，2011，105(4)：755-760.

但除其他外，这些活动必须是由《海洋法公约》缔约国发起的。担保是担保国通过要求承包商遵守《海洋法公约》的规定，对其实施控制的媒介。鉴于对担保国的特殊要求，在海底管理局的讨论期间出现了若干问题，涉及担保国的义务及其对任何不遵守《海洋法公约》规定的责任的程度。海底管理局理事会以征求咨询意见的形式向国际海洋法法庭海底争端分庭提出了这些问题，分庭在 2011 年 2 月 1 日的《咨询意见》中作出了答复。这一案件是由两个小岛屿发展中国家（瑙鲁和汤加）担保的两家公司向海底管理局提出的申请促成的，还引发了一场关于发展中国家参加"区域"内活动以及是否应给予作为发展中国家的担保国优惠待遇的辩论，文章对这些问题均进行了深入讨论。[①]

4. "区域"内开采海洋环保问题研究

例如，澳大利亚学者 Robin Warner 在其 *Environmental Assessment in Marine Areas Beyond National Jurisdiction* 一文中，阐述了国家管辖范围以外海域的环境评估制度。文章指出，人类活动对海洋构成威胁的认识已经超出了海洋污染的范围，还包括对过度捕捞、破坏性渔业做法以及对海洋生物和非生物资源的侵入性开发对脆弱的海洋生态系统（Marine Ecosystem）造成的风险的认识。然而，海洋科学研究虽在不断发展，但目前人类对海洋环境影响的了解仍然有限，且海洋活动仍将继续。在这种不确定的情况中，环境评估显得更加重要。虽然在国家管辖范围内的海洋区域（marine areas under national jurisdiction）普遍存在便于环境评估的治理结构，但在国家管辖范围以外的海洋区域（marine areas beyond national jurisdiction），这些结构仍在发展形成中，[②] 因而作者又在其 *Protecting the Oceans Beyond*

---

① 参见 Ximena Hinrichs Oyarce. Sponsoring States in the Area：Obligations, Liability and the Role of Developing States[J]. Marine Policy, 2018, (95)：317-323.

② 参见 Robin Warner. Environmental Assessment in Marine Areas Beyond National Jurisdiction[J]. Proceedings of the Annual Meeting of American Society of International Law, 2017, (111)：252-255.

*National Jurisdiction*① 一文中以全新的视角阐释了在开采深海底区域的矿产资源时加强环境保护的重要性。Aline L. Jaeckel 在其 *The International Seabed Authority and the Precautionary Principle—Balancing Deep Seabed Mineral Mining and Marine Environmental Protection* 一书中详细剖释了海底管理局与预防原则：平衡深海采矿与海洋环境保护这一问题。②

5. 国际海底管理局职能研究

Caitlyn Antrim 在其 *The International Seabed Authority Turns Twenty* 一文中研究了海底管理局成立 20 周年的成效。文章认为海底管理局于 2004 年成立，至今已逾 20 周年，在深海底资源的开采中发挥着核心作用；虽然该管理局是一个相对不为人知的"小组织"，但它在影响世界上每个国家所消耗的关键矿物供应的问题上具有全球影响力。国际社会耗费了 25 年多的时间才就该管理局的结构、权力和责任达成协议。作者认为，就像它所监管的行业一样，该机构仍在努力发挥更大的价值与作用，并且它也已经远远超出了创立者的预期。③

6. 剩余责任问题研究

例如，Donald K. Anton 在其 *The Principle of Residual Liability in the Seabed Disputes Chamber of the International Tribunal for the Law of the Sea：The Advisory Opinion on Responsibility and Liability for International Seabed Mining ［ITLOS Case No. 17］* 一文中研究了国际海洋法法庭海底争端分庭有关于剩余责任原则的咨询意见问题，详细

---

① 参见 Rayfuse R. Robin Warner, Protecting the Oceans Beyond National Jurisdiction：Strengthening the International Law Framework［J］. Ocean Yearbook Online, 2011,（1）：6.

② 参见 Jaeckel A L. The International Seabed Authority and the Precautionary Principle［M］, 2017. 16.

③ 参见 Caitlyn Antrim. The International Seabed Authority Turns Twenty［J］. Georgetown Journal of International Affairs, 2015, 16(1)：188-196.

对剩余责任的类型与各项义务进行了评析。① MacMaster、Keith 在其 *Environmental Liability for Deep Seabed Mining in the Area：An Urgent Case for a Robust Strict Liability Regime* 一文中详细研究了"区域"内采矿时的环境责任，并建议应该尽快建立健全的严格责任制度以保护"区域"内的海洋环境安全。② Craik、Neil 则在其 *Liability for Environmental Harm from Deep Seabed Mining：Towards a Hybrid Approach* 一文中用一种综合分析的方法来讨论了开采活动对"区域"内海洋环境造成污染损害应该承担的责任。③

7. 案例实证研究

Ilias Plakokefalos 在其 *Seabed Disputes Chamber of the International Tribunal for the Law of the Sea：Responsibilities and Obligations of States Sponsoring Persons and Entities with Respect to Activities in the Area Advisory Opinion* 一文中进行了案例分析与研究，国际海洋法法庭海底争端分庭提出了关于个人和实体从事"区域"内资源开采活动时国家的责任和义务的咨询意见。本案例分析旨在讨论国际海洋法法庭海底争端分庭关于国家、担保人和实体对"区域"内开采活动的责任和义务的咨询意见要点。从分析各国根据《海洋法公约》所承担的环境义务，到分析在"区域"活动范围内的尽职调查标准，所有这些重要问题都在讨论范围之中。文章认为该咨询意见极为重要，因为海底争端分庭确实非常详细地回答了海底管理局理事会提

---

① 参见 Donald K. Anton. The Principle of Residual Liability in the Seabed Disputes Chamber of the International Tribunal for the Law of the Sea：The Advisory Opinion on Responsibility and Liability for International Seabed Mining［ITLOS Case No. 17］［J］. McGill International Journal of Sustainable Development Law and Policy，2012，7(20)：241-257.

② 参见 MacMaster，Keith. Environmental Liability for Deep Seabed Mining in the Area：An Urgent Case for a Robust Strict Liability Regime［J］. Ocean Yearbook，2019，(33)：339-376.

③ 参见 Craik，Neil. Liability for Environmental Harm from Deep Seabed Mining：Towards a Hybrid Approach［J］. Ocean Yearbook，2019，(33)：315-338.

出的所有问题，这一结果必将有助于更好地了解各提案国对该地区的义务。①

（三）国内外研究总结与述评

通过以上对国内外研究现状的总结、梳理与分析，可以发现国内外学者针对"区域"内资源开采相关制度进行了多层次、较全面的研究与剖析，为后人提供了宝贵的研究价值与意义，也为"区域"内开采制度的制定与完善提供了很好的建议。自海洋命运共同体理念提出以来，国内学者在海洋命运共同体理念的指引下，针对"区域"内存在的相关问题也进行了研究。然而，从研究现状来看，学者对"区域"内开采制度的相关问题研究较为集中，如惠益分享、开采者权利与义务平衡、缴费机制等；对国际社会重点关注领域覆盖不足，如担保国责任、各行为主体的责任与赔付责任、承包者优先权问题、环境保护与保全问题等。更为关键的是，国内学者虽然对海洋命运共同体从理念内涵、构建方式与意义等方面进行了较为充分的研究，但针对海洋命运共同体国际法制化的达成以及相关问题，如在宏观上如何实现海洋命运共同体国际法制化，微观上在"区域"内开采规章制定中如何实现海洋命运共同体国际法制化，以及海洋命运共同体理念下的"区域"内资源开采问题研究却寥寥无几。国际上针对"海洋命运共同体"的研究尚且不足，对海洋命运共同体理念的态度尚处于观望阶段，更没有谈及对其国际法制化实现的问题，也没有针对"区域"内运用海洋命运共同体理念解决现实问题并实现其在开采规章制定中国际法制化的研究。因此，本书从国际社会实际出发，着眼"区域"内开采规章制定现状，选取开采规章制定过程中国际最关切的问题，运用海洋命运共同体理念作为全新的指引，推动海洋命运共同体理念在"区域"开采规则制

---

① 参见 Ilias Plakokefalos. Seabed Disputes Chamber of the International Tribunal for the Law of the Sea：Responsibilities and Obligations of States Sponsoring Persons and Entities with Respect to Activities in the Area Advisory Opinion［J］. Journal of Environmental Law, 2012, 24(1)：133-143.

定中的国际法制化构建，从而对"区域"内资源开采的相关制度予以完善，进一步推动"区域"内资源勘探早日走向资源开采，早日实现为全人类利益需求服务的目标，并最终完成海洋命运共同体的国际法制化的实现与海洋命运共同体的构建。

四、研究范围、研究方法和研究思路

(一)研究范围

本书选取了海洋命运共同体理念作为全书问题研究的理论基础与理念指引。当前，全球海洋治理陷入困境，国际海底区域内开采规章的制定也正迎来关键时期，急需革新治理理念来寻找突破口。本书选取海洋命运共同体理念为研究对象，从而为全球海洋治理以及国际海底区域内开采规章制定中相关问题的解决提供一种新的理念与思路指引，为其当前陷入的困境提供一种全新的解决对策。

海洋命运共同体的提出为全球海洋治理困境的化解提供了一种全新的思路，是当前全球海洋治理的一种重要倡议，但其尚未形成国际法制化，相关建议尚未得到落实。本书研究不仅局限于海洋命运共同体的理念价值，而是要探究、倡导海洋命运共同体理念国际法制化的构建，并将在海洋命运共同体国际法制化这一新观点的指引下探索对国际海洋规则体系的更新与完善。

现有研究成果，或从理念指引角度，或从宏观法治角度来研究海洋命运共同体的构建路径以及国际海底区域内的制度完善等。但是这些内容都较为宏观、整体，缺乏可操作性。本书则将研究重点放在海洋命运共同体的国际法规则制定与完善上，并选取国际海底区域内资源开采作为具体落实海洋命运共同体国际法制化的实践领域，不仅关注理念革新与指引，更重要的是落脚到具体规则或法规的制定上，使得研究内容切实可行、具体明确、可操作性强。

(二)研究方法

本书在具体的研究过程中并不是只采用单一的研究方法，而是选取多个研究方法同时进行、交叉使用，并做到针对不同问题采取不同研究方法，具体问题具体分析。

其一，文献研究法。本书在写作过程中认真查阅并收集大量与海洋命运共同体理念、"区域"内矿产资源开发、开采规章（草案）制定等问题研究相关的论文和专著，并进行详细分析。本书所查阅文献不仅是国内文献，同时还对相关的外文文献和立法原文、咨询意见与官方报告、著作等进行充分研究，并关注、梳理出世界上海洋大国对"区域"内开采活动的立法现状与司法实践。通过对前人研究成果的回顾，发现当前研究的不足之处，并提炼出研究重点，从而确定本书的研究内容、研究任务与研究意义，进而可以对海洋命运共同体国际法制化的实现路径以及"区域"内资源开采的当前立法路径进行分析，探寻出路。

其二，历史分析法。本书通过梳理"区域"内开采规章（草案）的制定历程与经历，溯源开采规章的制定初心与目的，发现近几部草案的立法规律；通过对比开采规章（草案）的历史变化，分析其立法特点，探究其中的不足之处，并试图在海洋命运共同体理念下予以弥补。例如，本书从历史的角度分析人类共同继承财产原则到海洋命运共同体理念的演进，寻找在这一形成过程中出现了哪些问题，随着社会的不断进步，这些问题又有怎样的发展与解决路径。

其三，规范分析法。本书通过对既有国际海洋规则与多年来"区域"内开采规章（草案）等相关立法原文、国际组织文件及官方报告、咨询意见、各国评论意见的内容与立法目的剖释，阐述其立法原意，发现相关立法的不足之处，在海洋命运共同体理念指引下予以补充，为包括"区域"内资源开采在内的全球海洋治理的立法完善以及海洋命运共同体国际法制化的实现提出建议。

其四，比较研究法。本书比较研究的对象为各海洋大国在"区域"内资源开采活动中的立法情况，也即各国的深海法立法。本书在写作中主要选取的国家有：英国、美国、法国、德国与日本。由于文化背景与立法价值取向等因素的不同，各海洋大国在"区域"内资源开采活动的国内立法上持有不同的态度与立场，这进而导致关于"区域"内资源开采活动的立法现状和司法实践亦有不同，并形成了各自的特色，本书比较二者的异同作为他山之石，从而找出可供中国学习借鉴的地方。

其五，案例分析法。本书通过对国际海洋法法庭海底争端分庭的咨询案例等相关案例进行剖析，对开采规章的内容进行重新考量，分析其存在的问题，解决开采规章在探矿、勘探、开采一套完整体系的构建过程中的现实问题，找出现行开采规章（草案）的不足之处，进而提出提高中国在"区域"内资源开采活动中所获权益的对策，力求推出制定符合中国国情与现实需要的开采规章以及构建和完善中国深海法体系应遵循的基本原则，从而完善中国国内深海采矿相关的法律保护制度，进而推动海洋命运共同体国际法制化的最终实现。

（三）研究思路

2019年4月，作为人类海洋利益共享的"海洋命运共同体"理念被首次提出，为解决全球海洋治理困境提供了全新理念与应对之策。海洋命运共同体理念中所包含的权利义务关系只有以国际法形式加以固定，才能充分发挥其维护全人类海洋利益的作用，增强其实效。因此，实现海洋命运共同体的国际法制化对推进人类共享海洋利益具有重要理论与现实意义。而与此同时，人类的能源需求也在不断增长。据相关机构预测，到下个世纪初，深海油田很可能成为满足世界能源需求的主要来源，国际海底区域内蕴藏的巨量矿产资源也将因此而凸显其重要的能源价值。通过人类长时间对深海底的科学研究与相关技术开发，国际海底区域内矿产资源的开采已经具备了现实可行性。然而，国际海底区域内现有相对滞后的立法规定尚难以满足实现资源商业化开采的需求。因此，本书在探究海洋命运共同体国际法内涵的基础上，分析其国际法制化的必要性与现实意义，探寻其国际法制化的实现路径；并选取国际海底区域内开采规章的制定为海洋命运共同体国际法制化的实例，通过梳理国际海底区域内现有的开采规定，针对国际海底区域内矿产资源开采中的突出问题提出海洋命运共同体视域下的立法完善建议；同时结合各国的深海立法情况，为中国的国际海底区域内开采立法完善以及构建完善的深海法体系提出建议。

　　本书以海洋命运共同体的提出背景与影响为起点，从分析其为什么要实现国际法制化以及国际法制化实现路径入手。第一章分析海洋命运共同体理念的提出及其国际法内涵。海洋命运共同体实现国际法制化的基本前提是要明确其在国际法领域的内涵，否则其国际法制化只能是"无本之木""无源之水"，因而本章将阐释海洋命运共同体的国际法内涵以及相应规则与内容。另外，海洋命运共同体理念作为中国对全球海洋秩序变革贡献的智慧，能否在未来的全球海洋治理中获得国际社会的普遍认可、支持，是海洋命运共同体理念能否实现其价值并充分发挥作用的关键一步。因此，本章还将剖析海洋命运共同体理念所产生的域外影响与现实效应。

　　第二章辩证分析海洋命运共同体国际法制化及其在国际海底区域内开采规章中实现的必要性与意义。在全球治理中，一项理念的提出只有以国际法的形式加以固定，才可以更好地实现其价值、发挥其作用。本章从理论与现实两个层面分析了海洋命运共同体国际法制化的必要性，其可以填补既有国际海洋法律制度的不足，从而完善国际海洋法治；又从理论与现实两个角度分析海洋命运共同体国际法制化的意义。与此同时，还将研究海洋命运共同体在国际海底区域内开采规章制定中实现国际法制化的必要性与重要意义。其中，人类共同继承财产原则作为国际海底区域内资源开采的基本原则，在适用的过程中不断面临重重阻碍，海洋命运共同体理念作为全球海洋治理的重要智谋，将为该原则的适用困境提供全新的解决方案。

　　第三章探讨海洋命运共同体国际法制化的实现路径及其对国际海底区域内开采规章实现的路径指引。海洋命运共同体国际法制化的实现要经由法制与实践两条路径才能完成。首先要通过充分利用现有国际法律机制、加强区域制度建设等来统筹推进国内与国际法治的良性互动，并增强对《海洋法公约》的修订与完善等来达成海洋命运共同体国际法规则的制定。其次要通过构建区域命运共同体，完善国际海洋争端解决方式等实践范式来进一步推动海洋命运共同体国际法制化的构建。此外，由于缺乏成体系的法律规定，国际海底区域内资源开采尚未有严格的法制保障。因此，海洋命运共同体国际法制化不仅为国际海底区域内资源开采提供了宝贵的国际法理论贡献，也为国际海底区域内开采规章制定中国际法制化的实现提供了借鉴，并将在此基础上进一步解决国际海底管理局现实职能架构对有效实施相关制度与推动海洋命运共同体构建的不协同性。

第四章研究国际海底区域内资源开采在海洋命运共同体理念指导下的立法完善，以及如何实现国际海底区域内海洋命运共同体的国际法制化。本章从分析国际海底区域内既有的资源勘探开采法律规定出发，全面论证国际海底区域内相关制度在实施中的问题，发现其缺陷，从而提出在海洋命运共同体理念与国际法制化实现指引下的国际海底区域内"开采规章"的立法完善建议。在立法完善上，本章主要关注了国际海底区域内资源开采的优先权问题、担保国责任问题、环境保护与保全问题以及各行为主体的责任与赔付责任问题，通过对以上问题的立法建议以期为今后的国际海底区域内资源开采工作提供更为完善的法规机制，并以此来形成海洋命运共同体国际法制化在国际海底区域内实现的典型范例。

第五章是全书的最终落脚点。根据前文的分析，本章结合中国在国际海底区域内的立法现状，检视中国现有深海法体系，对中国有关国际海底区域矿产资源开采的立法提出建议。本章将在阐释中国《深海法》的立法成就与不足的基础之上，通过与国外立法的对比，结合海洋命运共同体理念以及当前国际立法动向，确认未来中国国际海底区域内立法的立场与原则，提出深海法体系完善的建议，同时说明中国借此良机引领国际海洋规则构建，推动海洋命运共同体国际法制化的实现，提升中国在国际海底区域内话语权的重要意义。

第一章　海洋命运共同体理念的提出、域外影响及国际法内涵

　　21世纪被称为是"海洋的世纪"，海洋成为全人类重要的生存资源。然而，随着人类对海洋的过度开发与利用，海洋资源也面临着严重的危机。当前，全球海洋治理危机不断凸显，全球海洋秩序亟待变革。中国领导人在这个"百年未有之大变局"①的背景下，面对海洋治理的重重困境，审时度势，彰显中国负责任大国的形象，从人类共同命运的高度提出海洋命运共同体理念，为全球海洋治理与海洋未来发展提出了"中国智慧"。海洋命运共同体理念不仅涉及海洋治理的变革与海洋秩序的革新，而且具有深刻的时代价值与意义。构建海洋命运共同体不单是一种倡议，更具有丰富的国际法内涵，就是要在国际法层面完善全球海洋治理规则的构建。

第一节　海洋命运共同体理念的提出与域外影响

　　海洋命运共同体理念提出的时间虽不久，但其却有着深刻的中国特色与价值内涵，体现了丰富的中国智慧与深厚的历史背景。海洋命运共同体理念在中国的提出是经历代国家领导人，在充分认识中国国情与对国际态势综合研判的基础上逐渐生成和发展起来的。海洋命运共同体理念作为中国的一种海洋治理智慧，其在域外的发展状况与接受程度如何，也直接关涉到海洋命运共同体这一利益集

---

　　①　习近平.放眼世界，我们面对的是百年未有之大变局［EB/OL］.https：//news. china. com/zw/news/13000776/20171229/31886996＿1. html，2017-12-29/2022-01-24.

合体的构建最终能否真正实现。

一、海洋命运共同体理念的提出

海洋命运共同体理念的诞生有着深刻的时代背景，其产生肩负着艰巨的历史使命。海洋命运共同体理念孕育于复杂多变的国际海洋形势中，诞生在中国正面对严峻国际海洋形势的基本国情下，经多年发展、不断总结与反思，从构建"和谐海洋"到建设"海洋强国"，海洋命运共同体理念才得以正式被提出。

复杂严峻的国际背景与对海洋权益热切追求的国内背景深刻交织与融合，是中国提出海洋命运共同体理念的原生动力，而维护全人类共同利益，实现海洋利益共享则是其根本原因与内在宗旨目的。当前，全球海洋治理困境重重，在这一过程中全球海洋秩序面临挑战，被迫发生演变、不断更新与完善以解决出现的问题，海洋命运共同体理念的诞生则对其产生了重要影响。在海权模式不断发展的过程中，传统军事海权模式逐渐退出历史舞台，新兴的经济海权、绿色海权、合作海权发展模式成为主流。① 中国对海洋权益的需求不断增加，希望在这一转变的过程中抢占先机，树立自己的海权发展模式，赢得更多的海洋权益。同时，各国海洋实践也在不断地助推国际海洋规则体系的进一步形成。世界海洋大国"以身试法"，希望可以通过自身的海洋实践达到影响、改变国际海洋规则形成的目的，操纵国际海洋秩序于股掌之中，企图以此来引领国际海洋秩序重构。而今，国际社会急需一种普适的价值观来平衡各国的力量与利益，海洋命运共同体理念便应运而生。

海洋命运共同体理念的提出并非一蹴而就，是在中国海洋发展的历史长河中，经过中国人民深刻的历史实践后逐步形成的，先后历经了"和谐世界""和谐海洋""人类命运共同体""海洋强国""海洋命运共同体"的发展阶段。

中国对于海洋治理探索以及对海洋权益维护的脚步从未停止。

---

① 参见李光辉. 中国海权发展模式的超越与海洋经济法制完善研究[J]. 学术探索，2020，（10）：33-44.

中国在总结自己海洋治理经验的基础上，反思自身不足，站在全人类海洋利益的高度上不断提出新的海洋思想与战略。中国的海洋发展战略历久弥新，从"和谐海洋"到"海洋强国"再到"海洋命运共同体"，构建了完整的中国特色海洋战略体系。2002 年 11 月，党的十六大上首次提出了"实施海洋开发"的战略。2003 年 5 月，国务院印发的《全国海洋经济发展规划纲要》成为中国制定的第一个指导全国海洋经济发展的纲领性文件。① 国务院于 2008 年印发的《国家海洋事业发展规划纲要》则是中国首次发布的海洋领域总体规划。② 在中国海军成立 60 周年之际，中国又进一步提出了要"推动建设和谐海洋"的美好愿望和共同追求。③ 党的十七大提出了"发展海洋产业"战略，④ 党的十八大明确了要逐步提高海洋资源开发能力、发展海洋经济、保护海洋环境、维护国家海洋权益和建设"海洋强国"的战略主张。⑤ "海洋强国"战略的提出是中国首次从国家战略的高度将海洋发展规划上升为国家政策，标志着中国逐步朝着"向海图强"的目标迈进。2013 年，在十八届中央政治局第八次集体学习时习近平总书记强调"建设海洋强国是中国特色社会主义事业的重要组成部分，要进一步关心海洋、认识海洋、经略海洋，推

---

① 参见中华人民共和国中央人民政府. 国务院关于印发全国海洋经济发展规划纲要的通知[EB/OL]. http：//www. gov. cn/zhengce/content/2008-03/28/content_2657，2008-03-28/2022-02-19.

② 参见中华人民共和国中央人民政府. 国务院批准并印发《国家海洋事业发展规划纲要》[EB/OL]. http：//www. gov. cn/gzdt/2008-02/22/content_897673. htm，2008-02-22/2022-02-19.

③ 参见张峰. 中国共产党海洋观的百年发展历程与主要经验[J]. 学术探索，2021，（5）：12.

④ 参见胡锦涛在中国共产党第十七次全国代表大会上作报告[EB/OL]. http：//cpc. people. com. cn/104019/，2017-10-13/2022-02-19.

⑤ 参见胡锦涛. 坚定不移沿着中国特色社会主义道路前进，为全面建成小康社会而奋斗——在中国共产党第十八次全国代表大会上的报告[EB/OL]. http：//theory. people. com. cn/n/2012/1109/c40531-19530534-2. html，2012-11-09/2021-10-27.

动中国海洋强国建设不断取得新成就";① 同年 10 月在访问东盟国家时，又提出"中国愿同东盟国家加强海上合作，发展好海洋合作伙伴关系，共同建设 21 世纪'海上丝绸之路'"②的重要论述。此后，2017 年党的十九大报告又进一步提出"坚持陆海统筹，加快建设海洋强国",③ 为早日实现建成海洋强国的中国梦夯实了根基，使海洋强国建设进入了快车道。2019 年 4 月 23 日，习近平总书记在出席中国人民解放军海军成立 70 周年多国海军活动时正式提出"海洋命运共同体"的理念。④

中国一直以来不断依据世情国情的变化，积极认识和经略海洋，带领中国人民为维护海洋积极奋斗。尽管不同时期的海洋政策表现出不同的阶段性特征，但整体上一脉相承又与时俱进，是中国治理海洋的经验总结。⑤ 中国提出的"海洋强国""21 世纪海上丝绸之路""构建海洋命运共同体"等战略思想，不仅有助于中国的发展强大，也有助于世界的和平与繁荣。这些战略思想也充分说明了"中国认识、治理海洋的过程是以中国为中心，然后逐渐发散，最后扩展到全世界"。⑥

---

① 习近平．要进一步关心海洋、认识海洋、经略海洋［EB/OL］．http：//www. gov. cn/gorweb/ldhd/2013-07-31/content _ 2459009. htm，2013-07-31/2022-04-11.

② 共同建设二十一世纪"海上丝绸之路"［EB/OL］．http：//cpc. people. com. cn/xuexi/n/2015/0721/c397563-27338109. html，2015-07-21/2021-08-12.

③ 习近平：决胜全面建成小康社会　夺取新时代中国特色社会主义伟大胜利——在中国共产党第十九次全国代表大会上的报告［EB/OL］．http：//www. gov. cn/zhuanti/2017-10/27/content_5234876. htm，2017-10-27/2021-12-17.

④ 参见习近平集体会见出席海军成立 70 周年多国海军活动外方代表团团长［EB/OL］．http：//cpc. people. com. cn/n1/2019/0423/c64094-31045360，2019-04-23/2022-01-06.

⑤ 参见刘叶美，殷昭鲁．新中国 70 年中国共产党海洋政策探析［J］．理论观察，2019，（12）：16.

⑥ 刘新华．中国共产党海洋思想探析［J］．马克思主义研究，2015，（10）：41-50.

人类命运共同体理念孕育于源远流长的中华文明，践之于新中国成立的世态国情，契合了各国"和平发展、合作进步"的美好愿望和追求，是独具中国特色的理论贡献，符合中国一直以来倡议的和平发展理念。当前，在国际社会上对中国的和平崛起仍然存在一些质疑的声音。要让他们心甘情愿地接受中国的和平崛起，"人类命运共同体"与"海洋命运共同体"的构建则是可以被选择用来体现中国和平发展意愿的合适例证。① 其次，海洋命运共同体理念进一步发展了中国特色的"共同体"理论，是其重要实践，有助于有效消除他国对中国和平崛起的担忧。倡导海洋命运共同体的构建成为一个良好的突破口，中国可以此为契机，向世界展示中国的海洋崛起确实是和平发展，并将惠及他国；通过在海洋命运共同体构建中积累的成功经验，进而循序扩张到人类共同命运的其他领域。② 海洋命运共同体的成功构建也能够证明人类命运共同体倡议在中国绝非只是一句宣传口号，而是可以全方位、多方面地推动人类命运共同体的构建。

海洋命运共同体理念应势而立，不仅为全球海洋秩序变革带来了全新的思路与方案，更有助于推动人类命运共同体的早日实现。人类命运共同体在范畴上位于海洋命运共同体之上，二者在内容上是总分关系，人类命运共同体的精神与核心要义是海洋命运共同体理念的根本指导，而海洋命运共同体则是人类命运共同体在海洋领域建设的具体体现。③ 海洋命运共同体理念的提出及其构建是对人类命运共同体构建的一大实践，也将会推动人类命运共同体的早日实现。海洋命运共同体理念对中国倡导构建人类利益共同体，加强各国之间的合作与联系，维护人类共同的海洋家园，将会具有重要的战略意义。

---

① 参见张耀."人类命运共同体"与中国新型"海洋观"[J]. 山东工商学院学报，2016，30(5)：90-95.

② 参见张耀."人类命运共同体"与中国新型"海洋观"[J]. 山东工商学院学报，2016，30(5)：90-95.

③ 参见郭萍，李雅洁.海商法律制度价值观与海洋命运共同体内涵证成——从《罗得海法》的特殊规范始论[J]. 中国海商法研究，2020，31(1)：75-76.

海洋命运共同体理念的提出顺应了全球海洋治理的现实需要，也将会推动全球海洋治理发展，促使海洋利益为全人类所共享；为中国海洋权益的发展与维护，以及国际海洋争端的解决提供了一种全新的解决方案与路径。

二、海洋命运共同体理念的域外影响

海洋命运共同体理念虽然由中国提出和倡议，但是其并不仅仅是关乎中国海洋权益的理念，而是关系整个世界，乃至全人类利益的事务，"共同体"是世界海洋的共同体，亦是全人类海洋利益的共同体。因此，海洋命运共同体不仅要在国内构建，更要在全世界范围内构建。这就需要考察海洋命运共同体理念在全世界的发展与影响，要提高海洋命运共同体理念在全世界范围内的认可度，使其能被广泛接受；海洋命运共同体理念的广泛传播，使得国际社会认识到其重要价值与意义，这有利于扩大其世界影响力，从而在深化国际海洋实践的基础上推动海洋命运共同体国际法制化的实现。

中国对外正式提出的人类命运共同体理念引起了国际社会的强烈反响，联合国社会发展委员会、人权理事会等机构已将人类命运共同体理念载入了决议。根据世态国情再次提出的海洋命运共同体理念既是人类命运共同体理念的重要组成与发展，又是在海洋治理领域的核心倡议，其在国际社会上也将带来重要反响。当下，全球海洋问题严峻，海洋治理成为紧迫任务。习近平总书记提出的海洋命运共同体这一理念引发了国际共鸣。"海洋命运共同体是全球海洋治理领域的一种全新的理念，未来在这一理念的指引下，全球各国将实现海洋资源的共享，各国通过共同发展海洋经济，实现利用海洋造福人类的目标，这将会最终有利于破解当前在海洋资源的开发与利用上各国各自为政的困境。"①印尼智库亚洲创新研究中心主席班邦·苏尔约诺（Bambang Suryono）曾如是说。韩国庆熙大学国际政治学教授朱宰佑（Zhu Zai saso）曾提到，如果"各人自扫门前

---

① 参见中国海洋发展研究中心．国外专家热议海洋命运共同体理念 [EB/OL]．http：//aoc．ouc．edu．cn/cf/af/c9824a249775/pagem．psp，2019-06-10/2021-07-02．

雪，莫管他人瓦上霜"，那么针对海洋环境污染的治理就不可能得到有效落实。"在实践中，由于地理因素往往会导致海洋污染跨越地域，从而也会引起海洋治理超越国境的问题，这就需要全人类能够带着共同的使命感来进行合作，克服海洋治理面临的种种挑战，而这也就是构建海洋命运共同体的现实意义之所在。"①"海洋命运共同体的核心精髓在于突出合作共赢，而这也将使得该理念具有广阔的应用前景，会赢得更多国家的支持以及愿意积极参与其中"，马斯洛夫（Maslov）说。肯尼亚国际关系专家阿德希尔·卡文斯（Adhil Cavins）针对海洋命运共同体理念曾提到，对于非洲来说，参与构建海洋命运共同体具有重大意义。"非洲虽拥有丰富的海洋资源，但从实践上来看其并没有得到充分的开发与利用。未来，非洲将会在构建海洋命运共同体的过程中有更多机会与中国和其他伙伴合作，以促进海上发展和繁荣。"②

在2017年2月召开的第55届联合国社会发展委员会会议上，中国提出的"构建人类命运共同体"这一理念被首次正式纳入联合国决议。③ 2017年3月23日，联合国人权理事会第34届会议通过"经济、社会和文化权利"和"食物权"两项决议，同时明确提出要推动构建"人类命运共同体"的目标。④ 这也是人类命运共同体理念被首次正式纳入人权理事会决议，其标志着人类命运共同体理念已成为国际人权话语的重要组成部分。这一重要成果的实现，也为未来海洋命运共同体在国际上获得认同带来了新的希望和曙

---

① 习主席海洋命运共同体理念引共鸣［EB/OL］. http：//xinhuanet. com/，2019-06-08/2021-10-15.

② 参见中国海洋发展研究中心. 国外专家热议海洋命运共同体理念［EB/OL］. http：//aoc. ouc. edu. cn/cf/af/c9824a249775/pagem. psp，2019-06-10/2021-07-02.

③ 参见联合国决议首次写入"构建人类命运共同体"理念［EB/OL］. http：//www. xinhuanet. com/world/2017-02/11/c _ 1120448960. htm，2027-02-11/2022-02-20.

④ 参见中国社会科学网. 习近平提出命运共同体理念［EB/OL］. http：//www. cssn. cn/，2011-11-19/2022-02-20.

光，海洋命运共同体理念在国际社会上也将产生越来越重要的影响。

英国福建社团联合总会主席李光喜曾经在对海洋命运共同体理念的讨论中表示：全球海洋治理已经日渐成为国际社会乃至全人类共同面临的重要问题，中国此时提出海洋命运共同体理念，充分表明了其希望能够与世界各国在海洋领域加强对话交流、深化务实合作、促进互联互通、增进海洋福祉的明确愿望，这一理念的诞生将会为国际社会解决当前全球海洋治理中遇到的问题提供路径、指明方向。德国《欧洲新报》总编辑范轩指出：海洋命运共同体是习近平主席直面全球海洋治理问题、正视世界与全人类海洋利益诉求提出的重要理念，它既亮明了中国在海洋发展上坚定不移走和平道路的立场，又彰显了中国愿与世界各国人民共同维护海洋和平与安宁的大国担当，相信在未来的不断发展中其一定会赢得世界上所有支持和平力量的赞同。在俄罗斯高等经济学院东方学教研室主任阿列克谢·马斯洛夫（Alexei Maslov）看来，构建海洋命运共同体的过程中将会为国际社会提供更多的合作平台，并呼吁各国应该在充分利用这些平台的基础上联合起来保证海陆的安全。来自意大利《世界中国》杂志社的社长胡兰波则强调：海洋对于人类社会的生存与发展具有不可替代的作用与重要意义，各国应责无旁贷地保护地球与海洋。海洋命运共同体理念作为人类命运共同体理念的重要组成部分，是中国为完善全球海洋治理贡献的重要智慧，将惠及全球与全人类。法国中国和平统一促进会执行会长王加清坦言：人类在以海洋连结而成的命运共同体中需要不断相互了解以促进共同发展，构建海洋命运共同体是中国对这一趋势作出的回答。①

以上这些重要论述表明，海洋命运共同体理念有望逐渐成为全球性的海洋共识。但是在得到这些支持的同时，我们也应该清醒地意识到，目前在国际社会上对海洋命运共同体理念的支持声音主要

---

① 参见新华网. 为完善全球海洋治理贡献中国智慧——海外华侨华人热议习近平主席提出海洋命运共同体重要理念［EB/OL］. http：//www. xinhuanet. com/politics/2019-04/24/c_1124411853. htm? baike，2019-04-24/2021-07-11.

来自专家、学者等相关人士，各国政府尤其是海洋大国的态度尚不明确；对海洋命运共同体理念的有关官方报道也仅是见诸中国媒体的海外版，而外国政府部门或官方媒体的报道并不多见。其他国家以及一些国家的学者并不热衷于对海洋命运共同体理念的讨论，甚至是对构建海洋命运共同体也并未表现出积极参与的态度。究其原因，一方面，国际海洋规则的制定一向以海洋大国的意志为中心，健全的国际海洋规则制定机制尚未形成，海洋大国通过对海洋话语的掌控抢占了规则制定的先机，于中国而言，则囿于自身海洋实力不足，其难以在海洋兴盛的进程中打破现状，突出重围，提升中国海洋话语权，将本国利益诉求及时表达并被国际社会所关注，长此以往则进一步酿成中国海权意识淡薄，缺乏参与海洋事务的积极主动性，使得中国在海洋权益的维护中举步维艰；另一方面，海洋命运共同体理念的提出时间尚短，国际社会以及海洋大国对海洋命运共同体理念的丰富内涵尚不清楚，对海洋命运共同体究竟要如何构建也不了解，海洋命运共同体的建设终会带来怎样的利益或结果也尚不明朗，最为重要的是海洋命运共同体尚未得到国际法规范，某些海洋大国甚至认为这是中国试图"称霸海洋"的又一托词，对此担心恐惧，试图打压，乃至挑起海洋争端，这不仅使得海洋命运共同体的构建陷入困境，也使得中国的海洋权益维护面临着严峻的形势。

由此可见，海洋命运共同体理念获得国际社会广泛认可与支持，实现国际法制化构建仍任重而道远。海洋命运共同体理念的国际化，无疑为海洋命运共同体理念上升为全球性价值观创造了良好的国内国际环境，为其可以成为全球性共识奠定了坚实的基础。海洋命运共同体理念正在全球海洋治理过程中发挥出重要的影响力，也将会为缓解当前全球海洋治理陷入的困境、塑造国际海洋新秩序提供全新思路。海洋命运共同体理念的国际法制化将有利于海洋命运共同体理念上升为全球共识，成为人类维护海洋利益、建设和谐海洋的共同理念，[①] 以及为国际社会所共同遵守的国际海洋规则。

---

① 参见陈娜，陈明富. 习近平关于海洋命运共同体重要论述的科学内涵与时代意义[J]. 邓小平研究，2019，(5)：67.

总之，在未来的发展过程中仍要进一步推动海洋命运共同体理念的国际化，使其获得国际社会的广泛认可与支持，为其国际法制化奠定坚实的基础；也要在海洋命运共同体国际法制化的构建过程中注重使其更加广泛传播，获得更高的国际认同。

第二节　海洋命运共同体的国际法内涵

海洋命运共同体理念从其诞生之时就具备着深厚的国际法内涵，这也是实现海洋命运共同体国际法制化的应有之义。海洋命运共同体理念是对当前国际海洋关系和国际海洋秩序新形势的客观诠释与总结，其行为主体无疑不仅是多元的，而且是多层次的。① 海洋命运共同体是实现全球海洋治理的中国立场与方案，它既是理念也包含了实践，海洋命运共同体理念主张世界各国本着平等协商、互商互谅的精神管理海洋，处理全球海洋事务，并逐渐形成相应的国际海洋规则，从而为人类的海洋实践提供法律依据和保障。海洋命运共同体的国际法规则涉及海洋治理的方方面面，主要包含海洋经济、海洋安全、海洋生态环境等关键内容。海洋命运共同体的国际法内涵是要在国际法层面构建出国际海洋规则，从国际法的角度构建全球海洋治理的利益共同体、义务共同体和责任共同体。

一、海洋命运共同体的概念阐释

"海洋命运共同体"至少包含了两个方面：一方面是"海洋"，海洋资源是人类的宝贵财富，命运的共同体是因为"海洋"而结成的彼此命运相连的共同体，海洋命运共同体是在"海洋"上连结的命运共同体；另一方面是各国人民的命运共同体。在这个共同体里，个人利益趋向整体化，取而代之的是人类的共同"命运"。海洋命运共同体使得海洋不再是隔离世界各国人民的障碍，反而成为连接生命的通道，人类生活的宝贵空间与环境，各国人民在海洋这

---

① 参见崔凤，宋宁而. 海洋社会学的建构：基本概念与体系框架［M］. 北京：社会科学文献出版社，2014. 94-105.

个空间中，"一荣俱荣、一损俱损，生死与共"。①

(一)全球海洋治理语境下的海洋命运共同体

当前，全球海洋治理面临新的困境与障碍，全球海洋治理需要注入新鲜的"血液"，全球海洋治理方案亟待变革。在这个大时代背景下，海洋命运共同体理念应运而生。"从价值规范的角度出发，'海洋命运共同体'是指在若干国家行为以及非国家行为的干预下，基于共同的海洋利益与行为准则，在特定条件下形成的利益整体，从而在海洋领域形成统一的组织形态。"②

全球海洋治理语境下的海洋命运共同体理念肩负着新时代的使命，其要构建以和谐为基本特征的共同体价值。建设和谐海洋、实现人与海洋和谐共生是构建海洋命运共同体的核心要义与最高价值目标所在。构建和谐海洋对国家、民族的生存发展以及全世界安全稳定都具有重大的理论和实践意义。全球海洋治理中的海洋命运共同体是要通过优良的海洋综合治理来实现各国人民在海洋利益上互利共赢、安全上公道正义。以共生观念为基础的价值共同体，正是形成海洋命运共同体的雏形与基础。③ 构建海洋命运共同体是一套针对全球海洋治理困境的全新治理理念与实践方案，它面向世界人类的共同海洋命运，实现从海洋物质繁荣到海洋安全共建、海洋利益共享、海洋合作共赢，④ 要为当前的全球海洋治理寻找一条出路，化解当前全球海洋治理中的困境，淡化各国在海洋权益中的权利边界意识，打消称霸海洋的观念，共建全球海洋安全，打击海上恐怖主义等不安全因素，实现全球海洋的共治共享，构建全球海洋

① 参见宋宁而，张聪."海洋命运共同体"与"海洋社会"：概念阐释及关系界定[J].中国海洋社会学研究，2020，(1)：11.

② 徐峰."海洋命运共同体"的时代意蕴与法治建构[J].中共青岛市委党校青岛行政学院学报，2020，(1)：65.

③ 张宇燕.习近平中国特色社会主义外交思想研究[M].北京：中国社会科学出版社，2019：135-136.

④ 参见陈娜，陈明富.习近平构建"海洋命运共同体"的重大意义与实现路径[J].西南民族大学学报(人文社科版)，2020，41(1)：207.

新秩序。

冷战结束后的二三十年，国际社会正处于由"两极化"向"多极化"的过渡时期。在此期间，大国之间的利益博弈仍然主导着联合国框架下的和平权利实践，导致许多争端的发生、应对和处理缺乏合法性基础。全球海洋治理语境下的海洋命运共同体主张各国"相互尊重、平等相待、和平发展、共同繁荣"，这实际上为当今全球海洋治理中的国际海洋关系提供了两种革命性的诠释，其一是国际海洋关系应从"两极化""多极化"向"去极化"转变，各国在海洋事务中应该得到尊重和平等对待；其二是各国在参与国际海洋关系与海洋治理时，不仅要以国家利益为中心，更要以人类整体利益为中心，因为人类社会已经处于包括和平与发展在内的一系列共同议题的海洋共同命运之中。①

(二)国际法治语境下的海洋命运共同体

传统的国际海洋法以西方主义为核心，是西方中心主义的国际海洋规则与法律秩序。传统的国际海洋规则是以国家根本利益为出发点，建立在零和博弈基础之上，以国家之间的对抗性为思想内核，以控制扩张为理论目标；国际法治语境下的海洋命运共同体则是坚持各国家之间的交流互通，以合作共赢为出发点，以融合性为思想内核，以伙伴关系理论为宗旨，以全人类的根本利益为目标，是中国对国际海洋法发展的重要贡献。国际法治语境下的海洋命运共同体内涵可以概括为利益共同体与责任共同体，是在以国际海洋法制为依托的基础上实现各国之间的责任共担，保障全人类海洋利益的共同实现。

有学者指出："海洋命运共同体在国际法上的概念是指，以主权平等原则为基础，以共同体为载体，通过国际合作的形式实现和维护全人类的共同愿景和利益。海洋命运共同体是共同体思想与中

---

① 参见 Ming Liu. Legalization of the Right to Peace in the Context of a Community with Shared Future for Human Beings[J]. Journal of Human Rights, 2021, 20(1): 117-130.

国传统文化和中国新时代国际海洋关系价值目标的有机结合。"①
"海洋命运共同体是超越国界、地域和民族界限的全球化概念。"②
又有学者指出："海洋命运共同体在国际海洋法中具体是指，共同
体成员在尊重彼此政治交往、经济发展和文化传统的前提下，基于
海洋共识和共同的海洋利益产生认同感和归属感，通过在海洋领域
的共同合作而形成的联合体。"③

　　国际法治语境下的海洋命运共同体是全球海洋治理的一套国际
法规制体系。海洋命运共同体理念的内涵包括"海洋安全共同体"
"海洋利益共同体""海洋生态共同体"以及"海洋和平与和谐共同
体""海洋责任共同体"等。国际法治语境下的海洋命运共同体内涵
是指，在海洋命运共同体理念的指引下，包括国际社会、主权国
家、国际组织、个人等在内的各行为主体，通过明确海上安全制
度、制定"区域"内资源开采规章、完善海洋生态环境保护制度以
及丰富和平解决海洋争端制度的方式来发展和完善国际海洋法，从
而推动国际海洋法治朝着更加公正合理的方向发展，④ 最终实现包
括上述主体在内的全人类共享海洋生存发展权益、共担海洋资源环
境维护使命，⑤ 形成包括海洋主权维护、海洋安全保障、海洋生态
整治与海洋经济发展在内的，最终指引构建成休戚与共的人类海洋
命运上的共同体的一套完整的海洋法制与体系。⑥

　　①　参见邹克渊.国际海洋法对构建人类命运共同体的意涵[J].中国海
洋大学学报(社会科学版)，2019，(3)：13-14.
　　②　陈秀武."海洋命运共同体"的相关理论问题探讨[J].亚太安全与海
洋研究，2019，(3)：23-36.
　　③　孙超，马明飞.海洋命运共同体思想的内涵和实践路径[J].河北法
学，2020，38(1)：186.
　　④　参见姚莹."海洋命运共同体"的国际法意涵：理念创新与制度构建
[J].当代法学，2019，33(5)：138.
　　⑤　参见宋宁而，张聪."海洋命运共同体"与"海洋社会"：概念阐释及
关系界定[J].中国海洋社会学研究，2020，(1)：13.
　　⑥　参见徐峰."海洋命运共同体"的时代意蕴与法治建构[J].中共青岛
市委党校青岛行政学院学报，2020，(1)：65.

二、海洋命运共同体的国际法理基础

海洋命运共同体虽作为一项理念被提出，其不仅是对中国多年海洋治理宝贵经验的总结，彰显着中国的海洋治理智慧，代表着中国参与全球海洋治理的态度，其背后更蕴藏着深厚的法理思维与国际法理渊源，并为海洋命运共同体的国际法制化实现奠定了坚实的国际法理基础，这也是海洋命运共同体实现国际法制化并为国际社会广泛认可与遵循的不可或缺因素。海洋命运共同体所蕴含的群体价值、法益平衡理论以及共同体原理与法理，既是其产生的国际法理根基，亦是其未来实现国际法制化的重要理论指引。

(一)群体价值

人类自身的内在能动性是人类特有的价值，人类在共生关系中既要保持自身的独立性、主动性，同时又要能够实现自我的合群性与共生性。中国古代哲人的智慧经日月而弥久远，历经几个时代的洗礼，在当今社会却历久弥新，为中国所提出的海洋命运共同体理念提供了深刻的理论源泉。① 海洋命运共同体的构建就是要关注全人类这一群体的海洋利益实现，是人类整体的海洋利益，而不是某个人、某个国家的利益。国际法的诞生就是人类发挥合群性与共生性的本质特征，追求群体价值目标的结果。国际法自身的目标与价值也是要维护人类的群体价值，发挥群体价值利益的作用。群体价值原理既是国际法中的行事准则也是其最终的目标，国际法规的运行要凸显群体的重要性，单个主体的价值也只有在国际全体中才能得以实现，命运的共同体就是这个群体内每个主体的命运加合在一起，共同体关乎着群体的命运，群体内的任何一个人脱离了命运共同体，其命运就无法得到根本保障。国际法中所蕴含的群体价值原理就是海洋命运共同体的起点，人类的价值要在"合群"中得到体现，其利益也要在"合群"中得到保障。正所谓"独木不成林"，个

① 参见金应忠. 试论人类命运共同体意识——兼论国际社会共生性[J]. 国际观察，2014，(1)：37-51.

体的能力总是有限的，人类的权益只有在共生性中才能实现根本的保障。

(二)法益平衡理论

法律是维护公平正义的最后一道底线，正如 E. 博登海默 (Edgar Bodenheimer) 所言，法律的主要作用之一就是调整及调和社会中种种相互冲突的利益。① 但是就实际情况来看，人类却不能对应当得到法律承认与保护的所有利益作出一种确定且权威的位序安排。然而，这并不意味着任何形式的评价都是行不通的。例如，利用生命的利益是保护其他利益，尤其是所有的个人利益的正当前提条件，因此它就应当被宣称为高于财产方面的利益；为了子孙后代而保护国家的自然资源，似乎要优于某个个人或群体的利益。但最为关键的是在我们的日常生活中，不仅仅是个人或个人群体之间的利益冲突，甚至还有可能发生一方为个人或个人群体与另一方为有组织的集体的利益之间的冲突，以及个人或者全社会人类利益的冲突，更有甚者是全社会各阶层利益之间的冲突，等等。放眼国际层面，更可能涉及各个国家之间，国家与其他组织之间，个人与国家甚至包括与全人类之间利益的冲突。如果上述利益不能同时得到满足，那么应该如何来确定它们的相互位序与确定它们的相对重要性呢？这就提出了一个价值判断的问题，事实上，由于法律价值在一定范围内具有较为明确的价值秩序，因而在此范围之内，权利位阶也相应具有相对确定性并进入法规范的层面。② 也就是说在一定的条件或一定的限度下，乃至一定的社会历史区域内，我们可以强行对社会利益的位序作出一定的安排。国际法所要完成的使命也就是要在国际社会层面对全人类的利益作出位序的安排与协调，而现有的国际法体系也证明了在国际层面全人类的利益高于每个国家或每

---

① 参见[美]E. 博登海默. 法理学：法律哲学与法律方法[M]. 邓正来译. 北京：中国政法大学出版社，2004.398.

② 参见[美]E. 博登海默. 法理学：法律哲学与法律方法[M]. 邓正来译. 北京：中国政法大学出版社，2004.400.

个人的利益，而全人类的生命与资源安全利益则又高于全人类其他别的利益。国际法中的法益平衡是对人类整体利益的谋划，海洋命运共同体理念及其国际法制化实现，即是在一种特定的历史条件之下，作出的当代人与当代人之间，以及当代人与后代人之间的价值利益、环境资源的一种安排，其目的是调和当代人与后代人之间的海洋利益冲突，并进入国际法规范层面，以其国际法制化实现来规范国家之间的海洋权益冲突。海洋命运共同体理念既是一种在当代历史条件下个人与个人之间，个人与国家之间，国家与国家之间以及国家与全人类社会之间利益冲突的一种调和理念，更是当代人与后代人之间，现代与未来之间的一种利益价值位阶的安排。它不仅关注当代人在海洋领域的发展，同时也关注当代人的发展不得损害后代人在海洋领域的利益实现。这就说明了，法律权衡不仅体现在当代的代内之间平衡，也体现在当代与后代之间的代际平衡。海洋命运共同体及其国际法制化的价值判断就是在一定条件下，国际社会的总体利益高于个人利益或某个国家本国的利益；在当代人利益与后代人利益之间，后代人的利益也有权利获得保护与尊重，并不得被当代人所损害。

（三）共同体法理

2019 年 10 月，中共中央办公厅、国务院办公厅印发《关于全面深入持久开展民族团结进步创建工作　铸牢中华民族共同体意识的意见》(以下称《意见》)，其指出了"中华民族共同体意识是国家统一之基、民族团结之本、精神力量之魂"。① 《意见》是对习近平总书记在党的十八大以来多次强调的中华民族共同体意识的继承与发展，体现了共同体意识在社会发展中的强大引领作用。② "共同

---

① 中共中央办公厅、国务院办公厅印发《关于全面深入持久开展民族团结进步创建工作　铸牢中华民族共同体意识的意见》[N]. 人民日报，2019-10-24(001).

② 参见李龙，刘玄龙. 法理与政理：中华民族共同体意识理论探微[J]. 吉首大学学报（社会科学版），2021，42(1)：1.

体"这一概念的历史源远流长。法国人卢梭(Jean-Jacques Rousseau)认为共同体作为一种人类社会的整体，建立的基础是社会公约，其所体现的是人类社会的某种共同憧憬。① 国际层面的共同体是国际社会的联合体，其联合的基础是各国之间的利益与价值观的相同性。国际法就是在共同体这一基础之上形成的维护共同体利益的国际法律规范，旨在实现全人类这一共同体的利益。海洋命运共同体则是各国在海洋治理与海洋实践、海洋秩序构建的过程中，所形成的一种共同价值观，因此海洋命运共同体并不是突然创造出来的概念，而是国际海洋法在命运共同体这一理念下的深入发展。

1969 年《维也纳条约法公约》(*Vienna Convention on the Law of Treaties*)是较早使用国际共同体这一概念的国际法律性文件。② 国际社会强行法的产生说明各国共同利益的存在，也证明国际共同体的实在性。③ 在具有群体性、共同性、约束性等特征的共同体中，关注更多的是社会整体的发展与共同体的整体利益，而不是共同体中某个人的利益，但实际上共同体中某个人的利益，却对于整个共同体的发展与其利益实现起到了很大的作用，这就形成了一种个体与共同体之间的相互制约，在国际海洋领域，这也就变成了海洋大国、发展中国家与整体社会海洋利益的一种相互制约。在海洋命运共同体构建的过程中，不可能抛弃整体利益，而只关注某一个体的发展。相反，也不会因为对某一个体利益的突出或过分关照而影响整体利益的平衡。因此，海洋命运共同体理念及其国际法制化实现对于当前国际社会在海洋领域的利益平衡起到了举足轻重的作用。同时，在共同体治理与生存的过程中，做到普遍性与特殊性的统一还必须要注意到国家和地区等特殊情况的存在，求同存异的战略发展模式是共同体能够长久发展与拥有强大生命力的关键性因素之

---

① 参见[英]齐格豪特·鲍曼. 共同体[M]. 欧阳景根译. 南京：江苏人民出版社，2003.5.

② 参见 1969 年《维也纳条约法公约》第 53 条。

③ 参见张辉. 人类命运共同体：国际法社会基础理论的当代发展[J]. 中国社会科学，2018，(5)：50.

一。在共同体建立与成长的过程中，必须要因地制宜，因事而异，相对应地进行全方位评估和调试与改进，① 做到个体发展与集体优化的相结合是共同体这一概念真正能够实现其成立目标，真正做到所有国家所有地区都能够跟上时代发展的必要前提。②

海洋命运共同体理念的缘起之一就是国际法中的共同体原理，它着眼于人类的未来和命运，它将解决人类与海洋的冲突以及人类之间的冲突，实现人类与海洋的和谐共处。构建海洋命运共同体的首要动力是维护国际社会海洋共同利益的需要，在人类海洋利益共享的基础上由国际社会共同建立一个在海洋价值观相关问题上日益紧密联系和沟通顺畅的共同体，秉持共同责任感对全球问题进行集体解决，③实现整体利益最大化。从社会关系的角度来讲，真正共同体将是全世界范围内海洋社会关系的大融合；从实现途径讲，这需要全世界各国人民联合起来，为建立这样的一个共同体而共同努力奋斗。④

三、海洋命运共同体的国际法内涵与规则内容

海洋命运共同体理念蕴藏了深厚的国际法理基础，这使其具备了丰富的国际法内涵。从海洋命运共同体的价值目标出发，其至少应该包含海洋利益共享、海洋安全共护、海洋生态环境保护、海洋责任共担与海洋和谐繁荣等方面的内容。海洋命运共同体的国际法理基础孕育了海洋命运共同体的国际法内涵，并在未来的发展中逐渐形成相对应的国际海洋规则体系，实现海洋命运共同体的国际法

---

① 参见孙福胜．马克思主义共同体治理理论探析[J]．云南行政学院学报，2020，22(6)：64-65.

② 参见文吉昌，刘晓．马克思共同体思想对人类命运共同体理论构建的启示[J]．学理论，2021，(6)：16.

③ 参见 Chang Yenchiang. On Legal Implementation Approaches Toward Amaritime Community with a Shared Future[J]. China Legal Science，2020，8(2)：1-30.

④ 参见房子婷，王忠春．人类命运共同体理论对马克思共同体思想的继承与发展[J]．佳木斯大学社会科学学报，2021，39(2)：32.

制化。

海洋命运共同体内涵丰富。第一，人类和海洋是命运共同体。习近平总书记指出，我们要像珍惜生命一样珍惜海洋。在社会中，人类和海洋是平等和独立的。然而，它们并不是毫无关联的，相反，它们是相互联系和密切相关的。第二，各国人民携手构建海洋命运共同体，共同应对各种海洋挑战。台风、海啸等严重自然灾害频发，海洋生态环境和气候变化问题日益突出，海洋风险日益复杂。在这种情况下，世界各国必须团结起来共同维护海上安全与生态环境。第三，地球上的海洋是命运共同体。众所周知，海洋占地球表面积的71%，它们在地理上相互联系，构成一个完整的海洋生态系统。

此外，目前国际社会对海洋的利用已经从国家管辖范围内的区域扩大到国家管辖范围以外的区域。因此，在新一轮海洋"剩余权利"再分配和国际海洋秩序重建中，必须对国际法体系进行相应调整，以满足国际社会的共同利益，维护共同繁荣，构建一个干净美丽的海洋世界。海洋治理，特别是国家管辖范围以外的海域治理，涉及全人类的利益，其主要目的是引导、以各种制度管制和规范国际法主体在海洋领域的活动，并在最大程度上维护共同利益。而海洋命运共同体理念的提出则有助于国际社会就全球海洋治理问题达成共识。①

（一）共促海洋经济繁荣

"海洋命运共同体"首先应该是"海洋利益共同体"，通过构建海洋命运共同体增强全球海洋治理理念，全人类坚持正确义利观，共同增进海洋福祉，为实现海洋经济的繁荣发展作出积极贡献。②

① 参见 Chang Yenchiang. On Legal Implementation Approaches Toward Amaritime Community with a Shared Future[J]. China Legal Science，2020，8(2)：1-30.

② 参见姚莹."海洋命运共同体"的国际法意涵：理念创新与制度构建[J]. 当代法学，2019，33(5)：138.

在经济全球化不断深入推进的时代，全球海洋经济产业链空前庞大，分工合作之复杂前所未有，各个国家联合起来走合作开发、互利共赢的道路已经成为必然趋势。①

各国家要在海洋命运共同体理念的指引下，推动海洋命运共同体国际法制化的实现，完善海洋经济法制，优化全球海洋经济空间布局，加快构建全球现代海洋产业体系，协调推进海洋资源保护与开发，维护和拓展各国家间的海洋权益，如完善海洋生物资源、渔业捕捞、海岸带经济等相关国际法律法规。另外，针对人类共同继承财产的海洋公域，如就"区域"内矿产资源的开采、生物资源的养护等问题完善相关国际公约、条约等，各国要坚持奉行互利共赢的合作开发战略，共促海洋经济的共同繁荣。

(二)共谋海洋安全

"海洋命运共同体"应该是"海洋安全共同体"，其要实现海洋命运共同体在"海洋安全"领域的国际法制化，树立合作的新海洋安全观。② 在当今的海洋世界上，海洋传统安全威胁虽有缓和，实际上却暗流涌动，强权政治、单边主义横行对国际海洋秩序造成冲击与破坏；而同时非传统安全的威胁也与日俱增，如恐怖主义、海盗、海上通道安全等问题接踵而至，都给全球海洋治理带来了极大的阻碍。因此，面对传统安全威胁与非传统安全威胁的双面冲击，各国应共同团结起来组成海洋命运共同体，推动海洋命运共同体国际法制化的实现，深入到海防安全、海盗行为打击、海洋环境保护与修护的各个方面，推动关于全球海洋环境保护、共同打击海盗以及共建全球海洋通道安全的国际公约、条约的制定；化解全球海洋争端，完善国际海洋争端解决机制，本着和平的宗旨，通过谈判、

①　参见王芳，王璐颖. 海洋命运共同体：内涵、价值与路径[J]. 人民论坛·学术前沿，2019，(16)：98-101.

②　参见侯昂妤. 超越马汉——关于中国未来海权道路发展的思考[J]. 国防，2017，(3)：54.

协商等方式友好解决海洋争端，各国应增强互信、平等相待、深化合作，① 从而携手应对海洋安全挑战。②

（三）共建海洋生态环境

"海洋命运共同体"应该是"海洋生态共同体"，其核心要义是保护海洋生态环境的可持续发展，构建"清洁之海"。③ 随着社会的不断发展进步，人类对海洋资源的掠夺加剧，海洋环境也因此遭到了破坏。而面对辽阔的海洋，一国之力尚不足以实现对海洋生态环境的拯救与恢复，更遑论一己之力。因此，任何一个国家都无法独力完成对海洋生态环境的保护，正如前所述，独立个体的价值要在群体中才能得到保证与发展，海洋环境治理问题也需要所有国家协力解决。④

习近平总书记指出："我们要像对待生命一样关爱海洋。"实现了将海洋生物的生命、命运和整个地球、人类的命运紧密联系在了一起。⑤ 因此，我们要用国际海洋法制来维护海洋生命与全人类共同的命运，正如习近平总书记所言："绿水青山就是金山银山。"要通过完善全球海洋生态环境保护公约，如《海洋法公约》的环境保护章节，落实相关的海洋环境保护政策与机制，完善陆源入海污染、赤潮(绿潮)、海上溢油、核辐射等海洋环境灾害相关的国际法律法规，构建海洋生态环境国际法制体系。

----

① 参见姚莹．"海洋命运共同体"的国际法意涵：理念创新与制度构建[J]．当代法学，2019，33(5)：138.

② 参见王芳，王璐颖．海洋命运共同体：内涵、价值与路径[J]．人民论坛·学术前沿，2019，(16)：98-101.

③ 参见张海文．《联合国海洋法公约》与中国[M]．北京：五洲传播出版社，2014.6-7.

④ 参见姚莹．"海洋命运共同体"的国际法意涵：理念创新与制度构建[J]．当代法学，2019，33(5)：138.

⑤ 参见王芳，王璐颖．海洋命运共同体：内涵、价值与路径[J]．人民论坛·学术前沿，2019，(16)：98-101.

（四）构建和谐海洋

"海洋命运共同体"是"海洋和谐共同体"，建成一个持久和平的海洋世界是海洋命运共同体构建的终极目的。① 因此，构建海洋命运共同体是要推动海洋命运共同体国际法制化的实现，通过和平方式解决国家间海洋争端，不诉诸武力或以武力相威胁，秉持和平理念，选择对话而非对抗，协商而非斗争的方式。② 正如习近平总书记在 2019 年 4 月 23 日的讲话中指出的，"海洋和平安宁关乎世界各国安危和利益，需要我们共同维护，倍加珍惜"。③ 构建和谐海洋，就是要倡导各国用对话协商的方式来解决领海、主权等争端，共建和平的海洋时代。④ 构建和谐海洋，需要各国严格遵守现有国际海洋治理规则，信守"条约"必守承诺，并在此基础上，完善既有国际海洋规则中有关于国际争端的法律规则，加强海洋命运共同体理念，同时各国应该树立负责任大国形象，肩负起大国的担当，各国家只有共同承担起全球海洋治理的重担，才能够真正实现和谐海洋的构建。⑤

（五）构建海洋责任共同体

海洋命运共同体的最终实现离不开海洋责任共同体的建立。海洋责任共同体的构建也是海洋命运共同体最终实现的必然保障。海

---

① 参见习近平．习近平谈治国理政（第二卷）［M］．北京：外文出版社，2017. 541.

② 参见姚莹．"海洋命运共同体"的国际法意涵：理念创新与制度构建［J］．当代法学，2019，33（5）：138.

③ 参见肩负神圣使命，维护海洋和平安宁——习主席出席庆祝人民海军成立 70 周年海上阅兵活动在解放军和武警部队引起热烈反响［EB/OL］．http：//military. people. com. cn/n1/2019/0425/c1011-31048649. html，2019-04-25/2022-01-06.

④ 参见王芳，王璐颖．海洋命运共同体：内涵、价值与路径［J］．人民论坛·学术前沿，2019，（16）：98-101.

⑤ 参见杨华．海洋法权论［J］．中国社会科学，2017，（9）：163-183.

洋命运共同体是要实现人类海洋利益的共护与共享，最终是要维护全人类的海洋利益安全。但是在前期，只有世界各国人民一起行动起来，承担起维护海洋、治理海洋、保护海洋环境的责任，才能真正最终实现海洋利益的共享。海洋利益的实现与其命运共同体的构建不是仅由某一特定的群体或人员负有的责任与义务，而另外的群体"坐享其成"，是要人人都参与到海洋命运的共同维护中来，一起承担维护海洋利益与建设海洋命运共同体的责任与义务。因此，要求各国在国家层面积极履行国际公约、条约规定的各项责任与义务，按照国际公约、条约的规定制定、修改、完善本国国内立法，积极参与国际事务，贡献自己的力量；在国际层面，制定包括"区域"内开采规章在内的海洋资源开发制度，健全担保国责任制度以及各行为主体的责任与赔付责任体系，完善包括《海洋法公约》在内的国际公约、条约，健全国际海洋安全责任体系，构建完整的国际海洋规则体系与安全秩序，形成海洋责任共同体，最终实现海洋命运共同体的建设。

本 章 小 结

从"和谐海洋"到"海洋强国"再到"海洋命运共同体"的理念，中国总结了70余年来海洋实践与发展经验，综合研判世界海洋局势，深刻回顾中国海洋发展道路与历程，充分认识到当前全球海洋治理正面临着严重困境，全球海洋秩序亟待重建。中国肩负起时代使命，提出海洋命运共同体理念，并逐渐推动其国际法制化实现，不仅是中国为全球海洋治理提出的新方案，更对保护世界海洋，维护全人类共同海洋利益具有重要的实践与指导意义。

当前，海上传统安全威胁与非传统安全威胁相互交织，国际海洋局势错综复杂；既有的全球海洋秩序无法满足各国对海洋利益的需求，不能有效解决海洋治理面临的困境，更无法实现全人类对海洋利益的诉求与渴望。这些挑战在影响海洋和谐的同时也为各国海洋利益发展模式带来了新的机遇。海洋命运共同体理念的提出，打破了在海洋领域"一家独大"或"几家联盟"的形式，号召世界各国、全人类同属一个海洋家园，人类是海洋的受益者和保护者。海洋命运共同体的诞生肩负着时代的使命，即为全球海洋治理服务，为全人类海洋利益服务。因此，海洋命运共同体理念的产生得到了国际社会的广泛支持，认为其可以服务全人类海洋利益，实现海洋利益的共赢。随着中国对海洋命运共同体理念的践行，以及推动其国际法制化的实现，必将赢得国际社会与世界各国的支持与拥护，从而促进海洋命运共同体的真正实现。

海洋命运共同体不仅仅是一种理念，中国对海洋命运共同体的构建要深入到海洋法制层面，实现海洋的"良法善治"。海洋命运共同体所蕴含的共同体价值、法益平衡理论、共同体法理等国际法理基础为构建海洋治理的"良法"前提奠定根基。海洋命运共同体的国际法内涵与规则涉及海洋治理的各个方面，包括海洋经济法制、海洋安全、海洋环境方面等，力图实现海洋领域的整体利益，实现海洋的共同繁荣。海洋命运共同体当然注重共同体内个人利益的实现与发展，但是它又能够跳出个人利益的"圈子"，将其放大到整个人类社会，关注全人类共同的海洋利益，共同体的海洋利益高于某个人的海洋权益，也高于一国的海洋权益。海洋命运共同体淡化了个人利益的思维，不仅关注个人海洋利益的实现，更要兼顾群体内每个人利益的实现，每个国家利益的实现，最终实现全人类的海洋利益。

此外，海洋命运共同体的构建还要实现"区域"内相关法律法规的制定与完善，尽快出台"区域"内开采规章，规章制定要体现海洋命运共同体的理念，并实现其在"区域"内的国际法制化，落实全人类共同继承财产原则，确保"区域"内资源能为全人类所共享，规范"区域"内的开采活动，保护"区域"内的海洋环境，将相关的责任制度落到实处。

海洋命运共同体的诞生为全球海洋治理困境带来了新的希望，为重构国际海洋治理新秩序带来了全新思路，更为全人类的海洋利益分配优化实现提供了法制保障。它将具有强大的生命力，并将在全球海洋治理中发挥重大作用，也必将可以完成其国际法制化的使命。

第二章　海洋命运共同体国际法制化的必要性及意义

　　2019年4月，习近平总书记提出构建"海洋命运共同体"。海洋命运共同体是迈向人类命运共同体目标的途径，具有坚实的法律基础，这一概念的提出是人类命运共同体理念在处理国际海洋关系中的体现。以海洋为载体，构建海洋命运共同体的主要内容是构建海洋利益共同体、海洋价值共同体、海洋未来共同体。正如习近平总书记所说，海洋维系生命，连接世界，促进发展。①"海洋滋养着人类，人类对美好生活的向往离不开海洋。"②在经济全球化不断深入发展的时代，全球海洋经济产业链庞大，各国之间的合作与协作空前复杂。世界上有150多个沿海国家，这些国家寻求各自不同的利益，而只有共同的海洋利益是连接这些国家的纽带。在此基础上，构建海洋命运共同体将为各国解决争端、促进海上互联互通、维护海洋和平与发展发挥重要作用。合作利益、发展利益、和平利益、正义利益是在构建海洋命运共同体中各国共同追求的目标，但不违背各国各自的利益诉求。相反，海洋命运共同体及其国际法制化的实现更关心的是在充分考虑各国利益诉求后所遵循的原则，将各国利益最大化纳入稳定的制度框架。

　　海洋命运共同体理念的提出提升了世界各国合作的基础，从

---

　　① 参见建设海洋强国，习近平总书记在多个场合这样说[EB/OL]. http://theory. people. com. cn/n1/2018/0615/c40531-30060680. html，2018-06-15/2022-02-20.
　　② 马得懿. 海洋命运共同体：历史性水域的国际法阐释与演进[J]. 华东师范大学学报(哲学社会科学版)，2020，52(5)：133.

"共同利益"转变为"共同利益共存、共同责任",加强了双边、多边合作,乃至使世界各国之间的区域合作成为全球合作。世界各国的联系比以往任何时候都更加紧密,海洋是连接各国的纽带,也是影响全球经济的重要因素。在各国经济联系紧密的今天,海洋经济的开发必然涉及各国,任何一个国家都不可能单独发展。在海洋经济链条中,合作发展是共同的价值追求。在海洋法治要素方面,"法治""责任""正义"的内涵体现了公平与正义的价值,这也是在复杂的国际海洋形势下,平衡各国力量,避免霸权主义,争取和平环境的必要因素。没有公平正义的规则和秩序,霸权主义就会有滋生的温床。因此,推动海洋命运共同体理念向国际社会纵深发展,实现海洋命运共同体国际法制化构建,可以更好地解决当前全球海洋问题,为人类海洋实践提供法律依据与规范,从而构建更加和谐的国际海洋秩序。

第一节　海洋命运共同体国际法制化的必要性

虽然良好海洋治理的概念并没有在国际法律实践中被直接提出,但这一概念的每一个要素都在现有的国际法律文件中得到了一定程度的体现。例如,良好海洋治理的要素之一是"法治"。它要求所有国际法律规则和条例都必须得到适当的宣传,得到公正和有效的执行,并在决策过程中得到决策者和管理者的遵循。海洋命运共同体国际法制化是要共同承担责任,它要求国际社会成员适当履行其国际责任和义务,尊重国际社会每个成员的权利和利益,公平分配海洋利益,适当照顾弱势群体。为此,需要建立一个横向协调机构来管理海洋治理,其职能是在不同国家之间进行协调。①

构建海洋命运共同体体现新时代中国外交战略向全球海洋事务中心靠拢。它包括关于国际法和制度化的基本要素的丰富思想。近

---

① 参见 Chang Yenchiang. On Legal Implementation Approaches Toward Amaritime Community With a Shared Future [J]. China Legal Science, 2020, 8 (2): 1-30.

代国际法的产生和发展揭示了国际法理念作为制度指导的重要性。持久和平、普遍安全、共同繁荣、不同文明共存、可持续发展是海洋命运共同体的国际法原则。新五项原则与现有的国际法一般原则和中国新时代的建议相结合，这不仅是中国倡导的和平共处五项原则的发展，也是对当代国际法的新贡献。这将是应对百年未有之大变局、着眼人类共同海洋利益的新指引。海洋命运共同体理念是习近平新时代中国特色社会主义思想的重要内容，包含丰富的国际法理念。这不仅是因为推动建设海洋命运共同体必须符合国际法，还因为建设海洋命运共同体本身也提供了构建持久和平、普遍安全、共同繁荣、开放包容、清洁美丽的海洋世界的国际法治路径。①

海洋命运共同体国际法制化的实现是通过一个"系统的规则体系"来管理国际海洋法关系与进行治理。海洋命运共同体的国际法制度化实现必须建立在尊重各国主权、自主选择发展道路的基础上，以推动全球海洋经济战略伙伴关系机制化为目标，推动建立相互尊重、公平正义、合作共赢的新型国际海洋关系，建立持久和平、普遍安全、共同繁荣、开放包容的全球海洋治理格局，构建一个清澈美丽的海洋世界。将海洋命运共同体的核心思想制度化作为当代国际法重要原则体系的组成部分并加以推进是实现其国际法制化的必要途径和关键步骤。中国提出的海洋命运共同体理念完全符合可持续发展的国际法原则，其内容与《联合国宪章》和其他国际法下的现有国际法原则完全一致。中国将（1）坚持持久和平的新构想，以加强世代相传的国际和平原则，并通过持久和平寻求永久和平的最终目标；（2）坚持普遍安全原则，完善海洋集体安全机制，推进共商共建共享的全球海洋治理民主制度；（3）坚持海洋共同繁荣，通过发展普惠均衡的国际合作，扩大海洋开放包容；（4）坚持不同海洋文明共存、相互了解、相互学习、相互联系的原则；（5）坚持可持续发展原则，适应建设人类环境友好型社会的发展要求，

---

① 参见 Naigen Zhang, Institutionalization of a Human Community with a Shared Future and Principles of International Law［J］. Frontiers of Law in China, 2020, 15（1）：84-106.

五个方面实现推动海洋命运共同体的国际法制化。实际上，上述五项原则内容也应该被视为中国对当代国际海洋法制度发展的新贡献。①

一、创新理念与引领海洋规则创制的理论必要性

当前全球海洋治理中遇到的阻碍，以及全球海洋秩序的重构都需要在更新海洋治理理念的前提下才能实现有效的突破，海洋命运共同体国际法制化的实现为缓解全球海洋治理困境，更新与完善国际海洋规则体系，实现全人类的海洋利益共享起到重要的指引作用。从宏观上来讲实现全球海洋治理理念变革，进而引领国际海洋规则创制需要海洋命运共同体国际法制化的完成，具体来看则主要有以下理论必要性。

（一）创新理念，树立共同意识

国际海洋法制的完善与发展需要理念创新。从 20 世纪后半叶，各主权国家开始加强对共同利益的关注，而不仅仅是自身的利益发展，共同体意识的发展使得国家开始认识到自身的利益存在于共同体利益之中。在这种意识发展下的国际法也逐渐具有了"合作"的属性。然而，这种转变从实质上来看仍然是反映了国家间的合作只是为了自身利益的发展，并不是为了共同体的整体利益。② 要对现有国际海洋规则进行更新与完善，就要在尊重海洋作为"共有物"的本质特征基础上，超越零和博弈思维，立足真正意义上的共同体理念。然而，由于国家对海洋权益重要程度的认识不断提升，不同海洋法律制度间的冲突可能会愈演愈烈，因此，一些新的理念就需

---

① 参见 Naigen Zhang, Institutionalization of a Human Community with a Shared Future and Principles of International Law[J]. Frontiers of Law in China, 2020, 15(1): 84-106.

② 参见[美]路易斯·亨金. 国际法：政治与价值[M]. 张乃根，马忠法，罗国强，叶玉，徐珊珊译. 张乃根校. 北京：中国政法大学出版社，2005. 158-160.

要被引入来调整这些冲突。① 海洋命运共同体中所包含的诸如"友好协商""合作共赢"等观念对国际海洋法制的更新与完善，以及对海洋治理中出现的种种矛盾的调和具有重要的启发与影响。

应对海洋治理面临的结构性挑战，必须强调全球海洋治理的必要性。人类应该认真反思传统的危机应对模式，创新全球海洋治理理念和治理方案，实现全球海洋治理理念（包括价值观和原则）的现代化。这意味着，为了摆脱全球海洋治理面临的结构性危机，推进全球海洋治理的现代化，首先要在准确分析全球海洋治理面临的结构性挑战的基础上，准确判断世界海洋经济发展趋势，建立国际社会能够接受的海洋治理理念或体系，使之符合时代发展要求。在这一治理理念的指导下，提出并构建相应的海洋治理原则和价值观。②

(二)权利义务固定理论

在复杂的社会生活中充斥着各种各样的关系，在各种关系中往往涉及权利与义务的分配，只有保障权利与义务的相对平衡，各种社会关系才能够更加稳定、长久。同时，权利义务关系只有在法律中予以规定，才能形成约束力，保证权利义务的真正实现。例如，一种道德关系就很难从法律上去强制其执行。目前，海洋命运共同体作为一种全球海洋治理的理念，仅停留在对各国的呼吁上，包括前述的海洋命运共同体的国际法内涵及其相对应的规则都是在考察海洋命运共体应然状态下的制度设计与构建。其对相关国家与主体的要求，如设定的责任与义务，以及对相关主体的全力保障并不必然具有法律约束力。在海洋命运共同体构建中所创设的权利义务关系只有以法律的形式予以固定下来才能够真正达到其目的。运用国

---

① 参见姚莹."海洋命运共同体"的国际法意涵：理念创新与制度构建[J]. 当代法学，2019，33(5)：138.

② 参见 Qian J, Weisi N I. A Community with a Shared Future for Human Beings in the Vision of Modernization of Global Governance：China's Expression and Practice[J]. 人权：英文版，2018，(4)：9.

际法律体系践行海洋命运共同体理念，使各个领域双边、多边权利义务关系稳定化、规则化、制度化，有利于全球性海洋问题的有效解决。①

国际社会相互联系、利益交织的现实需要一套涉及世界各国需要的共同价值观，以维持和巩固国际社会合作的持续稳定。"以价值共识为纽带的海洋命运共同体，是价值连城的人类海洋命运共同体。海洋命运共同体以人类海洋共同价值观为追求目标。它的性质与现代国际法所倡导的'人类海洋共同利益'和'全球海洋治理'等概念的价值取向是一致的。"②海洋命运共同体的价值追求也体现在海洋善治理念上，如果全球海洋治理制度体系中没有一套能够为全人类共同遵守，并且对全球各国公民都有法律约束力的由原则、规范、规则和决策程序等构成的法律制度规范，那么相关的海洋治理措施、海洋理念倡议等将很难得到落实。因此，实现海洋命运共同体国际法制化，以法律形式对其中所创设的权利义务关系予以固定化、稳定化，从而可以实现国际社会合作的持续稳定与权益平衡。

(三)引领国际海洋规则创制

首先，海洋命运共同体理念最终在国际法律制度上的体现，既是中国立场、中国智慧、中国价值的制度表达，也是中国国际话语权塑造和中国全球海洋治理领导力的重要指标。国际法是各国在交往过程中形成的规则或习惯，现有国际法律框架也已经成为处理国际关系和国际事务的基本准则。然而，国际法不是在真空中存在的，国家实力在很大程度上决定着国家对国际法的影响程度：古希腊的民主制度、古罗马的法治制度、荷兰对海洋自由制度的奠基、美国对当今联合国体系的影响，都是它们在特定时空维度强大实力的制度表达。这些制度表达都超越了特定时空影响至今，在重复的

---

① 参见彭芩萱. 人类命运共同体的国际法制度化及其实现路径[J]. 武大国际法评论, 2019, 3(4): 9-12.

② Chang Yenchiang. On Legal Implementation Approaches Toward Amaritime Community with a Shared Future[J]. China Legal Science, 2020, 8(2): 1-30.

文化构建后成为文明的标尺和国家话语权的载体。可以说，当今世界谁把握了国际法制度创新的先机，谁就把握了相关国家权利义务配置的主动，也就把握了利益格局重新分配的主动，进而能在规则制定、实施过程中，体现、维护并实现自己的利益。①

其次，环顾当前国际局势，海洋命运共同体除了得到传统邦交友好国家的支持以外，尚未在西方发达国家引起广泛共鸣，媒体关注与报道也较少。综上所述，国际社会应及时将海洋命运共同体理念转化为国际法律制度，从而形成有效、长期的国际共识，指导全球海洋治理。例如，在国际海洋环境法领域，应该加强全人类共处的共识，更好地弥补在海洋环境保护和保全方面价值观念的缺失，帮助世界各国承担起海洋环境保护的责任，使现有的国际海洋环境法得到有效实施和完善。海洋命运共同体理念由中国提出，中国在宣传海洋命运共同体理念，推动海洋命运共同体构建的同时，应先逐步完成其在国内的法制化，并推动其国际法制化的实现，从而可以抓住此良机，在国际海洋规则创制中积极发挥作用，引领国际海洋规则的构建。

（四）填补既有海洋法规不足，完善国际海洋法治

当前，全球海洋治理不仅在实践中困难重重，其在国际海洋法制构建上也面临严重困境。如前所述，《海洋法公约》的诞生虽为无序海洋治理带来了法治规范，但是其也同样引发了一系列问题。《海洋法公约》中现有的国际海洋法制不能满足现实中的海洋治理需求。第一，《海洋法公约》的诞生可以说是对习惯国际海洋法的正式确认与编纂，但一方面习惯国际法的存在难以证明，且标准又不明确，另一方面《海洋法公约》虽在序言中提到其未予规定的问题仍以一般法处之，但实际上除公约规定之外能被各国所普遍接受的习惯国际海洋法十分有限，这实际上就限制了习惯国际海洋法发挥其本应该有的作用，无法满足构建稳定的国际海洋法律秩序以及

_____

① 参见彭芩萱.人类命运共同体的国际法制度化及其实现路径[J].武大国际法评论，2019，3（4）：9-12.

为全球海洋治理服务的现实需要。第二，《海洋法公约》虽被誉为
21 世纪"海洋宪章"，但其在全球海洋治理中的实际作用被高估，
其作为权益妥协的结果，前已述及，《海洋法公约》不可能成为全
球海洋治理的综合性统一"法典"，为全世界所遵守，并建立起一
个完整的世界海洋法律秩序，也不可能保证每个条款都能够做到清
晰准确，毫无争议。① 而虽是在平等基础上所进行的合作，但各国
的实力不均，最后也会导致各自的利益诉求不能达到满足。② 是
以，《海洋法公约》的诞生就存在先天的不足；一方面表现为在某
些重要问题上未能安排相应的制度予以规范；③ 另一方面则表现为
在一些领域上虽规定了相应的制度法规，但实际上却是条款规定模
糊，④ 导致在使用的过程中出现了碎片化、复杂化问题，各国对条
约的适用存在分歧，也因此产生了一系列的海洋争端，反之使得海
洋治理变得更加复杂。例如，《海洋法公约》中规定了海洋危机管
控法律制度。但总体上来看，其还依然存在制度的碎片化、国际组
织职能交叉、国际管辖权受国家管辖权制约等问题。因此，为全球
海洋治理提供新框架是当前解决海洋治理面临问题的当务之急。只
有秉持海洋命运共同体理念，坚持"共商、共建、共享"原则，依
照海洋命运共同体的核心价值理念与基本要求，推动海洋命运共同
体国际法制化的实现，为全球海洋治理、解决海洋治理所面临的困
境提供新的法律制度补给，填补既有海洋法规的不足，进一步完善
国际海洋法规则体系，使得全球海洋治理有"良法"可依，才能加

---

① 参见傅崐成等编译．弗吉尼亚大学海洋法论文三十年精选集（1977—
2007）（第一卷）[M]．厦门：厦门大学出版社，2010.206-207.

② 参见[美]路易斯·亨金．国际法：政治与价值[M]．张乃根，马忠
法，罗国强，叶玉，徐珊珊译．张乃根校．北京：中国政法大学出版社，
2005.159-160.

③ 参见姚莹."海洋命运共同体"的国际法意涵：理念创新与制度构建
[J]．当代法学，2019，33(5)：138.

④ 参见姚莹."海洋命运共同体"的国际法意涵：理念创新与制度构建
[J]．当代法学，2019，33(5)：138.

强国际组织与各国家之间的协调，增益全人类的海洋福祉。[①]

（五）弥合海洋意识形态之争

受历史条件、综合国力、社会思想等诸多因素的影响，各主权国家在海洋上形成的意识形态迥然不同。例如，发展中国家由于长期的综合国力限制，在海洋上只是被动地遵守海洋规则，对海洋权益不敢有所"奢求"；而英美等海洋大国则长久以来妄图称霸海洋，瓜分海洋资源，实现海洋霸权；作为曾经的海洋强国，中国随着综合实力的提升，想要实现在海洋上的和平崛起，却受到其他海洋大国的多重阻挠与遏制。由此，各国在海洋上的意识形态之争不断，并有愈演愈烈之趋势。海洋命运共同体理念的提出改变了以往各国的意识形态，呼吁唤醒各国的良知，摒弃"一方独霸"或"资源独占"的意识，转而代替的是加强各国之间的协作共建，资源共享。在未来，运用国际法律体系表达海洋命运共同体理念可以弥合国家间的不同海洋意识形态之争，充分发挥海洋命运共同体理念在调整国际海洋关系中的重要作用。

二、纾解海洋治理困境的现实必要性

海洋命运共同体实现国际法制化，除更新治理理念，引领海洋规则构建的理论必要性以外，还具有现实必要性。海洋命运共同体作为全球海洋治理的全新方案，其价值还当然表现在对当前海洋治理中出现的问题的解决上。目前，在全球海洋治理的过程中不断出现新的问题与多重治理困境，急需海洋命运共同体理念的指引及其国际法制化实现的纾解；同时，加强对海洋环境的保护与修复，实现海洋开发与利用的可持续发展，改善海洋治理中出现的复杂化与碎片化现象，以友好协商的方式和平解决国际海洋争端等的实现也需要海洋命运共同体及其国际法制化的助力。

---

① 参见卢芳华. 海洋命运共同体：全球海洋治理的中国方案[J]. 思想政治课教学，2020，(11)：45.

(一)解决海洋治理困境

随着海洋实践的深入,人类越来越认识到海洋权益的重要性,各国对海洋利益需求的增加也使得现有海洋治理体系的困境不断凸显。首先,涉及海洋领域,其往往与一国之"领土"有关,例如,领海区域的划分向来都是一国的主权问题;此外,在海洋治理主体中往往需要国家与组织的介入,这就更进一步导致了海洋的领土化,不仅会引发一系列的海洋领土争端,还会在一定程度上打击人们对海洋治理的信心与积极性,引发海洋治理的乱象。其次,海洋的治理究根问底是谁在治理?说到底还是各国政府在治理,海洋只是各国政府治理的一个领域,这就导致了政府治理过程中存在的弊端必然会直接带到海洋治理之中,如权责不清,机构重叠,效率低下,缺少监管与透明,各国政府各自为政,为了自身利益而行事等,也就给脆弱的海洋治理带来了不确定性风险。最后,既有海洋治理政策与规则等发挥的功能一分为二,具有双重效果。为了加强对海洋的治理控制,国际社会不断制定了一系列海洋治理政策与规则。而这些规则一方面在一定程度上使得各国行事有章可循,缓解了治理乱象,将各国的海洋治理行为纳入了国际法制化轨道,但同时其自身的漏洞,使一些海洋大国妄图搞"海洋霸权",对既有规则的漠视、不承认和践踏也使得当前海洋治理陷入了一片混乱之中。海洋大国将规则为自己所用,有利则用之,不利则弃之,甚至在制定规则的时候完全以自身利益为标准,严重破坏了全球海洋秩序,利用政策与规则制造事故以获取利益,严重侵害了他国的合法权益。

世界海洋事业仍然面临着结构性的挑战和危机,其中包括生物物质资源的匮乏、全球环境危机和全球恐怖主义。然而,现有的全球海洋治理模式和海洋秩序系统难以有效应对世界海洋发展面临的上述结构性挑战和危机。因此,国际社会有必要推进全球海洋治理并实现全球海洋现代化。为了实现这一目标,中国政府提出构建海洋命运共同体理念,呼吁各国携手努力,共同构建海洋命运共同体,实现全球海洋治理现代化,实现人类的全面发展,竭力维护全人类在海洋中的利益。① 因此，海洋命运共同体理念的提出为缓解全球海洋治理困境提供了解决新思路与新方案。海洋命运共同体国际法制化的实现可以为全球海洋治理制定新的秩序，更新或完善既有海洋规则，填补现有规则的漏洞，将各个国家的行为纳入海洋法治轨道上来，实现海洋治理"有法可依""有法必依"，并实现海洋治理的"良法善治"，从而缓解当前海洋治理中不断涌现的治理困境，化解各国之间的利益分歧与冲突，妥善解决现有海洋争端，构建更加和谐的海洋环境。

(二)加强海洋环境保护

在海洋资源利用的过程中，海洋环境保护极为重要。《海洋法公约》以专章的形式详细规定了海洋环境保护的制度及一系列措施。然而在实践过程中，各种各样的情况导致环境保护义务未能履行，或规定不明导致相关规定缺乏可操作性。海洋环境极为复杂，生态系统极为庞大，往往牵一发而动全身，所以海洋资源利用中的海洋环境保护就变得极为重要。然而，在实践过程中的各种海洋污染行为频频发生，甚至一些行为主体，如有些国家认为其遵守了海洋治理规则就是对海洋的保护或认为已经缴纳了海洋环保税就可以肆意进行海洋污染排放。在渔业资源捕捞的过程中，一些国家在他国海域、公海海域等进行过度捕捞，破坏海洋生物，损害海洋生态平衡。此外，海洋污染面临着海上污染以及海洋陆源污染的双重困境，这使得海洋环境的保护工作既繁重却又极为重要。海洋命运共同体理念的提出将海洋环境保护的重要性提上了一个新的高度，着重强调海洋环境保护与可持续发展的重要性，同时其国际法制化将海洋环境保护的义务上升为国际法义务，并规定相应的权利与规则，使得海洋环境保护落到实处。

同时以气候变暖、生物多样性减少、危险废物跨境流动等为特

---

① 参见 Qian J, Weisi N I. A Community with a Shared Future for Human Beings in the Vision of Modernization of Global Governance: China's Expression and Practice[J]. 人权：英文版, 2018, (4): 9.

征的全球海洋环境危机已成为困扰和危害人类生存和发展的关键因素，通过拓展海洋治理的参与群体及措施也可以缓解海洋环境破坏的现状。海洋命运共同体的构建可以通过拓展海洋治理的参与群体，如将各个国家、各个组织，社会团体乃至个人等全都纳入海洋环保的队伍中来，广泛采取有效的海洋环保措施，从而缓解海洋环境治理的困境。海洋环境保护对于海洋资源与海洋的可持续发展具有重要意义，海洋命运共同体的国际法制化实现可以以法律的形式保障海洋环境不受损害与破坏，以法律的形式规定各国在海洋环境保护中的权利与义务，可以更好地明晰各国在海洋环境中的分工及其责任，实现对海洋环境的保护。

（三）改变海洋治理的碎片化与复杂化

随着海洋权益重要性的日益凸显，参与海洋治理的主体也逐渐增多，各个主体之间因为对自身利益的考量导致各主体利益博弈悬殊，造成海洋治理的乱象丛生，海洋治理主体的碎片化明显；第三次联合国海洋法会议虽形成了《海洋法公约》作为全球海洋治理的最高"宪章"，但一方面，《海洋法公约》自身的缺陷导致了海洋治理规则不健全、不完善，虽对很多问题作出了规定但是又规定得不详细、不明确，导致在适用中产生混乱，《海洋法公约》也为自身带来了诸多"麻烦"；另一方面，由于《海洋法公约》涉及全世界各个国家、相关组织等，力求主体的广泛性，同时其生效又需要主权国家的批准加入，这就难免会造成一些国家不批准、不加入《海洋法公约》，一些国家依照国内法行事，一些国家或组织结成同盟，独自制定符合自身利益的海洋规则，忽视《海洋法公约》的存在，这都最终导致了国际海洋治理规则的碎片化与复杂化形成。此外，海缘政治的未知性也使得海洋治理困境在更大规模与更大广度中生成。因此，在海洋治理的具体措施中首先应当慎重处理国家、组织与个人的介入，充分考虑海洋主体群落的平等性。[1] 海洋命运共同

---

① 参见张景全. 为建设海洋命运共同体提供理论支撑——海洋政治学理论构建初探[J]. 人民论坛, 2020, (21): 101.

体理念倡导各国主体之间的平等，希望各国本着平等、公平协商的基础建立统一的国际海洋规则，形成"命运"的连结体，"治理"的共同体，"规则"的统一体，建立和谐的国际海洋秩序，"命运共同体"的共同体价值理念与核心思想，为当前全球海洋治理的碎片化与复杂化提出了良好的破解之道，其国际法制化的形成可以有效改善当前治理的碎片化现状，形成统一的海洋治理规则，各国可以"劲往一处使"，共同构建全人类的海洋命运共同体。

（四）和平解决海洋争端

在全球海洋治理的过程中，各个国家的海洋需求不同，海洋权益战略视角不一样，从而导致各国家之间引发的利益冲突在所难免，同时随着对海洋资源需求的爆发式增长，造成这种冲突的数量不断增加，态势愈演愈烈。而现有的《海洋法公约》中规定的海洋争端解决方式，其规定的复杂性，以及"一揽子"争端解决机制与"任择性例外"模式的结合，使得当前海洋争端的解决甚为复杂；加上海洋争端基本上都涉及一国的海洋主权，而国际司法机构在争端解决中的权威性受到挑战，可信性遭到质疑，从而使得在《海洋法公约》机制下解决海洋争端并非"最优选择"。然而，海洋命运共同体的提出及其国际法制化的实现可以为现有海洋争端的解决提供新的思路与方式。海洋命运共同体呼吁各国深化务实合作，倡导各国将全人类海洋利益放在决策与行动的首位，本着保护全人类海洋利益的宗旨，坚持互商互谅的原则，和平友好解决海洋争端，充分利用谈判、调解、磋商等方式解决既有海洋争端，实现双方海洋利益的最大化，避免零和博弈的发生。

第二节　海洋命运共同体国际法制化的意义

海洋命运共同体理念着眼于人类的整体海洋利益，其整体效用在于保障和平权利。推动海洋命运共同体国际法制化的实现将具有重要的意义与价值。其不仅可以使得国际海洋治理有法可依，实现海洋的"良法善治"，并在此基础上推动国际海洋关系民主化，以及人类分享利益公平化的实现；还可以促进国际海洋法治的完善。另一方面，实现海洋命运共同体国际法制化构建，可以为当前全球海洋治理遇到的困境提供破解之道，通过对国际海洋秩序的重塑，推动国际海洋关系的和谐化，并使全人类取得更多获益。

一、实现海洋"良法善治"的理论意义

海洋命运共同体的国际法制化实现可以为构建安全和平的世界与构建和谐海洋奠定良好的法制基础，实现海洋的"良法善治"。在推动国际海洋法制与规则完善的基础上可以进一步推动人类命运共同体国际法制化的完成，最终真正实现人类命运共同体的构建。具体有如下理论意义。

(一)海洋治理法治化

海洋命运共同体的实现最终离不开法制平台与法律规则的构建。全球海洋治理的有效实施与全球海洋秩序的构建有赖于法治，有赖于合作机制和决策制度的规范化、民主化和协调性。首先，海洋命运共同体的塑造需要包容意识，法治精神与契约精神，共同体意识即是契约精神的重要体现。因此，法治能够为海洋命运共同体的构建提供契约精神，反过来，这种契约精神既是塑造海洋命运共同体的基本理论假设，又是消除海洋争端，弥合分歧，防止海洋霸权的最好办法。其次，国际海洋秩序的构建在很大程度上影响着人类的海洋命运。而国际海洋秩序最典型的就是法律规则的构建，秩序的构建是通过规则来完成的，因此，国际主体间的合作需要用法律，包括国家法律规范体系，多双边条约等来进行规范，同时需要法律运行的体制机制，包括国家等各级组织的积极参与。再次，海洋命运共同体要求各国的活动方式应当是依法行事，需要用法治思维和法治方法来解决各国之间的理念分歧、权益争端，用谈判协商和国际法律规范来处理海洋矛盾纷争。只有海洋命运共同体建设在国际法理基础之上，才能用法治思维和法治方式化解国内外矛盾，构建海洋法律秩序。要用法治思维代替以前的"人治"思维，用权利思维代替权力思维，用法治方式代替专制和霸权的思维与行径，

将法治方法和法治思维运用到解决海洋纠纷中，成为解决纠纷的主要方法。海洋命运共同体国际法制化是当前全球海洋治理以及国际海洋秩序新构建的必然要求与实现全球海洋治理法治化的必然选择。当陈旧的海洋秩序与新的海洋秩序交织碰撞，海洋治理困境与难题不断凸显，在此背景下就要求海洋治理实现国际法治化，海洋命运共同体的构建亦要实现国际法治化。①

(二)构建安全和平世界的法治基础

法制在海洋命运共同体塑造过程中有着重要的使命。海洋命运共同体的国际法制化是国际海洋法律秩序建构的理论假定，海洋命运共同体的理念与法治精神是一致的，建构海洋命运共同体需要在世界范围内倡导和平，以满足全人类对幸福生活的追求。构建海洋命运共同体的价值理念有着对霸权主义、非公正和强权政治等现行国际海洋关系严重失衡的深刻反思与对新型国际海洋秩序建构的思考，它着眼于全球海洋战略的安全与持久和平，建设以平等、合作、共赢为主要内容的新型国际海洋关系，真正造福世界各国人民。② 海洋命运共同体国际法制化的实现，可以在进行全球海洋治理的进程中通过尝试制定更多的和平发展条约，创设更多的国际主体的行为规范，确立反对暴力、反对战争，追求平等、正义、安全、共赢、共存、共生的法治精神与理念确信，为构建安全和平的世界奠定良好的法治基础。

(三)构建和谐海洋的法理根基

构建和谐海洋是维护全人类海洋利益共赢以及实现海洋资源可持续发展，保证后代子孙海洋利益的根本出路，也是构建海洋命运共同体的根本追求。和谐海洋的构建不仅仅是通过倡议、呼吁就能

① 参见陈金钊．"人类命运共同体"的法理诠释[J]．法学论坛，2018，33(1)：11-12.

② 参见新华时评．聚力构建海洋命运共同体[EB/OL]．http：//m.xinhuanet.com/2021-04/23/c_1127368243.htm，2021-04-23/2021-11-19.

够实现，需要一系列的制度安排与法律法规的保障，才能够明确构建和谐海洋中的权利义务关系、行动方案、责任分配以及具体措施等，只有这些内容能够得以明确，并且以法律法规的形式予以规定才能够真正实现和谐海洋。海洋命运共同体理念为和谐海洋的实现设计了行动方案与制度安排，其国际法制化的实现则为和谐海洋的构建提供了法律保障，为其奠定了法理根基，并在此基础上提供了一系列的法律法规，形成构建和谐海洋的法律保障体系，推动和谐海洋的构建。

（四）完善国际海洋法制

国际海洋法治的实现要求在不同层面上实现"良法"和"善治"，即在国际海洋事务中普遍尊重和遵循内容和目标良好、形式完整的规范。从目前国际海洋规则体系来看，海洋的和平发展并没有真正纳入国际海洋法框架或联合国公约体系。和平发展是人类社会的永恒主题，是全人类的共同目标。但长期受战争和冲突困扰的人类社会历史也显示出和平的脆弱性。受"海洋霸权主义"和"强权政治"的长期影响，加之由于国际社会缺乏具有约束力的保障海洋和平发展的国际公约，构建完善的国际海洋规则体系，实现海洋治理的法治化还有很长的路要走，只有实现以法制为基础的和平发展，有关国际行为体才能有规则可循。因此，海洋命运共同体理念通过明确一些海洋治理的基本原则以及其国际法制化的实现，可以为海洋和平法治权利建设提供可遵循的规则，在国际社会的共同努力下全面实现海洋的和平发展与法治治理。[①] 例如，前已述及，国际海洋争端的解决正陷入焦灼状态，《海洋法公约》中的现有争端解决机制不能很好地发挥其作用，海洋命运共同体理念的诞生不仅可以为现有国际海洋争端的解决提供新的思路与方式，同时，其亦能够对《海洋法公约》中的争端解决机制予以完善，在海洋命运共同体理

---

① 参见 Ming Liu. Legalization of the Right to Peace in the Context of a Community with Shared Future for Human Beings[J]. Journal of Human Rights, 2021, 20(1)：117-130.

念的指引下，设置相关的程序与机制，使得争端解决机制更符合各国的海洋利益诉求，更能为各国所接受，才能更好地化解海洋纠纷，构建和谐海洋，维护全人类海洋利益。

（五）推动人类命运共同体国际法制化的形成

海洋命运共同体理念可以通过其自身国际法制化的完成来助推人类命运共同体理念的国际法制化实现。人类命运共同体理念是中国在深刻认识国际社会现状，总结中国发展经验，关切世界人民重要利益的基础上提出来的，海洋命运共同体从理念上来讲是对人类命运共同体内涵的丰富与发展，从实践上来看则是在海洋领域对人类命运共同体的具体落实。海洋命运共同体理念及其国际法制化的实现对人类命运共同体理念与国际法制化的构建有着深刻的影响与重要的现实意义。

2018 年 3 月，"推动构建人类命运共同体"已被正式写入《中华人民共和国宪法》序言部分，成为中国《宪法》的指导性原则之一。① 在未来的发展过程中，实现人类命运共同体国际法制化也是推动人类命运共同体构建的关键一步。海洋命运共同体国际法制化的实现可以为实现人类命运共同体国际法制化提供重要的制度参考与例证，海洋命运共同体作为人类命运共同体的重要组成部分之一，其国际法制化的实现可以作为典型范例，为人类命运共同体国际法制化的实现提供重要的参考借鉴，成为人类命运共同体国际法制化的"先行军"；海洋命运共同体国际法制化的实现可以为构建持久和平的世界提供法制基础，构建持久和平的世界是人类命运共同体的目标之一，海洋命运共同体国际法制化实现可以为构建和谐的海洋社会提供法制保障，从而推动持久和平世界的构建，并为其提供法制治基础；人类命运共同体国际法制化为构建普遍安全的世

① 参见中国人大网.《中华人民共和国宪法修正案》(2018 年 3 月 11 日第十三届全国人民代表大会第一次会议通过) [EB/OL]. http：//www. npc. gov. cn/npc/c505/201803/3bd1311cf0944324b6f3a2bfd8c8cb84. shtml， 2018-03-11/2021-08-01.

界提供制度安排，海洋命运共同体作为其中的一个重要领域，可以在自身实现国际法制化的基础上推动普遍安全的世界的制度安排。海洋命运共同体国际法制化的实现可以促进海洋的共同繁荣，通过海洋繁荣的实现助力人类命运共同体的国际法制化并为构建共同繁荣的世界提供具体规则，同时也为构建开放包容的世界提供制度保障，为构建清洁美丽的世界提供规则指引，这些都有赖于在海洋命运共同体国际法制化推动下的人类命运共同体国际法制化的实现。

二、构建国际海洋新秩序与维护海洋权益的现实意义

作为关乎全人类海洋命运的海洋命运共同体理念超越了社会制约、意识形态、种族之间的分歧和冲突，追求世界的和平、发展、合作与共赢，其国际法制化的实现将在此基础上进一步推动海洋新秩序的构建，并在加强国际海洋合作，提升各国在海洋事务中的凝聚力与形象的过程中化解海洋治理困境，为海洋权益发展赢得更多的机遇。

（一）提供全新思路，化解海洋治理困境

前文已述，当前的全球海洋治理正陷入了困境之中，全球海洋治理模式的超越正面临新的挑战，海洋命运共同体理念的提出及其国际法制化的实现正是为全球海洋治理提供了新的思路和途径。传统的国际海洋秩序是被发达国家所主导和控制的，服务于发达国家的政治、经济利益目的，充满了强权性、掠夺性，是海洋霸权主义的产物，侵害了许多发展中国家的海洋权益。海洋命运共同体理念打破了以往传统不平等的海洋治理观与陈旧腐朽的国际海洋秩序，并提供了全新的治理模式，同时在这一过程中注重对既有的全球海洋治理中出现的问题进行有效解决，适用全新的思路与途径来解决既有的海洋"痼疾"，在人类海洋发展史上具有划时代的意义。①

---

① 参见吴冰洁. 论"海洋命运共同体"倡议及其当代价值[J]. 西部学刊，2020，(19)：44.

(二)弘扬合作精神，促进国际合作

海洋命运共同体的构建与其国际法制化的实现离不开世界各国人民的同心协力，同时，在这一过程中也将有效地弘扬国际合作精神，推动国家之间合作领域的不断拓宽，国际合作关系的深入发展，① 从而又可以实现海洋命运共同体的加速构建。海洋命运共同体的构建可以号召世界各国人民团结起来，聚到一起，彼此沟通与协作解决当前遇到的全球海洋问题，而又在使之国际法制化的同时，可以以法律规则的形式进一步使各国加强合作、规范合作，从而弘扬国际合作精神，通过合作的方式解决全球海洋治理中的问题，提升国际社会在海洋事务之中的凝聚力与向心力。

(三)构建国际海洋新秩序

以《海洋法公约》为主体的海洋法规与现代国际海洋关系正面临着重大的挑战。在实践过程中，各国罔顾《海洋法公约》规定，践踏《海洋法公约》尊严，依旧"我行我素"，以美国为首的海洋大国及一些国家依照本国海洋利益需求与战略规划，在满足本国海洋利益诉求的基础上，对现存国际海洋秩序进行不断的破坏，不仅侵害了人类海洋权益，也给海洋生态环境造成了重大污染。种种行为对现有国际海洋秩序提出了新的挑战，因此在全球海洋治理面临新的困境，全球海洋权益维护面临新的挑战，全球海洋治理秩序出现混乱局面的时候，全球海洋治理体系需要新的变革，以促成国际海洋新秩序的形成，进一步规范各国海洋行动与实践，维护各国的海洋权益与国际海洋秩序，并做到对海洋及其生态环境与资源的保护，使得海洋可持续发展，而不损害后代人的海洋利益。综上所述，海洋命运共同体理念的提出及其国际法制的实现为构建国际海洋新秩序提供了全新的可能，海洋命运共同体国际法制化的实现为国际海洋新秩序的构建提供了一种新的行动方案，也为世界各国海

---

① 参见吴冰洁. 论"海洋命运共同体"倡议及其当代价值[J]. 西部学刊，2020，(19)：44.

洋权益的维护提供了新的规范，使得各国的国际海洋行动与实践变得有章可循、有据可依，从而构建一种规范的国际海洋新秩序。

（四）为中国海权赢得更多机遇

目前，中国在资源方面面临着陆上资源匮乏的局面，海洋资源，尤其是国际海底资源，为中国未来的发展提供了新的动力与新的希望。因此，"区域"内矿产资源开采对于中国的未来发展有着极为重要的意义；其次，在海洋法领域，中国向来是以被动身份出现，中国在海洋规则的制定中，常常是一个被动的接受者。当前，中国面临着海洋维权的困境以及海洋争端复杂化、多样化的形势，中国亟须改善当前海洋治理中存在的困境，为中国的海洋权益维护与利用赢得更多的机遇，实现中国的海权发展。海洋命运共同体理念也正是在这种"内忧"的背景下提出来的，海洋命运共同体理念不仅为中国解决当前现有困境提供了一种新的方案，也是中国在国际社会中，在海洋领域发展海权，维护中国海洋权益的一种声音与力量，而海洋命运共同体国际法制化的实现不仅可以缓解中国与各海洋国家之间既有的海洋争端，实现海洋资源的共同开发，还能够为中国海权的发展赢得更多的机遇，为中国未来的发展提供更多的资源，使中国在海洋领域的权益得到更多的保障，同时也可以使得中国的发展与世界的发展统筹协调，并最终为全人类的利益共享作出贡献。

（五）提升中国文化软实力与国际形象

在当前的国际背景下，一国的综合实力越来越重要，除去一国的政治经济力量外，一国的国家文化软实力更是对一国在国际社会上树立国际形象、增强文化自信、宣扬其国家战略以及促进国际规则的形成有着重要的作用。一国的国家文化软实力对于其在国际上构建话语体系，提升话语权，为其所提倡议在国际社会上获得广泛的认同和接受将起到重要的助推作用。海洋命运共同体理念作为中国对于全球海洋治理困境破解之道提出的"中国方案"与"中国智慧"，是中国在海洋法领域提升其国际形象，提升国际海洋话语权，倡导中国思路，以及使中国规则在国际层面获得接受的关键一步。海洋命运共同体理念作为中国政府所倡导的一种新型海洋治理观，彰显出了中国政府基于全球视野对世界与中国海洋发展战略的判断，以及对人类整体前途命运的关切。其充分地彰显并清晰地向世界传递了中国在海洋事务上走和平发展道路，与世界人民一道共同维护海洋权益的信念。同时，海洋命运共同体国际法制化的构建充分彰显了中国负责任大国的形象，以实际行动来显示中国在海洋领域肩负的责任与义务，以及中国维护海洋权益和维护海洋秩序的决心；它可以进一步推动中国基于中国利益和全球海洋治理考量所倡导的海洋规则获得国际社会的认同与认可，并最终实现海洋命运共同体的构建，实现全球海洋有效治理。

第三节　海洋命运共同体"区域"内国际
法制化的必要性

现在国际社会、国际组织以及各个国家正在把海洋作为一个潜在的增长来源，"区域"内资源也将发挥其重要价值。例如，欧盟委员会正在其"蓝色增长"战略下促进海洋经济开发，在五个重点领域预测了增长潜力，其中之一就是"区域"内矿产资源；① 而瑙鲁正在促进经济增长的各种战略的背景下积极参与"区域"内矿产资源的开采，等等。但从目前的"区域"内开采活动立法现状来分析，"区域"内开采立法修订很有必要。海底矿产资源关系着一国的未来发展，但从现有制度来看，仍存在着国家之间利益分配不均衡，发达国家与发展中国家在权利义务分配方面矛盾未决等问题。

"区域"内的相关立法与制度构建尚未完善，不能满足实现商业性开采的制度需求，基于"区域"内资源开采的重要价值与现实意义，国际社会制定一套完整的"区域"内开采规章已是当务之急。

---

① 参见 Isabel Feichtner. Mining for Humanity in the Deep Sea and Outer Space：The Role of Small States and International Law in the Extraterritorial Expansion of Extraction[J]. Leiden Journal of International Law, 2019,（32）：269.

海底管理局也认识到了这项工作的重要性，已经出台了《开采规章（草案）》并作出了相应的修改与完善。然而，其尚不能有效解决"区域"内资源开采遇到的各种问题，一系列的重要制度也未在规章中有很好的体现，或予以明确规定。因此，海洋命运共同体理念的提出及其国际法制化的实现可以为当前"区域"内相关问题的解决，以及开采规章制定中的制度设计起到重要的指引与规范作用，同时选取"区域"内开采规章的制定为推动海洋命运共同体国际法制化实现的实践领域，既可以证明海洋命运共同体国际法制化的必要性与可行性，又可以反向促进海洋命运共同体的国际法制化实现，做到事半功倍。

一、"区域"内勘探开采立法现状与评析

"区域"内资源的开采活动经历了几个阶段，从最初人类对"区域"内资源的不甚了解，到甚为渴望，人类对"区域"内资源变得越来越重视，并妄图独自占有。而技术的进步和人类共同继承财产原则的发展，开启了"区域"内资源规范开采的新时代，人类逐步制定了一系列的制度与配套措施来保证"区域"内资源能在有序开采下实现全人类利益的共享。但目前，相关制度随着社会的发展和研究的深入亦暴露出许多缺陷和不足之处。因此，对现有制度的更新与完善成为"区域"内重要的工作内容。

（一）"区域"内勘探开采的立法现状

开采规章是"区域"内资源实现商业性开采的重要制度导则，直接关系到承包者的商业利益，也影响着担保国的权益，更是对人类共同继承财产原则落实的关键，应予以高度关注。[1] 但这一计划将耗费较长的时间，需要久久为功。因此，海洋命运共同体理念在"区域"内的国际法制化实现就成为了重要的事项，将对未来"区域"内开采规章的制定起到先导性的作用。在其指引下，国际社会

---

① 参见李汉玉. 人类共同继承财产原则在国际海底区域法律制度的适用和发展[J]. 海洋开发与管理，2018，35（4）：70-75.

通过逐步建立"区域"内活动的管理机制,最终形成包括探矿、勘探和开采的整套规则、程序内容的"采矿法典"。

海底管理局自 1994 年成立以来,先后于 2000 年制定了《"区域" 内多金属结核探矿和勘探规章》(*Rules for Prospecting and Exploration of Polymetallic Nodules in the Area*),2010 年制定了《"区域"内多金属硫化物探矿和勘探规章》(*Regulations for Polymetallic Sulfide Prospecting and Exploration in International Seabed Areas*),2012 年制定了《"区域"内富钴铁锰结壳探矿和勘探规章》(*Regulations for Prospecting and Exploration of Cobalt-rich Iron and Manganese Crusts in International Seabed Areas*)(以下称"三规章"),完成了"区域"内三种主要矿产资源的勘探规章制定。

随着"区域"内开采活动的临近,近年来其制定开采规章的线索也更加凸显。2017 年,海底管理局在其召开的第 23 届大会上正式公布了《"区域"内矿物资源开发规章(草案)》,[①] 同时邀请国际社会各方提出评论意见。这也是海底管理局公布的第一版"区域"内资源开采规章(草案)。在充分考量了利益各方提出的意见后,海底管理局对第一版开采规章(草案)进行了修改,并在 2018 年第 24 届大会上发布了修改后"区域"内开采规章(草案)。[②] 2019 年,海底管理局继续发布了"区域"内开采规章(草案)的第三版,并亦如往期惯例,[③] 要求各方提交有关评论意见。按照原定计划,2020

---

① 参见 International Seabed Authority. Draft Regulations on Exploitation of Mineral Resources in the Area〔EB/OL〕. https：//ran-s3. s3. amazonaws. com/ isa. org. jm/s3fs-public/documents/EN/Regs/DraftExpl/ISBA23-LTC-CRP3-Rev. pdf，2017-08-08/2021-08-15.

② 参见 International Seabed Authority. Draft Regulations on Exploitation of Mineral Resources in the Area〔EB/OL〕. https：//ran-s3. s3. amazonaws. com/ isa. org. jm/s3fs-public/files/documents/isba24_ltcwp1rev-en_0. pdf，2017-07-09/ 2021-08-15.

③ 参见 International Seabed Authority. Draft Regulations on Exploitation of Mineral Resources in the Area〔EB/OL〕. https：//ran-s3. s3. Amazonaws. com/ isa. Org. jm/s3fs-public/files/documents/isba_25_c_wp1-e. pdf，2019-03-22/2021- 08-15.

年应提交第 4 份草案,但海底管理局至今未予公布。2021 年 12 月 10 日,海底管理局理事会第 26 届第二期会议在牙买加金斯敦闭幕,会议决定了关于 2019 年法技委编写和提交给理事会的关于"区域"内矿产资源开采规章草案(ISBA/25/C/WP.1)的 2022 年的修订工作路线。

虽然在目前阶段已有的勘探合同承包者还没有提出开采工作计划,但根据《执行协定》要求,如果有国家提出正式请求,则理事会必须在请求提出后的两年内完成此类规则、规章和程序的制定。① 此外,从技术和经济的角度而言,如果没有明确界定的规则及参数,在未来的"区域"内开采活动中,承包者将无法预估商业性开采所面临的风险,从而也无法判断其是否可以进入开采阶段,批准者也无法评估承包者的资质与潜力,是否允许其进行开采等问题。②

"区域"内开采规章的制定关乎着全人类在"区域"内海洋权益的实现,因此,应予以高度关注。③ 国际社会要通过"区域"内开采规章的制定逐步确立"区域"内活动的管理机制与制度体系,推动海洋命运共同体在"区域"内的国际法制化实现,形成一套包括探矿、勘探和开采的整套规则、程序全部内容的"区域"内资源开采体系。

(二)"区域"内资源开采立法现状评析

前文已述,用于规范"区域"内开采活动的国际性法律法规主要有《海洋法公约》及其《执行协定》,海底管理局制定的"三规章";另外,前文提到的"区域"内开采规章也正在制定中,开采规章(草案)也在不断地更新。"区域"内上述规范的出台为资源开采

---

① 参见《关于执行 1982 年 12 月 10 日〈联合国海洋法公约〉第十一部分的协定》。

② 参见 Tonga Offshore Mining Limited. Application for Approval of a Plan of Work for Exploration. ISBA/14/LTC/L, 2008, 3(21).

③ 参见李汉玉. 人类共同继承财产原则在国际海底区域法律制度的适用和发展[J]. 海洋开发与管理, 2018, 35(4): 70-75.

者在"区域"内从事矿产资源探矿与勘探活动创造了条件，并为其提供了行动指南，同时也为利益攸关各方在"区域"内相关探矿和勘探工作中的权益提供了法律保障。从"区域"内相关规范的制定中，尤其是"三规章"出台以及三部草案的颁布，可以看出"区域"内立法也在不断地细化与进步，有关内容诸如用语、范围、开采申请、海洋环保、数据保护等也越来越详细，在一定程度上填补了《海洋法公约》及其《执行协定》的不足。然而，在"区域"内资源开采规范建设取得一定成就的同时，也应该清楚地认识到目前"区域"内开采规章制定中也存在着一定的缺陷。

1. 立法优势

现有的"区域"内开采规章（草案）在体现人类共同继承财产原则、遵守《海洋法公约》及其《执行协定》、海洋环境保护与保全制度建设、申请与工作计划审核、承包者缴费机制、资料处理与活动检查等方面取得了很大的进步。[①] 当前，"区域"内矿产资源开采立法主要有以下优势：

首先，现有规定不断细化和强化了海洋环境保护与保全的规定。"区域"内开采规章（草案）中关于对"区域"内海洋环境保护规定的条款越来越多并且不断细化。例如，在环境履约保证金、环境责任信托基金、环境影响报告书等方面都在不断作出详细的规定，体现了国际社会对"区域"内海洋环境保护变得越来越重视。其次，现有规定不断细化和强化承包者的义务。例如，在 2018 年版的开采规章（草案）中，针对于承包者的海洋环保义务做了更加详细的规定，使得相关制度更具操作性，同时，在其第 33 条中还引入了"双重责任"制度，即承包者不仅负有保护合同区海底电缆或管线等既有设施的义务外，还应当负有合理估计到"区域"内及海洋中的其他活动。[②] 其也强化了承包者在劳动、安全、卫生方面的要

---

① 参见倪然，谢青霞，杨谷. 国际海底区域资源开发规章研究[J]. 珠江水运，2021，（21）：69.

② 参见《国际海底区域内矿物资源开发规章草案（草案）》，2018 年版，第 31、33 条。

求，如对所有人员的岗前培训，所有工作人员应该具有相关资质等。又如，2018 年版的草案在第八部分集中地规定了承包者的缴费义务，包括年度报告费、固定年费、申请核准工作计划的申请费等内容。① 该草案也同样详细地规定了关闭计划之后环境监测的内容。最后，现有规定不断细化和强化检查员的权力与职责要求。其赋予了检查员更多的权力，如检查监督、要求解释、删除、要求执行、复制材料等。② 在检查员的职责方面要求，其应当具备从事相关工作的资质与经验，并严格遵守保密规定与行为守则，认真履行海底管理局交代的职责任务等。以上这些规定都对"区域"内开采活动规则的相关空白进行了补充，③ 使得"区域"内开采规章中的相关制度更加细化，更具有可实现性与实际意义，令资源开采活动变得有章可循。

2. 立法不足

现有的"区域"内矿产资源开采规则中，包括"三规章"在内，都只涵盖了"区域"资源开发的初级阶段，即探矿和勘探，对未来资源的开采阶段应该适用的规则未作出规定。并且，以上所述的这些"区域"内资源开采的规则之中还相互存在不一致、不协调之处。已经颁布的"区域"内开采规章（草案）在内容上尚存有重大缺失，如缺乏关于惠益分享机制、企业部等重要问题的明确而详细的规定；对开采申请程序的相关规定过于繁琐，对承包者的权益规定不足，如先驱投资者的"优先开发权"在草案中并没有规定，对担保国责任、海洋环境的保护与保全以及各行为主体的责任与赔付责任等都没有作出合理安排或明确规定。具体而言主要有以下几个方面：

首先，当前"区域"内开采规章（草案）中的规定使得开发者义

---

① 参见《国际海底区域内矿物资源开发规章草案（草案）》，2018 年版，第八部分。

② 参见《国际海底区域内矿物资源开发规章草案（草案）》，2018 年版。

③ 参见王勇. 国际海底区域开发规章草案的发展演变与中国的因应 [J]. 当代法学，2019，33(4)：82.

务负担过重。草案规定了大量开发者的义务条款，而对其应当享有的权利却缺乏规定，如优先开采权，重大损害事故发生时开发者免责或减责以及责任补足等问题的规定。

其次，"区域"内开采规章(草案)虽几经修改，制度建设也在不断地进行完善，但是其仍然存在立法缺漏。针对开采规章的评论意见中提到的问题，如开采监管框架、海底管理局各机关的作用、各种监管机构的作用与责任、承包者权利、担保国责任、保护和保全海洋环境、检查、遵循和强制执行、责任和赔付责任等问题尚待进行认真研究。

最后，现有"区域"内开采规章的制定版本中的相关法律规定、制度设计等没有统一的立法思想指导，缺乏对海洋命运共同体价值的体现，没有实现海洋命运共同体在"区域"内开采规章制定中的国际法制化。法律理念不仅是法律法规中所蕴含的思想精髓与智慧精华，更是制定相关法律规范的思想指引。"区域"内资源勘探开采立法需要树立统一的立法思想作指导，才能使之既符合《海洋法公约》的要求，又能真正实现在保障"区域"内生态环境安全的前提下对其资源进行商业性大规模开采，并在最大程度上实现全人类利益的共享。当前，"区域"内既有的勘探开采规则不仅欠缺统一的法律理念指引，也没有做到充分体现全人类的共同利益，而海洋命运共同体理念的诞生则正好为"区域"内开采规章的制定提供了良好的立法思想指引。海洋命运共同体理念不仅可以形成全人类海洋利益的共同体，还可以通过对"区域"内开采规章中相关问题的细化与完善，如海洋环境的保护问题，各行为主体的责任承担问题，以及在"区域"内从事资源开采所获取收益的公平分配问题等，实现"区域"内资源的利用价值，并确立完整、规范的"区域"内开采规则。

综上分析，在海洋命运共同体理念指引下完善"区域"内开采规章的相关内容，实现海洋命运共同体在"区域"内开采规章中的国际法制化已然势不可挡，在对"区域"内资源的开采活动中引进海洋命运共同体理念并实现其未来在开采规章制定中的国际法制化具有完全的正当性与必要性。

二、海洋命运共同体国际法制化对人类共同继承财产原则的贡献

《海洋法公约》对人类共同继承财产原则作为"区域"内资源的支配性原则予以了确认。人类共同继承财产原则作为一项管辖权原则，它为国际社会分配和管理采矿权，从而为"区域"内矿产资源的有效经济开采奠定了基础。[①] 但是该原则在适用的过程中却不断地面临着障碍，虽然各国政府广泛支持"区域"内矿产资源的经济开发，但它们所追求的目标与根本目的却大相径庭。例如，一些新独立的国家有积极参加"区域"内矿产资源经济开发的愿望，并以此来作为减少经济发展不平等的一种方式；而另外一些高度依赖资源进口的工业化国家则更多地侧重于确保其工业原材料供应和公司获得"区域"内矿产资源的机会。这就使得，人类共同继承财产原则在适用的过程中会不断地面临挑战，而海洋命运共同体的国际法制化实现不仅可以将人类共同继承财产原则予以落实，还能够保障全人类的海洋利益。其可以借助已经被国际社会普遍接受的、与政治理念发生交集的现行国际法理论，重新开展关于国家权利与义务、准确性定义以及规则更新的讨论。"海洋命运共同体"正是这种承载性质的公共物品，可以对接与之相匹配的共同继承理论。

(一)人类共同继承财产原则的创立与释义

早在 19 世纪，拉美法学家安德烈斯·贝罗(Andres Bello)就提出，海洋资源可以视为人类的继承财产；20 世纪 20 年代，阿根廷法学家 Jose Leon Suarez 也主张将海洋视为人类的遗产；在第一次联合国海洋法会议上，也有学者提议海洋是人类的共同遗产和大海的法律应确保继承财产保存了所有的福祉。在国际海洋法领域中，人类共同继承遗产概念制度化的直接推动力来自发展中国家建立

---

① 参见 Isabel Feichtner. Sharing the Riches of the Sea：The Redistributive and Fiscal Dimension of Deep Seabed Exploitation［J］. The European Journal of International Law，2019，30(2)：601-633.

"区域"制度的努力。① 1967 年，马耳他驻联合国大使阿维德帕尔
多（Arvid Pardo）建议海床和底土超出国家管辖的范围应当被视为人
类共同继承财产，维护它不应由任何国家独立进行，但应该用于普
遍和平目的。Pardo 还建议，这种资源应该通过有效的国际体系来
开发。该建议引起国际社会的普遍关注，大会 1970 年第 25 届会议
通过了第 2749（XXV）号决议。该决议宣布"区域"及其内资源为人
类共同继承财产，并进一步确定其法律地位。② 在 1973 年至 1982
年的第三届联合国海洋法会议上，人类共同继承财产原则被纳入一
揽子协议的谈判中。它最终被纳入《海洋法公约》序言和第十一部
分。1994 年通过的《执行协定》对《海洋法公约》的修订除了惯常的
区域系统，它还通过削弱海底管理局企业部的地位，减轻发达国家
的义务，满足发达国家的技术和财务要求，促进了以人类共同继承
财产原则为基础的"区域"制度的实施。③

人类共同继承财产原则不仅适用于"区域"内资源开发，在更
多的人类共同利益中都得到了适用，如 1979 年的《关于各国在月球
和其他天体上活动的协定》（Agreement on the Activities of Nations on
the Moon and other Celestial Bodies）的第 11 条就吸纳了人类共同继
承财产原则，④ 该原则也同样被运用到《南极条约》（Antarctic
Treaty）的相关条文中。

人类共同继承财产原则具有深厚的意义与丰富的内涵。依据联
合国大会的宣言，人类共同继承财产主要有以下内容。根据第

---

① 参见 Kemal Baslar. The Concept of the Common Heritage of Mankind in
International Law[M]. Netherlands：Kluwer Law and Martinus Nijhoff Publishers,
1998：35.

② 参见 Craig H. Allen. Protecting the Oceanic Gardens of Eden：International
Law Issues in Deep-Sea Vent Resource Conservation and Management [J].
GEO. INT'L ENVTL. L. REV, 2001, （63）：632-636.

③ 参见 Scott J. Shackelford. The Tragedy of the Common Heritage of Mankind
[J]. Stanford Environmental Law Journal, 2009, （28）：130-145.

④ 参见 1979 Agreement Governing the Activities of States on the Moon and
Other Celestial Bodies, 1363U. N. T. S. 3, Dec. 5, 1979, art 11。

2749（XXV）号决议，联合国大会庄严宣布：国家管辖范围以外的海床、洋底及其底土以及该地区的资源，是人类的共同遗产。国家或自然人或法人不得以任何方式侵占"区域"，任何国家均不得对"区域"的任何部分主张或行使主权或主权权利。任何国家或自然人或法人均不得要求、行使或取得与拟建立的国际制度和本宣言原则相抵触的有关"区域"或其资源的权利。关于"区域"内资源的勘探和开采活动及其他有关活动等一切活动均应受即将建立的国际制度的管辖。根据将要建立的国际制度，"区域"应不受歧视地开放供所有国家专门用于和平目的，无论是沿海国家还是内陆国家。各国应根据适用的国际法原则和规则在"区域"内行事，以维护国际和平与安全，促进国际合作和相互理解。各主体勘探和开采"区域"内资源应为全人类的利益而进行，不论国家的地理位置如何，不论是内陆国还是沿海国，并应特别考虑到发展中国家的利益和需要。该地区应专门保留用于和平目的。根据本宣言的原则，适用于"区域"及其资源的国际制度，包括执行其规定的适当国际机制，应由普遍商定的具有普遍性的国际条约建立。该制度除其他外，应规定对"区域"及其资源进行有序、安全的开发和合理的管理，并扩大使用"区域"及其资源的机会，确保各国公平分享由此产生的惠益，同时特别考虑到内陆或沿海发展中国家的利益和需要。①

各国应促进专门为和平目的进行科学研究的国际合作。关于在该领域内的活动和按照即将建立的国际制度行事的活动，各国除其他外，应采取适当措施，并应在通过和执行下列方面的国际规则、标准和程序方面进行合作：（a）防止对海洋环境（包括海岸线）的污染以及其他危害，以及防止对海洋环境生态平衡的干扰；（b）保护和养护该地区的自然资源，防止对海洋环境的动植物的破坏。各国在该地区的活动，包括与该地区资源有关的活动，应适当考虑到在该地区进行此类活动的沿岸国以及可能受此类活动影响的所有其他

---

① 参见 Miguel Garcia Garcia-Revillo. Access to Maritime Genetic Resources in the International Seabed Area. Freedom of Access versus the Common Heritage of Mankind：Some Reflections［C］. Conferinta Internationala，2019. 165.

国家的权利和合法利益。活动主体应与有关沿岸国就有关勘探该地区和开采其资源的活动保持协商，以避免侵犯这些权利和利益。同时，本协议的任何内容均不影响该地区上方水域或该水域上方空域的法律地位。每一国家均有责任确保在该地区的活动，包括与其资源有关的活动（应按照即将建立的国际制度进行）。通过对以上内容的分析不难看出，《宣言》显然是含蓄地（和主要地）集中于对矿物资源的管理，但又不限于这些资源，其中也明确提到包括动植物在内的自然资源。①

国际社会将该地区及其资源指定为共同财产是为了确保开采不会按照"先来先开采"的规则进行，而开采的收益将在各国家之间公平分配。② 按照《海洋法公约》的规定，"区域"及其资源是全人类的共同继承财产，任何国家不应对"区域"及其资源主张或行使主权或主权权利，任何国家或其法人、自然人不应将"区域"或其内资源的任何部分据为己有，对"区域"内资源的一切权利属于全人类，由依据公约成立的海底管理局代表全人类为全人类的利益而行使，开放给所有国家，并专为和平目的利用，不应加歧视。

人类共同继承财产原则虽被视为"区域"内法律制度的基础，并在后来联合国大会决议和《海洋法公约》中都进行了规定，但国际社会对其法律内涵却没有给出明确的界定。然而，通过以上的梳理与溯源，并依照相关的法律规定对其仍可以做以下的释义：

第一，共同共有：任何国家都不得对被视为海洋矿产的海洋资源主张或行使主权或主权权利，任何国家或自然人、法人也不得侵占海洋矿产的任何部分。《海洋法公约》第 137 条第 1 款规定了任何国家不得对"区域"及其内资源主张或行使任何主权，任何主体也不得将其资源占为己有；③ 又在该条的第 3 款中又进一步强调了

---

① 参见 T Bräuninger, T. König. Making Rules for Governing Global Commons：The Case of Deep-sea Mining[J]. Journal of Conflict Resolution, 2000, (44)：98.

② 参见 Adede R . Legal Regime of the Seabed and the Developing Countries [J]. American Journal of International Law, 1977, 72(2)：448.

③ 参见《联合国海洋法公约》第 137 条第 1 款。

除依照法律规定外，任何主体不得对"区域"内资源主张、取得或行使权利。① 这就明确了"区域"及其内资源是人类共同的财产，包括国家、组织、个人在内的任何主体都不得将其据为己有，亦不得对其主张权利。第二，共同管理：《海洋法公约》第 137 条第 2 款规定，对"区域"内资源应当享有的所有权利都属于全人类，并由代表机构——海底管理局代表全人类行使。这种权利与资源不得让渡，但所获收益应当由海底管理局按照法律规定以及相应程序予以管理和合理分配。② 由国际社会建立具有普遍代表性的机构——海底管理局代表全人类进行管理。第三，共同参与："区域"对所有国家开放，专为和平目的的使用。无论国家大小、实力强弱，也不论是陆地国家还是海洋国家，这也就为世界各国在"区域"内获得资源提供了可能性。第四，共同获益："区域"内资源利用要为全人类谋福利，由"区域"所得的利益为各国公平分享。它必须用于全人类的利益，特别是要考虑到发展中国家的利益和需要。第五，考虑到海洋环境的保护和海洋资源的可持续利用。随着"区域"内开采规章制定的不断修改和细化，人类共同继承财产原则的内涵也在不断演变。人类共同继承财产原则可以为一些海洋管理方法提供理论依据，对当前和未来的国际海洋法律制定具有重要意义，也可以为未来新的国际海洋法制度的诞生奠定基础。

总之，人类共同继承财产原则，以不得占用、用于和平目的、全球公益、利益分享、资源国际管理五个基本要素为基础，使各国在每一个发展步骤中都能开采和享受资源利益。

（二）人类共同继承财产原则的国际法适用困境

自人类共同继承财产原则在《海洋法公约》第十一部分中得以确立以来，该原则一直未在海洋法领域得到预期的有效实施。为解决这一现实困境，在发达国家与发展中国家协调妥协的基础上，近年来的海洋法立法使人类共同继承财产原则的法律内涵进一步演

---

① 参见《联合国海洋法公约》第 137 条第 3 款。
② 参见《联合国海洋法公约》第 137 条第 2 款。

进，这一原则有可能成为未来国际海洋法制度的基础。因此，本书考察其在适用中的困境并在海洋命运共同体理念及其国际法制化下予以纾解，将具有重要的意义。

在"区域"内矿产资源开采的法律体系中，这一原则的内涵已经发生了重大变化。国际社会对这一原则目前还没有形成统一的认识，对其法律内涵也没有明确的定义。这种情况的存在很可能会导致一些国家根据其自身利益而任意解释现有制度。面对这些问题与新的挑战，国际法在适用人类共同继承财产原则的过程中也显示出了它的碎片化现象与局限性。例如，现有国际法对于"区域"海洋遗传资源适用的重要规则的解释，存在着相互矛盾的观点。反之，这些习惯或规则又不足以对生态现实和"区域"内出现的相关问题，以及维护全人类在"区域"内的利益作出适当的反应，[1] 并发挥有效的作用。又如，人类共同继承财产原则的未来会是什么样？其在有关"区域"内资源开采的国际公约中适用的效果将会如何？[2] 如果以上问题不能得到很好的解决，将不仅影响人类共同继承财产原则的适用，也很可能导致公众对立法质量的质疑。目前，该原则的适用困境主要表现在以下几个方面：

1. 法律规定内涵模糊

国际社会虽通过一系列的法律规定与制度安排对人类共同继承财产原则进行了法律确认与适用规定，但另一方面由于人类共同继承财产原则的定义尚未统一，又进一步导致了其法律内涵的模糊性，如其适用范围与主体不够明确。

在人类共同继承财产原则中的"人类"具体是何含义？这个表达是否包含了将来的子孙后代？这些问题仍有争议。从现实意义上讲，人类的概念就是要一视同仁地对待所有人。从符合国际法主体

---

① 参见 Miguel Garcia Garcia-Revillo. Access to Maritime Genetic Resources in the International Seabed Area. Freedom of Access versus the Common Heritage of Mankind: Some Reflections[C]. Conferinta Internationala，2019. 162.

② 参见 Elferink A . The Regime of the Area: Delineating the Scope of Application of the Common Heritage Principle and Freedom of the High Seas[J]. International Journal of Marine & Coastal Law, 2007, 22(1): 143-176(34).

的角度看，人类作为一个整体，并不是国际法的主体，而是一个超越时空的集体概念。将有关人类共同继承财产原则的法律关系主体视为所有国家的集合更为恰当。作为国际法最普遍和最重要的主体，国家是整个人类的媒介。海洋资源是人类共有的资源，具有人类共同继承财产的法律属性，对这些资源的开发和管理需要由国家间接进行。又如，公约规定了各个国家的平等参与权，但另一个需要解决的问题是，各国在实践中如何能够开采和管理具有人类共同继承财产法律属性的海洋自然资源。现有的海洋法制度旨在通过建立一个国际组织，即海底管理局，鼓励所有国家共同参与。为了保证实现海底管理局的管理权力，并确保"区域"内资源造福全人类，海底管理局指定的运行机制，在《海洋法公约》第十一部分第三、四节和附件二、三中予以了详细的规定。但就目前的规定内容来看，各国如何共同参与，其权利如何得以保障，以及海底管理局如何行事以充分发挥其功能等问题尚不明确。

这些问题的存在会导致人类共同继承财产原则的内涵模糊，性质不确定，如有学者认为该原则可以定性为一项法律规则或原则，另一部分人则认为该原则还仅是一种理论或学说，甚至只是一种理想或政治口号。而中国学者对此也有不同的观点，如有人认为其是当代国际法的一项重要原则，① 而有的学者则认为其既不是国际法原则，也不构成国际习惯法和强行法。② 如此就会导致其适用范围或内容容易被各国在适用的过程中依据本国立法或本国利益需求而随意扩展。

2. 相关配套制度有待细化

无论人类共同继承财产是一项法律规则还是原则，其都蕴含了相应的制度设计，同时也需要相应的配套制度来保证其完善与实施，以期实现目的。然而，现有的一些人类共同继承财产原则的配

---

① 参见赵理海."人类的共同继承财产"是当代国际法的一项重要原则[J].北京大学学报(哲学社会科学版)，1987，(3)：78-87.

② 参见李强.论《月球协定》中"人类共同继承财产"概念的法律地位[J].兰州学刊，2009，(6)：135.

套实施制度仍需要进一步细化，才能保证其有效施行。例如，当前的惠益分享机制仍存在适用上的困境。

根据《海洋法公约》第 173 条的规定，从"区域"内资源中获得的收益，首先应当按照相关规定对行政费用予以报销，然后剩余部分可用于以下三种方式：第一，海底管理局的全体大会决定如何为整个人类的利益公平地分配收入。第二，收益将用于为企业部门提供资金。第三，这些资金将用于补偿发展中国家。① 这一模式虽然符合了人类共同继承财产原则维护整个人类利益的要求。事实上却是，由于发展中国家在大会中占绝对多数，他们有更大的发言权，这就引起了发达国家的不满和反对。基于上述原因，一些发达国家拒绝签署或批准《海洋法公约》。此外，发达国家却在开采"区域"内矿产资源上具有明显的财政和技术优势。由于缺乏投资和技术支持，"区域"内矿产资源勘探开采停滞不前，这使《海洋法公约》在发挥作用的同时，也难以有效落实人类共同继承财产原则。"区域"内资源开采利用制度化后，如何协调资源开采效率与利益公平分配之间的矛盾成为一个迫切需要解决的问题。

又如，平行开采制度并不是严格执行上述人类共同财产的概念，而是发展中国家与发达国家协调妥协的产物。尽管如此，发达国家，特别是美国仍然认为，平行开发制度对缔约各方及其企业施加了过多的义务，而海底管理局的权力分配与其贡献是不一致的。在 1994 年的《执行协定》中，对"区域"内资源的开采引入了一个"合资企业"的概念，这就增加了发达国家及其企业与企业部建立合资企业、探索和开采保留区的机会。发达国家或者其企业若提议开采保留区，企业部门不打算开发的，则发达国家或者其企业可以单独开发。2010 年《硫化物规章》和 2012 年《富钴铁锰结壳规章》建议将合资股票安排作为一种替代方案，允许开发商与企业部建立合资企业。如果选择这种办法，勘探条例就不再要求开发商向海底管理局提供一个保留区域。在合资企业中，企业部处于从属地位，持股比例不超过 50%。由此可以看出《海洋法公约》赋予企业部的优

---

① 参见《联合国海洋法公约》第 173 条。

势逐渐消失。因此，"区域"内矿产资源的开发倡议正逐渐被少数发达国家所主导。

3. 发达国家未形成广泛认可

1982—1984年间，人类共同继承财产原则得到了多达159个国家的认可，但以美英德日为首的发达国家对该原则却表示非常的不满，拒绝签署或批准公约。这些国家反而用国内立法的方式来确认本国开采"区域"内资源的合法性，如英国通过了《深海采矿法》（*Deep Sea mining Act*），德国通过了《深海海底采矿暂时调整法》（*Deep Seabed Mining Temporary Adjustment Act*），日本通过了《深海海底采矿暂时措施法》（*Deep Seabed Mining Interim Measures Act*），这些国家都以单方面立法的方式允许国家向私人企业颁发"区域"内资源勘探和开采许可证，严重背离了人类共同继承财产原则与其基本精神。其中，美国1980年的《深海海底固体矿物资源法》（*Deep Sea Floor Solid Mineral Resources Act*）规定美国有权授予本国人在"区域"内的勘探开采权，并和其他国家互相承认开采执照。① 为了解决这一问题，使该原则得到国家的广泛认可，1994年的《执行协定》作出了巨大的努力与让步。然而，时至今日，美国仍未批准《海洋法公约》。作为世界上最大的海洋强国，美国的海洋实践仍然游离于《海洋法公约》之外，这不仅给人类共同继承财产原则的适用带来了挑战，也使其有效性存在风险。② 其结果就会导致该原则在某种程度上成为发达国家对人类共同继承财产原则适用的导向，而忽略了发展中国家的利益。

4. 海底管理机构影响有待加强

海底管理局在多年的发展中也在不断地完善自己的职能，并积极发挥作用。在三十年的历程中，海底管理局对"区域"内资源的管理也取得了一定的成效。但是在人类共同继承财产原则的落实

---

① 参见曲亚囡，李佳. 人类共同继承财产原则在国际海底区域适用研究[J]. 沈阳农业大学学报（社会科学版），2019，21（1）：50-55.

② 参见张志勋，谭雪春. 论人类共同继承财产原则的适用困境及其出路[J]. 江西社会科学，2012，32（12）：154-158.

上，海底管理局由于其职能尚不完善，还存在一定的欠缺之处。其次，为了进一步落实关于"区域"内资源的收入分配问题，《执行协定》改变了海底管理局大会的单一决策机制，取而代之的是一个大会和理事会之间相互制衡的机制。因此，理事会就收入分配提出建议，但这些建议必须经大会批准。虽然大会保留批准的权力，但收入分配的内容设计和程序启动的权力需要转移给理事会。由于发达国家在理事会中占有较高比例的席位，发达国家的声音得到加强，而发展中国家的声音与权益受到损害。

5. 未能有效平衡各国利益

人类共同继承财产原则虽然历史渊源已久，并且在实践的过程中不断地得到各国家的呼吁与遵守，在学者的不断研究中其内容也在不断丰富，但从实践来看，其内容仍然较为单一，未能有效做到对各国利益的平衡，也未能深刻体现海洋命运共同体理念。人类共同继承财产原则内容的不确定，配套制度的不完善，容易导致"区域"内资源环境利益和负担的分配不平等，因为"区域"内矿产资源开采的大部分利益将通过市场在外部享有，而相关的负担将会由发展中国家在当地承受。这就造成了发展中国家承担相应的环境保护责任，而发达国家享受"区域"内资源的成果，造成发展中国家与发达国家在"区域"内资源的分配不均，从而背离了人类共同继承财产原则的宗旨与目的。①

（三）海洋命运共同体理念对人类共同继承财产原则适用困境的纾解

随着"区域"制度的修改和完善，人类共同继承财产原则的内涵也在不断演变，其对当前和未来的国际海洋立法具有重要意义。从人类共同继承财产原则在国际海洋法领域的产生和发展来看，目前的局势是发展中国家为倡导建立一个公平合理的国际海洋经济新秩序所作努力和斗争的结果，反映了发达国家和发展中国家之间寻

---

① 参见 Christos Theodoropoulos. The Wealth of the International Seabed Area Benefit of Mankind and Private Profit[J]. Zambia Law Journal, 1983, (15): 16.

求的海洋利益关系的平衡。在现代海洋法的构建中，如何平衡公平与效率之间的矛盾至关重要。人类共同继承财产原则旨在维护公共海洋利益，并实现利益的公平分享，但如果过分强调公平而忽视激励机制的发展，可能会牺牲效率，甚至导致少数发达国家不支持该原则。因此，在人类共同继承财产原则下形成的国际法制度是否真的有利于资源的公平开发和合理分配，是一个现实问题，只有国际社会达成共识才能解决。① 在这个过程中，海洋命运共同体理念及其国际法制化的实现将有助于对相关问题的解决，打破人类共同继承财产原则的适用困境，为其寻找到适用新路径。人类共同继承财产原则作为"区域"法律制度的基础原则，其与"构建海洋命运共同体"高度契合，"区域"内开采规章的制定与资源的开采必将是中国深入参与全球治理、积极参与国际海洋规则构建以及积极践行海洋命运共同体理念并实现其国际法制化的重要舞台。

首先，海洋命运共同体理念丰富和完善了人类共同继承财产原则的重要内容。海洋命运共同体理念中所蕴含的"共商、共建、共享"的全球治理观，与人类共同继承财产原则所体现的共同开发、共同分享和共同利用的理念高度契合。②

海洋命运共同体理念呼吁各国在海洋领域相互尊重平等协商，要公平开发利用人类共同继承财产。人类共同继承财产原则中的利益共享是其核心问题之一，关乎"区域"内资源分配的公平性与合理性。海洋命运共同体理念作为中国参与全球海洋治理的经验，也是参与"区域"内利益分享的行动方案，秉持和平共享、公平分享的理念，引导激励投资与共享收益的同步实现，积极拓展全方位国际合作，寻求全人类共同利益与国家利益之间的平衡，落实人类共同继承财产原则。海洋命运共同体理念呼吁各国秉持环境友好原

---

① 参见 Chuanliang Wanga & Yen-Chiang Chang. A New Interpretation of the Common Heritage of Mankind in the Context of the International Law of the Sea[J]. Ocean and Coastal Management, 2020, (191): 3-4.

② 参见曲亚囡，李佳. 人类共同继承财产原则在国际海底区域适用研究[J]. 沈阳农业大学学报(社会科学版)，2019，21(1): 50-55.

则，合理开发利用人类共同继承财产，在开采利用"区域"内资源的道路上，各国应坚持保护环境，促进人类共同继承财产的可持续发展。人类共同继承财产原则之所以是人类共同继承，就是因为在资源的开采利用上人类面临着共同的问题、共同的风险和共同的未来。海洋命运共同体理念所蕴含的可持续发展观深刻地认识到"区域"内资源是全人类的共享资源、共同财产与共同关切，要实现"区域"内资源的可持续发展。因此，海洋命运共同体理念符合世界海洋发展潮流，有利于人类共同继承财产原则更好落实，可以为人类共同继承财产的可持续发展增添助力。

海洋命运共同体理念呼吁各国坚持以对话解决争端，和平开发利用人类共同继承财产。海洋命运共同体理念所秉承的"共商、共建、共享"的全球海洋治理观，对于维护公平、合理、有序的国际海洋体系具有重要意义。随着全球海洋治理的深入，海洋治理的主体也变得多元化，同时全人类共同继承财产原则也是进一步确认保障了海洋权益的多主体治理与分享。当然，这带来的一个不可避免的问题就是海洋争端的多发与复杂化，这也影响了人类共同继承财产原则的实现。海洋命运共同体及其国际法制化的实现将不仅有利于和平统筹开发与利用人类共同继承财产，还能推动国际海洋社会朝着更加制度化和规范化的方向前进。[1]

其次，海洋命运共同体理念提供人类共同继承财产原则适用的时代载体。当今世界正经历百年未有之大变局，全球海洋治理面临新的困境，海洋秩序处在变革的风口浪尖上，"区域"内资源的开采已经具备了一定的条件，但是开采规章制定尚未完成。人类共同继承财产原则虽源远流长，但在新的时代背景与时代使命下，需要新的适用方式与载体。海洋命运共同体理念承载着新的时代使命，与实现全人类海洋利益的目标愿景，成为人类共同继承财产原则适用的时代载体，其国际法制化实现则为人类共同继承财产原则的落实提供平台。

---

① 参见刘洋，王悦，裴兆斌. 人类共同继承财产原则在国际海底区域实践研究[J]. 沈阳农业大学学报(社会科学版)，2019，21(2)：157-163.

最后，海洋命运共同体理念推动并发展人类共同继承财产原则。海洋命运共同体理念是应对全球治理危机、实现海洋繁荣与可持续发展的全新理念、其对人类共同继承财产原则的进一步发展将起到重要作用。人类共同继承财产原则的适用争议不仅体现为各国利益的分享与争夺，更多体现出当今国际关系和海洋政治形势。只有各国秉着共同发展海洋经济、共同保护海洋环境和共同构建海洋命运共同体的基本原则，共同开采与利用"区域"资源、共同分享所获收益，才能最终实现人类共同继承财产的全人类利用与可持续发展。①

（四）海洋命运共同体理念完善人类共同继承财产原则的适用路径

海洋命运共同体理念对人类共同继承财产原则适用困境的破解，不仅体现在对人类共同继承财产原则内涵的丰富与实现载体、平台的提供上，更重要的是可以完善人类共同继承财产原则的适用路径。

1. "共商、共建、共享"原则为人类共同继承财产原则的实现提供了有效路径

海洋命运共同体理念的"共商、共建、共享"原则在人类共同继承财产原则的实践中得到了成功运用，为人类共同继承财产原则的发展夯实了坚固的基础。中国应在阐释、适用和发展人类共同继承财产原则，参与深海治理和深海国际规则构建以及规章制定和制度设计等方面谋取长远利益。② "共商、共建、共享"原则与"海洋命运共同体"在全人类的价值观上达成了共识，二者都是在尊重国家主权的前提下，向全球推进利益共享理念。在确保国家核心利益、尊重他国主权权利的前提下，用共有的规则促进共生关系，③

---

① 参见曲亚囡，李佳．人类共同继承财产原则在国际海底区域适用研究[J]．沈阳农业大学学报（社会科学版），2019，21（1）：50-55．

② 参见李汉玉．人类共同继承财产原则在国际海底区域法律制度的适用和发展[J]．海洋开发与管理，2018，35（4）：70-75．

③ 参见邱文弦．论人类共同继承财产理论的新发展——基于"一带一路"倡议的促动[J]．浙江工商大学学报，2019，（4）：114-121．

从而可以实现人类共同继承财产利益的共享。

2. 海洋命运共同体理念的再分配可以落实惠益共享

如上所述，通过将"区域"内资源指定为人类共同继承财产，就表示各国在很大程度上也同意了一项义务，即公平分享开采所带来的利益。《海洋法公约》第140条第2款体现了人类共同继承财产的再分配问题。根据这一规定，海底管理局应规定，在不歧视的基础上，通过任何适当机制，公平分享"区域"内活动所产生的财政和其他经济利益。在目前关于开采规章的制定中，"区域"内采矿应使全人类受益的义务已成为一个协调中心，无论是寻求促进环境问题的行为者，还是寻求商业利益的承包商都要寻求权利义务的平衡。一些对"区域"内采矿的批评者强调，《海洋法公约》第140条要求全面分析"区域"内采矿的成本，包括环境成本和收益，包括使生态系统完好无损的收益，只有在这种分析产生净积极结果的情况下才能进行采矿。相比之下，承包者试图提请注意科学和技术进步、能力建设、矿物市场供应和廉价产品所带来的利益，以便主张即使没有财政收入的重新分配，也可以履行惠益分享义务。[1]

这两种观点都偏离了再分配的目标，在一定程度上忽视了《海洋法公约》第140条的措辞及其历史和系统背景。《海洋法公约》第140条第2款规定了公平分享财政和其他经济利益的要求。只关注非财政利益的解释不仅违反了《海洋法公约》第140条第2款中明确提到财政社会利益的措辞，还忽视了《海洋法公约》包括关于分享科学技术惠益的具体条款。[2]《海洋法公约》第140条第2款旨在解决国家之间的财富不平等问题，这一点可以参考第160条第2款(f)项(1)加以明晰，该条规定海底管理局应特别考虑发展中国家的需要和利益。[3] 虽然利益分享条款之前的版本提到了缔约国之间

---

① 参见 Isabel Feichtner. Sharing the Riches of the Sea：The Redistributive and Fiscal Dimension of Deep Seabed Exploitation［J］. The European Journal of International Law, 2019, 30(2)：601-633.

② 参见《联合国海洋法公约》第143、144、273和274条；保险业监督附件第5条。

③ 参见《联合国海洋法公约》第160条第2款(f)项(1)。

的财政和其他经济利益的分配,① 但这一规范在最终版本中被省略了,以便非缔约方的国家和实体,包括"尚未获得完全独立或其他自治地位的人民"②也可被视为受益人。③ 而这些重新解释忽视了《海洋法公约》第 140 条第 2 款的再分配目标,因此缺乏合理性。④

海洋命运共同体理念强调平等合作,在进一步确认人类共同继承财产原则的基础上,促进人类对共同继承的财产进行公平分享。其"公平分享"强调应使共有财产创造的价值公平地惠及各个国家,特别是顾及发展中国家的需要。海洋命运共同体理念秉持和平利用、共享与合作、保护环境和维护人类共同利益的精神,将"区域"内资源的惠益分享落到实处,寻求全人类与国家之间、各个国家之间的权益平衡,实现利益的再分配。其目的就是确保所有国家分享人类共同继承财产的可享利益,强调资源供全人类使用,公平分享。⑤

3. 海洋命运共同体理念关注人类共同继承财产的可持续发展

人类共同继承财产原则不单是实现财产的人类共有,还要保证财产的可持续发展,这样人类才能拥有源源不断的"财富",才能真正成为共同"遗产",否则只能是"竭泽而渔",更为关键的,人类共同财产不仅仅是当代人类的共同财产,也是子孙后代的共同遗产。然而,在实践活动中,海洋环境受"区域"内资源开采活动的影响很大,并且大多污染与破坏都会造成严重后果,且不可逆转。海洋命运共同体理念及其在"区域"内开采规章制定中的国际法制化要求取得许可资格的承包商在深海资源勘探和开发活动中必须采

---

① 参见 Proposal at Fourth Session（1976）, Art. 9。

② 《联合国海洋法公约》第 162 条第 2 款第（o）（i）项。

③ 参见 Isabel Feichtner. Sharing the Riches of the Sea: The Redistributive and Fiscal Dimension of Deep Seabed Exploitation [J]. The European Journal of International Law, 2019, 30（2）: 601-633.

④ 参见 Vöneky and Höfelmeier. United Nations Convention on the Law of the Sea: A Commentary [M]. Bill: Springer Press, 2017.

⑤ 参见张志勋,谭雪春. 论人类共同继承财产原则的适用困境及其出路 [J]. 江西社会科学, 2012, 32（12）: 154-158.

取环保措施，保证人类共同继承财产的可持续发展。海洋命运共同体视域下的"区域"内开采规章提出要对"区域"内资源勘探与开采活动的许可制度、环境保护制度和资源调查制度等进一步落实，这些制度对于规范各国在"区域"内的资源勘探与开采活动，保护"区域"内海洋环境安全，推进人类共同继承财产原则实现可持续发展，均具有重要作用。①

4. 强化海底管理局职责，实行国际管理

海底管理局作为"区域"内唯一代表全人类利益行使管理职权的机构，在对"区域"内资源落实全人类共同继承财产原则上发挥着大有可观的作用。因而，在未来进一步落实人类共同继承财产原则的过程中，应该注重发挥海底管理局的作用。例如，海底管理局通过"区域"内资源开采的申请许可制度可以筛选出那些能够为全人类利益服务开采"区域"资源的开发者，剔除掉可能侵害全人类在"区域"内利益的申请者，从而可以起到维护人类共同继承财产的目的；针对申请许可，一个申请者虽然在本国内获得了许可，但是仍需获得海底管理局批准并签订勘探开采合同才能成为国内与国际法律双重认证的承包者。与此同时，海洋命运共同体所要构建的是一个责任共同体，责任共同体也具有主体的广泛性，不言而喻，海底管理局应该在海洋命运共同体的指引下肩负起自己的责任，充分发挥自己的职能，履行自己的本职义务，推动人类共同继承财产原则的进一步落实。海底管理局对相关法律制度的落实是实现人类共同继承财产国际管理应尽的责任，是支持建立公正合理的国际海洋规范体系和有效运转的"区域"内国际管理机构以代表全人类行使权利，保护人类共同继承财产的最大化、最优化的必由之路。②

---

① 参见张志勋，谭雪春. 论人类共同继承财产原则的适用困境及其出路[J]. 江西社会科学，2012，32(12)：154-158.

② 参见张志勋，谭雪春. 论人类共同继承财产原则的适用困境及其出路[J]. 江西社会科学，2012，32(12)：155-157.

三、"区域"内开采规章制定中海洋命运共同体国际法制化的必要性

海洋通过维持生命和发挥其他功能在我们的生活中起到了重要的作用。现在,国际社会越来越认识到海洋资源可持续利用的重要性。为保障海洋资源的可持续利用,特别是国家管辖范围以外的海洋资源,需要建立一套符合国际社会共同利益的国际法体系。自20世纪80年代以来,制定和修订国家管辖范围以外海域治理的法律制度已成为现代国际海洋法的一个重要发展趋势。近年来,"区域"内资源开采制度的确立朝着保护、保存和可持续利用海洋资源和维护人类共同利益的方向取得了新的进展。以维护和改善人类海洋福祉为目标的海洋命运共同体理念与建立和完善"区域"内的资源开采制度需求相契合。[①]

在2014年,海底管理局便开始了其在"区域"内开采规章制定中的工作,[②] 起草"区域"内开采规章是当代最深远的国际法制定项目之一。"区域"内开采规章的制定关乎着海洋物种和生态系统、企业、政府、现有人口和后代的大量分配问题。[③] 海洋命运共同体的国际法制化正好可以在这些问题上有所作为,海洋命运共同体主张利益的平衡分配,兼顾发展中国家与发达国家之间在"区域"内资源上的公平分享,同时实现"区域"内资源的可持续发展,从而实现当代人与后代人在海洋利益上的协调。

(一)制定开采规章的现实需求

锰结核含有大量的矿物质,包括铜、钴、锰和镍。国际社会认

---

① 参见 Chang Yenchiang. On Legal Implementation Approaches Toward Amaritime Community with a Shared Future[J]. China Legal Science, 2020, 8(2): 1-30.

② 参见 G7 Leader's Declaration, G7 Summit, 7-8 June 2015。

③ 参见 Isabel Feichtner. Sharing the Riches of the Sea: The Redistributive and Fiscal Dimension of Deep Seabed Exploitation[J]. The European Journal of International Law, 2019, 30(2): 621-622.

为，一旦勘探和开采这种矿产在经济上可行，则其经济和商业利益将是巨大的。1965 年 12 月，白宫国际合作会议提出了如何利用新发现的矿物问题。彼时，自然资源保护和开发委员会提交了一份报告，提出了关于商业探索和开采"区域"内矿产资源的初步想法。该报告指出，由于这些资源位于国家管辖范围以外的公海上，因此应考虑两项原则：（1）高效有序地勘探开采资源；（2）应考虑采矿权的分配和分享。委员会建议，开发者对面积足够大的地区拥有专属采矿权，使他们能够进行经济上的经营，而不必担心会受到干扰。此外，如果要赋予其作为国际社会共同财产的资源的权利，那么就必须在国际法的框架内就分配这些权利或获得权利的方法作出决定。因此，设立一个联合国的专门机构将是管理专属采矿权分配的最适当机构。[1]由此来看，落实承包者的相关权利与义务，制定资源的统一管理机构实现"区域"内矿产资源有序开采等现实需要都亟须开采规章的制定。

1. 资源需求

面对传统能源短缺，新能源开发遇到重重阻碍，"区域"内的矿产资源就更能凸显其重要价值。首先，"区域"内有辽阔的空间和丰富的资源，它为人类提供了巨大的利益前景。"区域"内资源丰富，如上文所述，"区域"内的资源可以够人类多年使用，[2] 同时可以有效缓解人类未来可能面临的能源危机，作为全人类共同继承的财产资源，其可以为全人类生活、生产和发展带来必要的能源补给。其次，"区域"内蕴藏着丰富的战略金属和基因资源等，具有商业开发前景的资源主要包括：多金属结核、富钴结壳、多金属硫化物，以及天然气水合物等诸多资源。这些资源的开发，不仅可以实现能源的补给，还可以带来丰厚的商业回报，其商业性开采的实现可以为全人类带来惠益的分享；同时，"区域"内的这些资源将成为本世纪高新技术发展和应用的重要对象，其资源开发与高新技

---

[1]　参见 R. Gardner, Blueprint for Peace 144（1966）。
[2]　参见侯贵卿，李日辉. 深海矿产资源政策法规研究及意义[J]. 海洋地质动态，1997，（6）：4-6.

术的结合及相关衍生品的开发，如深海鱼油、深海保健品的研发，不仅可以为人类的健康带来重要利益，还可以获得经济收益。2019年，有关机构对整个深海生态系统评估的总经济价值（total economic value）估计为2660亿美元，其中92%由非生物资源（石油和矿产）的经济价值构成。由于深海采矿活动仍处于勘探阶段，未来几年"区域"内矿产资源的经济利益估计为300亿美元/年。总之，未来"区域"内资源将在地球科学、生命科学、环境科学等诸多领域大显身手，创造重大的科学研究价值和巨大的经济价值。①

而与此同时，"区域"内矿产资源实现商业化开采的挑战也在不断增加。"区域"内资源作为全人类的共同财产，虽然依照《海洋法公约》规定，各国平等利用"区域"内资源的权利均受法律保护，但发展中国家却因为综合实力和科技水平有限，既不能全面了解深海的相关信息，也无法掌握海洋高精尖技术，同时在世界海洋公域活动中缺乏行动，在海洋开发利用规则的话语上处于明显劣势，导致其实际上很难在"区域"内资源的开采中有所作为。因此，正是由于发达国家与发展中国家之间的这种严重不平衡，在围绕"全人类共同继承财产"的开发、利用和保护等问题上，发达国家与发展中国家间已然存在尖锐矛盾。这也为"区域"内资源的开采带来极大的挑战，"区域"内资源的开采与惠益的分享要实现平等、合理、科学、可持续利用，同时还要平衡发达国家和发展中国家的权利与义务。② 此外，"区域"自身的情况复杂性，使得在对"区域"内资源的开采中也面临着无法逃避的问题。例如，开采技术的突破，资金的支持，"区域"内海洋环境的保护等，以及面对人类对"区域"内资源的日益增长的需求与"区域"内资源尚无法实现商业性开采的不平衡之间的矛盾。面对不断增加的挑战，"区域"内开采规章的制定有望可以对相关问题作出规定，可以化解相关的矛盾，应对

---

① 参见吕瑞．深海海底区域资源开发法律问题研究［D］．西南政法大学，2011.14.

② 参见冯梁．构建海洋命运共同体的时代背景、理论价值与实践行动［J］．学海，2020，（5）：16.

相应的挑战。因此,"区域"内开采规章的制定已经成为当前"区域"内资源开采的优先事项。

2. 加强"区域"资源管理

在《海洋法公约》中对"区域"内资源赋予了全人类共同继承财产的法律地位,并决定成立对"区域"内资源代表全人类利益进行管理的唯一国际机构,即后来成立的海底管理局。"区域"内的资源需要实现有效的管理才能更好地发挥其作用,实现其价值。然而,就目前的情况来看,全球海洋治理陷入困局,"区域"内资源的管理也"难逃劫数",一些海洋大国妄图通过制定国内法来干预"区域"内资源全人类共有的规则,窃取人类的共同财产,或以自身行动来影响"区域"内相关规则的制定,为其取得"区域"内资源而服务。因此,海洋命运共同体理念在"区域"内开采规章中的国际法制化实现可以进一步加强对"区域"内资源的管理,打消海洋大国企图操控、垄断"区域"内资源的妄念,实现对"区域"内资源的管理是本着对全人类利益负责而进行的。从而可以实现对"区域"内资源的良好治理,提高治理效率,为以后实现"区域"内资源的开采奠定良好的基础。

3. 实现"区域"资源有序开发

"区域"内资源的巨大价值已经随着科学技术的进步被人类不断地开发与揭示出来,"区域"内资源即将进入开采阶段。然而,目前"区域"内开采规章制定尚未完成,也没有形成完善的资源开采机制,这对于"区域"内资源的开采活动无法起到很好的指引作用。若没有完善的制度做保障,"区域"内资源的开采将会陷入分散开发的混乱局面,导致"区域"内资源的无序开发,不仅会造成资源的浪费,还会对"区域"内的海洋环境造成污染,甚至可能演变成为各海洋大国对"区域"内资源的掠夺与瓜分,最终会对全人类在"区域"内的海洋权益造成侵害。海洋命运共同体理念的诞生及其在"区域"内的国际法制化不仅可以完善开采规章中的相关制度,同时还可以创设一系列规则来对"区域"内矿产资源的开采行为进行规范,规避"区域"内的违法或不合理活动。海洋命运共同体的国际法制化在维护全人类海洋利益的基础上对"区域"内的开采行为作出规定，使得"区域"内的资源实现有序开发与可持续发展，既可以保护"区域"内的海洋环境，也可以维护全人类在"区域"内的海洋权益。

4. 人类共同继承财产原则的落实

前已述及，对"区域"及其内资源起到支配性作用的人类共同继承财产原则虽然在《海洋法公约》中得到确定，并且在《执行协定》中也得到了重申，通过分析亦不难看出，在未来"区域"内开采规章的制定中，其也会被作为根本原则予以规定，并随之不断发展与丰富，最终获得国际社会的广泛认可与接受。但从实际中来看，该原则正面临着适用上的困境，并且这一困境将长久存在，如果该困境得不到有效的解决，最终将阻碍人类共同继承财产的实现与该原则的落实。海洋命运共同体及其国际法制化不仅可以丰富和拓展人类共同继承财产原则的内涵，为其实现提供时代载体，还能为其提供适用路径；通过"共商、共建、共享"原则与惠益分享的安排，并充分发挥海底管理局的职能与作用，在海洋命运共同体国际法制化的基础上实现以上措施的法制保障，使其有据可循，并最终以法制保障人类共同继承财产原则的落实。

5. 构建海洋命运共同体的必然要求

针对"区域"内资源开采等不断涌现的全球海洋问题，海洋命运共同体理念顺势而为，提出了新的解决方案。海洋命运共同体理念不仅是一项倡议，海洋命运共同体的构建要真正落到实处，就需要实现其在"区域"内开采规章制定中的国际法制化。选取"区域"内开采规章的制定为海洋命运共同体国际法制化的实践领域，既可以证明中国构建海洋命运共同体的决心，构建海洋命运共同体的国际可行性，又可以将海洋命运共同体理念注入到"区域"内资源开发中，解决当前"区域"内资源开采遇到的问题，制定出既能考虑主权国家利益，又能兼顾世界各国人民利益、定分止争的"区域"制度。海洋命运共同体秉持和平、主权、普惠、共治的原则，呼吁各国增进彼此合作，通过实现海洋法治，建立一个公平、公正、合理、普惠的海洋新秩序,① 制定出一套体现人类公平、公正、道义且具有普世价值的新理论,构建"区域"内命运共同体,实现"区域"内资源的人类共享与共同繁荣。

(二)海洋命运共同体理念解决"区域"内开采问题的现实意义

海洋命运共同体理念解决"区域"内开采问题的现实意义主要表现在以下几个方面:

1. 资源开采与惠益分享

首先,海洋命运共同体及其国际法制化可以促进"区域"内资源的有序开发,实现循环利用。"区域"内矿产资源是不可再生资源,对于"区域"内矿产资源的开发应该坚持可持续利用的原则,但是"区域"内的资源只有被开采出来,才能够真正实现其价值。海洋命运共同体理念在"区域"内开采活动中的运用以及开采规章中国际法制化的实现,可以在鼓励"区域"内资源开采的前提下,实现"区域"内资源的有序开发,为各行为主体在"区域"内的相关活动提供行为准则,并对其进行规制,保证其在可持续原则的要求下,进行"区域"内资源的开采,海洋环境的保护,实现"区域"内资源的循环利用。

其次,海洋命运共同体及其国际法制化的实现可以保证"区域"内资源的利益共赢,惠益分享,从而可以为全人类利益服务。"区域"内资源作为人类的共有资源,应当惠及世界各国人民,各国人民公平地对"区域"内资源享有权利,也承担义务。海洋命运共同体在"区域"内开采规章制定中的国际法制化可以将全人类对"区域"内资源享有的权利以法律的形式固定下来,兼顾各国之间的海洋权益,平衡发达国家与发展中国家的权利义务关系,在发达国家与发展中国家之间实现惠益的公平分享,从而达到利益的共赢,可以在海洋命运共同体理念的指引下切实落实全人类共同继承财产原则,保障"区域"内的资源能为全人类利益服务。

---

① 参见冯梁. 构建海洋命运共同体的时代背景、理论价值与实践行动[J]. 学海,2020,(5):16.

2. 国际合作与共同繁荣

海洋命运共同体及其在"区域"内的国际法制化可以在弘扬合作共赢精神的基础上增强各国之间的联系与交流，强化国家之间的合作，达成海洋的共同繁荣。

海洋命运共同体及其在"区域"内的国际法制化实现可以促进海洋共同繁荣。"区域"及其内资源是海洋的重要组成部分，"区域"内资源也是海洋馈赠给人类的宝贵财富之一。"区域"内资源不仅关系着全人类的利益与能源命脉，同时还具有重要的经济价值，并且其资源的开采亦可以为人类提供更好的海洋公共产品，改善人类的生活方式，拓展人类的生活模式。是以，海洋命运共同体理念及其国际法制化的实现为解决"区域"内的相关问题提供了新的范式。在海洋命运共同体理念的激发下，各国不断提升本国的海洋科学技术，共同合作，实现对"区域"内资源的开采，挖掘"区域"内资源的经济价值，加强对"区域"内资源的研发利用，开采出更多的深海产品供全人类使用，各国可以互通有无，促进海洋资源的流通，加快海洋经济的发展，实现海洋的共同繁荣。

海洋命运共同体及其在"区域"内的国际法制化实现可以加强国际合作。现代国际法已逐渐演变为强调整体发展的"'合作'国际法"。[1] "合作"国际法以国际整体利益为价值取向，更多地强调国际社会及其成员的"对一切义务"。[2] 海洋命运共同体中的国际合作理念具有坚实的国际法基础。《联合国宪章》在其第 1 条中就首先树立了促进国际合作，以解决国际问题的根本宗旨。[3] 此外，很多国际法律文件都对"国际合作"作出了规定。例如，联合国大会于1970 年通过的《国际法原则宣言》(Declaration of Principles of International Law)将国际合作列为一项"国际法基本原则"，要求

---

① Emst-Ulrich Petersman. The GATT/WTO Dispute Settlement：International Law, International Organizationsand Dispute Settlement[M]. Ireland：Kluwer Law International，1997. 89.

② 孙传香."海洋命运共同体"视域下的海洋综合管理：既有实践与规则创制[J]. 晋阳学刊，2021，(2)：104-110.

③ 参见《联合国宪章》第 1 条。

"各国依宪章彼此合作"。其次，在国际海洋法领域，国际合作原则也具有重要的作用。《海洋法公约》在序言开篇已明确其签订是"本着以互相谅解和合作的精神解决与海洋法有关的一切问题的愿望"。① 同时又在具体的章节中，如第十四部分"海洋技术的发展和转让"的规定中，针对一些具体的问题，如海洋技术发展与转让规定了国际交流与合作的重要性。②

在《里约宣言》(the Rio Declaration on Environment and Development)规定的 27 项原则中，其中有 5 项原则阐述了国际合作的重要性。譬如，原则五要求"各国和各国人民应该在消除贫穷这个基本任务方面进行合作"，并指出合作是可持续发展必不可少的条件。③ 1992 年 6 月 3 日至 14 日在巴西里约热内卢召开的联合国环境与发展大会通过的《21 世纪议程》(Agenda 21)中对国际合作也作了详细规定。其第一章"序言"开宗明义地指出，要实现构建可持续发展的全球伙伴关系的目标。④《21 世纪议程》"反映了关于发展与环境合作的全球共识和最高级别的政治承诺"，第一部分第 2 章规详细定了"加速发展中国家可持续发展的国际合作和有关的国内政策"。⑤

海洋命运共同体蕴含的国际合作原则是其重要的价值理念所在。整个海洋系统覆盖多个地区、国家，并不是某一个国家或地区就能够将其改变或控制，要实现海洋的可持续发展，各国就必须联合起来，实现合作治理。海洋命运共同体秉持国际合作的理念，并在"区域"内开采规章制定与开采活动中予以践行，可以促进"区域"内广泛的国际化合作来解决目前"区域"内资源开采所面临的一系列问题，保护"区域"内海洋环境，实现"区域"内资源的可持续发展。海洋命运共同体所坚持的国际合作原则可以有效地解决各国

① 《联合国海洋法公约》序言第一段。
② 参见《联合国海洋法公约》第 270 条。
③ 参见《里约宣言》原则 5。
④ 参见《21 世纪议程》第一章序言。
⑤ 联合国 . 21 世纪议程[EB/OL]. https：//www.un.org/zh/documents/treaty/files/21stcentury.shtml#1. 序言，1992-06-14/2021-11-08.

在"区域"内资源开采过程中所产生的各种矛盾和问题，加强"区域"内资源的共商、共建、共享，从而真正实现"区域"内资源为全人类利益服务的目的。①

3."区域"内规则制定与完善

当前"区域"内开采规章尚在制定之中，针对于一些重要的问题各国家之间还在进一步的商讨之中，相关规则仍有待进一步地完善，如"区域"内资源开采的优先权问题、担保国责任制度、海洋环境的保护与保全、各行为主体的责任与赔付责任等问题，现有的"区域"内规则以及已发布的开采规章(草案)对这些问题均没有作出合理的规定与安排，从而影响了"区域"内资源的开采与全人类共同利益的实现。海洋命运共同体理念及其国际法制化可以从全人类共同海洋利益的角度出发，重新审视上述问题，对相关的规则与制度提出更为详尽的主张与解决思路，对"区域"内开采规章中不健全的制度予以完善，对缺失的"区域"内资源开采制度予以填补，从而可以构建相对完善的"区域"内资源开采规则体系，促进"区域"内资源开采的早日实现。

4.构建和谐海洋

海洋命运共同体理念在"区域"内开采规章中可以通过合作共赢、和谐发展、可持续发展、友好协商、共商共建等予以践行，并通过在国际公约与条约中予以固定，得以实现其国际法制化，从而消除包括"区域"在内的海洋事务发展中的不和谐因素，和平协商解决海洋争端，避免零和博弈的发生，推动和谐海洋的构建。

一方面，海洋命运共同体理念在"区域"内开采规章中的国际法制化有助于和平协商解决海洋争端。阻碍海洋和谐发展的一个重要因素就是海洋争端的发生。在国际海洋交往的过程中，各国家由于其历史传统而导致价值理念各异，同时各国对海洋权益的需求不同，难免会在海洋资源的获取过程中产生矛盾与摩擦，继而引发争端，如海洋划界争端，临时措施等。《海洋法公约》虽然较为完整

---

①　参见何颖，黄炎.海洋资源开采中保护海洋环境的意义[J].中国市场，2018，(1)：2：233.

地规定了海洋争端的解决机制，但是在适用的过程中发现，其并未能够积极发挥有效作用，反而使得海洋争端的解决更加复杂，甚至可以说"其增加了海洋的不和谐因素"，如 2013 年由菲律宾非法提起的"南海仲裁案"就是最典型的例证。当然，这样的影响也同样会反映到"区域"内资源的开采过程中。由于"区域"内资源的重要性，各国在"区域"内的争端只会有增无减，如在"区域"内开采区的获取上，在"区域"内资源开采获得的收益上，在"区域"内的资源开采权利享有上，以及对"区域"内的海洋环境保护上等。"区域"内资源是全人类共同享有的财产，"区域"内争端能否有效解决直接关乎到全人类的利益。因此，海洋命运共同体及其国际法制化的实现要求各国在"区域"内从事开采活动的时候，改变"民族主义""利己主义"的思维，本着实现全人类利益的宗旨，采用协商、谈判等友好和平的方式，秉持实现双方共赢的态度解决"区域"内争端，从而消除"区域"内资源开采活动中的不和谐因素，构建和谐"区域"与和谐海洋。

　　另一方面，海洋命运共同体理念在"区域"内开采规章中的国际法制化实现通过促使争端的和平解决从而避免零和博弈的发生。"零和博弈"是指一项游戏中的参加者各有输赢，而赢家所得则正好是输家所失，最终的总收益为零。① 在"区域"内资源的开采上，如果产生了"零和博弈"现象，实质上是对全人类共同利益的损害。在"零和博弈"的概念下，如若有一方国家在"区域"内资源的争夺中失败，但是另一方国家获胜，则这场"区域"内资源的开采总收益为零，并且获胜的国家虽然取得了"区域"内的资源，也不能算是获胜，依据人类共同继承财产原则，"区域"内资源为全人类所共有，获胜国家虽然取得了收益，但是其却损害了全人类的共同利益。海洋命运共同体理念进一步确认并发展了人类共同继承财产原则，其国际法制化要求在"区域"内资源的开采中要实现人类利益

---

　　① 参见［美］奥尔森. 零和博弈：世界上最大的衍生品交易所崛起之路［M］. 大连商品交易所研究中心翻译组译. 北京：中国财政经济出版社，2014. 6.

的共赢，资源的分享要注意发展中国家与发达国家之间的平衡，不可偏废其一。用海洋命运共同体理念解决"区域"内的开采问题实际上是建立了一种合作共赢的方式，从而避免零和博弈的发生，推动和谐海洋的构建。

本 章 小 结

海洋命运共同体作为全球海洋治理的中国方案与路径被提出，具有深刻的时代背景，肩负着时代使命，海洋命运共同体作为一种理念或倡议，可以唤醒世界各国乃至全人类的良知，付出行动，保护人类共同的家园，当前全球海洋治理问题不断凸显，海洋治理面临新的困难与挑战，实现海洋命运共同体国际法制化已然实属必要，并将具有重要的意义和价值。

海洋命运共同体的提出不应仅停留在理念层面，世界海洋秩序动荡不安，不和谐因素正在威胁着海洋的安宁，侵害着全人类的海洋利益，这就使得海洋命运共同体具有了国际法制化的必要性。从理论上来讲，当前全球海洋治理需要创新理念，权利义务也只有以法律的形式得以固定才能够真正落到实处；中国要想化解全球海洋治理危机，就需要引领国际规则的创制等，都需要实现海洋命运共同体的国际法制化。从现实层面讲，当前的全球海洋治理困境亟待解决，全球海洋治理的破碎化与复杂化局面亟待作出改变，有效管控分歧、和平解决海洋争端的现实要求决定了海洋命运共同体理念必然要实现国际法制化。

海洋命运共同体国际法制化对于填补既有海洋法规不足，完善国际海洋法治将具有重大的意义。其既可以完善国际海洋法制体系，推动人类命运共同体国际法制化的实现，又可以提供全新思路，化解海洋治理困境，促进国际合作，推动构建国际海洋新秩序。对中国自身来讲，亦可以提升文化软实力与国际形象，从而赢得更多的机遇与权益。

推动海洋命运共同体在"区域"内开采规章中的实现，对于"区域"内资源的开采与利用有着无可比拟的优越性。全人类共同继承财产原则作为"区域"内资源的支配性原则，当前在适用中正面临着挑战与困境。由于其概念尚未得到国际社会的统一认定，相关法律规定内容仍然模糊，相关配套实施制度还有待进一步细化等问题严重影响了全人类共同继承财产原则的落实，阻碍了"区域"内资源利用。而海洋命运共同体理念的提出及其国际法制化的实现则可以为全人类共同继承财产原则提供全新的纾解思路，提供适用的时代载体，丰富其适用内容，拓宽其适用路径。人类共同继承财产原则究竟要如何实现？共商、共建、共享三步走的战略模式就是行动方案。同时，海洋命运共同体理念的利益分享再分配方案可以为落实惠益共享寻求出路，而其责任共担原则又可以强化海底管理局的职责，在完善其职能的基础上，对人类共同继承财产实行国际管理，落实人类共同继承财产原则。

受人类社会发展对资源需求不断增加的现实影响，以及充分认识到"区域"内资源的巨大潜力及其重要的开采价值与实现开采的可行性，推动海洋命运共同体国际法制化在"区域"内开采规章中的实现，既有其必要性也将具有重要的现实意义。目前，"区域"内开采规章制定尚未完成，"区域"内资源开采离不开开采规章的规范，实现"区域"内开采规章中海洋命运共同体国际法制化不仅可以加强"区域"内资源的管理，实现"区域"内资源的有序开发，还可以进一步落实人类共同继承财产原则，实现"区域"内资源的共享，使其为全人类利益服务，亦可以促进海洋共同繁荣，建设和谐海洋。

海洋命运共同体国际法制化完成及其在"区域"内开采规章中的实现，在"全球海洋时代"有着重要的意义与价值，并将为国际海洋规则的完善与国际海洋新秩序的构建以及全人类共同利益的实现作出重要的贡献。

第三章 海洋命运共同体国际法制化的实现路径及其对"区域"的指引

　　海洋命运共同体国际法制化的实现是要树立全球海洋大局观，通过唤醒全球海洋整体意识，打破海洋区块化发展模式，以及海洋权益碎片化、海事议题分散化的现象，冲破海陆藩篱，调和海洋治理能力发展不平衡的状态。其是要以人类海洋整体利益为出发点来考虑问题，实现人海的和谐。① 当国家关系的基础从国家实力转向理性规范时，国家间通过合作推动海洋命运共同体理念发展的强烈意愿必将驱动着各国的海洋法律制度产生趋同化的发展，最终实现国际海洋关系的法制化。② 海洋命运共同体作为一项理念被提出，其不能仅停留在理念倡议上，其已经充分具备了实现国际法制化的必要性与现实意义，当前已有的国际法规则与制度以及在全球海洋治理中的现实状况已经为其国际法制化实现奠定了良好的基础；接下来需要从多个角度，多个侧面探索海洋命运共同体国际法制化的路径，其实现路径也将会对"区域"内开采规章制定中国际法制化的实现提供重要的指引与方向。

第一节　海洋命运共同体国际法制化的实现路径

　　海洋命运共同体国际法制化是一项艰巨而长久的任务，需要各

---

①　参见王芳，王璐颖. 海洋命运共同体：内涵、价值与路径[J]. 人民论坛·学术前沿，2019，（16）：98-101.

②　参见邱文弦. 论人类共同继承财产理论的新发展——基于"一带一路"倡议的促动[J]. 浙江工商大学学报，2019，（4）：114-121.

个国家、国际社会以及全人类在内的所有主体通力合作才能逐步实现，当然，中国作为海洋命运共同体建设的首倡者，在其国际法制化实现的过程中要承担起主要的责任，作出重要的贡献。海洋命运共同体国际法制化要从宏观法制路径以及具体领域法律法规的完善上来实现，同时还要有具体措施的保障与推进。其不仅可以实现海洋命运共同体的国际法制化，同时还可以为"区域"内开采规章的制定提供指引，探索未来"区域"内开采规章的立法趋势，最终达成"区域"内开采规章制定中的海洋命运共同体国际法制化实现。

一、海洋命运共同体理念国际法制化的宏观法制路径

海洋命运共同体理念国际法制化的宏观法制实现路径可以是推动将海洋命运共同体理念纳入联合国决议和人权理事会决议，促使其核心理念被联合国以及国际、各个国家所广泛接受，使其能够产生一定的法律效力，可以为相关国际法或国际权利公约的制定提供理论支持。海洋命运共同体所强调的"主权平等、对话协商、合作共赢、交流互鉴、绿色发展、相互尊重、平等相待、和平发展、共同繁荣"的这些理念与实现海洋和平发展，构建和谐海洋，维护人类海洋利益的目标与理念有着相通之处。①

（一）充分利用联合国法律机制

联合国成立至今已逾70年，其在当今社会的和平发展与国际社会的稳定秩序构建中发挥了不可替代的作用。70余年来，在联合国及其机制的保障与协调下，世界得以实现安全与稳定；联合国机制在国际争端与地区事务解决，以及人类的发展中作出了巨大的贡献。联合国现有法律机制在实现全球海洋治理法制化与推动海洋命运共同体构建中具有重要的作用。在联合国法律框架下要求以国际公约的形式确立相关的海洋规则与制度。因此，为实现海洋命运

---

① 参见 Ming Liu. Legalization of the Right to Peace in the Context of a Community with Shared Future for Human Beings[J]. Journal of Human Rights, 2021, 20(1): 117-130.

共同体国际法制化应该积极推动将海洋命运共同体理念写入联合国大会决议。联合国现有法律机制为海洋命运共同体国际法制化的实现提供了有效保障。《联合国宪章》第 5 条第 1 款也明确规定："维持国际和平与安全，并为此目的：采取有效的集体措施，防止和消除对和平的威胁，制止侵略行为或其他破坏和平的行为；通过和平手段消除暴力，在联合国和有关国际法框架内，通过协商和对话解决国际争端，严格限制暴力的适用范围和程度，视制止暴力为必要而使用武力干预。"[1]依法实现海洋上的和平权利，需要建立相关责任主体、问责机制和执行机构，而国际和平权利问责机制和执行机构主要是在联合国框架下完成的。此外，联合国现有的法律机制，包括安理会、国际法院、国际海洋法法庭以及海底管理局在内为海洋命运共同体构建及其国际法制化实现提供了交流平台，通过充分利用联合国现有的这些法律机制可以对海洋命运共同体理念进行更好的宣传与贯彻，将相关议题列入有关会议，并进行积极讨论，运用其解决相关问题，从而推动海洋命运共同体国际法制化的早日实现。

(二)努力推动多边合作法律机制

全球海洋治理现代化的重点是治理体系的现代化。其内在要求是在原有全球海洋治理体系的基础上，创造性地构建新的全球海洋治理体系。全球海洋治理体系现代化是全球海洋治理能力现代化的前提和基础。实现海洋治理能力现代化，具有构建系统、公正、有效的全球海洋治理体系的逻辑前提和条件。推进全球海洋治理体系现代化，必须把以主导大国为基础的单边主义海洋治理体系转变为强调任何国家不论大小都有权有效参与全球海洋治理的多国治理体系。推动全球海洋治理体系现代化，强调多元化变革、规范化、法治化、民主化和协调化的治理体系的创建和运行。另一方面，通过

---

①　Ming Liu. Legalization of the Right to Peace in the Context of a Community with Shared Future for Human Beings[J]. Journal of Human Rights, 2021, 20(1)：117-130.

多边、地区和双边讨论,推动形成以合作共赢和共建合作为目标的相关国际海洋规则,推动现有国际海洋秩序的改革和发展。推进"海洋命运共同体建设规范化、法治化,这是推进海洋命运共同体最终建成的必然要求。在海洋命运共同体的建设中,各国政府应共同建立多层次规范的沟通交流机制,增进政治互信,深化海洋利益相互依存和责任共担"。①

当今世界正经历快速深刻变化,不稳定不确定因素增多。② 中国一贯支持多边主义,奉行多边主义,倡导和平、合作、发展、共赢,坚定做世界和平的建设者和国际秩序的维护者。在多边主义核心原则的推动下,二十国集团、上海合作组织、亚欧会议等全球性论坛都开展了有意义的合作。欧盟、东盟、非盟、阿盟、拉美和加勒比国家共同体等国际组织通过推进区域合作,为和平与发展作出了贡献。实践证明,推动全球合作、多边主义、构建海洋命运共同体是大势所趋,是正确之路。历史经验告诉我们,只有坚持多边主义,加强海洋全球合作,才能实现各国人民追求海洋利益的梦想。中国坚定不移推进国际海洋合作,维护和发展多边主义,推动国际海洋秩序朝着更加公正合理的方向发展。

要建立相互尊重的海洋伙伴关系,我们就应该选择对话而不是对抗,积极发展更具包容性和建设性的海洋伙伴关系,这是多边主义和国际合作的基础和前提。中国致力于构建总体稳定、均衡的国际海洋框架。中国愿与世界各国人民一道,切实落实海洋命运共同体理念,共同构建以协调、合作、稳定为基调的国际海洋新秩序。通过推动多边合作机制的构建,促使各国家之间达成互利共赢的协议,并进一步推动世界各国在海洋上的全面战略协作伙伴关系不断迈上新台阶。

---

① Qian J, Weisi N I. A Community with a Shared Future for Human Beings in the Vision of Modernization of Global Governance: China's Expression and Practice[J]. 人权: 英文版, 2018, (4): 405.

② 参见专访: 世界比以往任何时候都更需要坚持多边主义[EB/OL]. https://m.gmw.cn/baijia/2020-09/18/1301576541.html, 2020-09-18/2022-01-08.

（三）统筹推进国内法治与国际法治互动

国际法，特别是国际海洋法，乃是国家具体实践的产物，国际海洋法中所体现的基本原则与内容是国际海洋实践的结晶。同时，《国际法院规约》第38条规定了国际法的渊源之一是国际习惯，国际习惯作为国际法渊源的一种重要补充，对国际海洋法的发展起到了重要的作用。而国际习惯法的诞生更是国家实践的产出。因此，国际法制的形成需要国内法的制定，并在国家不断实践的情况下推动形成，而对于国际海洋公约或条约的规定，也需要各个主权国家予以批准或加入，并在国内海洋法制定上予以进一步落实。因此，国内法制与国际法制是一种循环互动、统筹发展的统一关系，两者需要不断地实践与相互促进，以国内法制的形成推动国际法制化的实现，以国际法制化的实现来进一步规范国内法的权责与义务。对于海洋命运共同体国际法制化的实现来讲，当前国际海洋既有规则在海洋治理中面临新的困境，需要进一步完善与发展，更需要各主权国家进一步落实与实践。以国内法中的海洋命运共同体法制化推动其在国际法制中形成与构建，又以海洋命运共同体国际法制化的实现来加强各国国内法对海洋命运共同体中权利义务的践行，实现以国内海洋法制促进国际海洋法制的构建，以国际海洋法制的形成影响国内海洋法制的完善，与国内海洋法体系的构建，最终实现海洋命运共同体国际法制化的目标。从国家层面来讲，各国应该正视自己国家的海洋权益需求，制定符合国情的国家海洋战略、海洋规划，进而形成新的海洋基本法制，并通过国家实践，形成各国法律确信，从而推动海洋法制在国际层面的实现，形成新的国际公约、国际条约，修订现有的国际海洋规则或创制新的国际海洋规范；从国际层面来讲，对现有国际海洋规则需要进一步更新与完善，在海洋命运共同体理念的指引下，检视既有国际海洋规则的不足与缺陷，并在其指引下进行完善，在国际规则构建与完善的过程中贯彻海洋命运共同体的核心理念与精神，从而实现海洋命运共同体的国际法制化，并能够进一步解决当前海洋治理中存在的困境，推动全球海洋治理秩序的变革；最后，海洋命运共同体国际法制化在国际海洋法规则中得以完成，各国在公约规定的要求下，修改本国法使其与公约规定一致，并规范本国的海洋治理行为，合理主张本国的海洋权益，进而能够进一步推动海洋命运共同体的早日建成。

（四）加强区域制度构建

海洋命运共同体理念的提出时间尚短，各国对于海洋命运共同体的构建还存有疑虑。各海洋大国对于建立统一的海洋法制度具有抵触情绪，对于海洋权益维护持谨慎的态度。因此，海洋命运共同体的构建在短时间内尚不能实现，而海洋命运共同体国际法制化在一定的时间内也难以完成。是以，可以加强区域海洋制度的构建，分阶段，分步骤，分地域地逐渐推进海洋命运共同体国际法制化的实现。通过加强区域制度的构建，缓和区域内海洋权益争夺的紧张局面，缓解海洋治理困境，最终实现海洋命运共同体国际法制化的整体构建。但由于在区域内各国政治体制以及法律制度的不同，在区域制度构建中既面临着难以调和的矛盾，也面临着构建统一制度的困难。因而，"求同存异"的战略是海洋命运共同体在区域内国际法制化构建中的应有之义。在制度建设方面对于海洋命运共同体而言，国际公约的构建应首先放弃全面统一的思路，保留一些基础性强制性的规定，将部分任意性的规定交予国内法以及区域内各国自行约定，从而实现"有限度的统一"。坚持立足于"求同存异"的战略考量，在确保强制性规范在海洋治理与海洋权益维护中发挥效率性作用的同时，加入任意性规定，有利于协调海洋命运共同体构建过程中的各国立法冲突，可以缓解区域内各国不同立法实践与理论之间的对立，避免区域内各国对海洋命运共同体构建的排斥发生。① 在海洋命运共同体国际法制化实现的过程中，坚持"求同存异"的战略部署，将各国分歧较大的问题先搁置起来，针对各国能够达成一致的规则首先实现命运共同体的国际法制化，有利于推动海洋命运共同体的构建，通过各国不断的积极实践与不断的协调来

---

① 参见徐峰."海洋命运共同体"的时代意蕴与法治建构［J］. 中共青岛市委党校青岛行政学院学报，2020，（1）：64-70.

缓解当前全球海洋治理面临的困境。在未来，时机成熟的时候再来讨论留存的各国争议较大的海洋问题。这样的海洋命运共同体国际法制化模式也许可以被各国更好地接受，并且有利于推动海洋命运共同体国际法制化的早日完成。

实际上，在共同建设海上安全、维护全球海洋秩序与构建区域发展体系等方面，中国已积极付出实际行动。例如，在海上丝绸之路的建设过程中，中国已经与沿线国家签订了多项司法协助条约、引渡条约等。① 海洋命运共同体构建及其国际法制化实现的愿景如此，这也是倡导树立共同、合作、有效的区域制度的必然结果。②

(五)《海洋法公约》现有机制的完善

《海洋法公约》虽然确立了人类利用海洋和管理海洋的基本国际海洋法框架，但是在一些制度上却仍存在诸多缺陷。国际社会可以在海洋命运共同体理念的指引下，通过订立专门的补充协定或区域性协定、召开审议会议以及用扩大解释等方式对其予以完善，③以通过对《海洋法公约》现有机制的完善来进一步推动海洋命运共同体国际法制化的实现。

当前，《海洋法公约》中主要存在关于"历史性水域"(historic waters)或"历史性权利"(historic title)、"岛屿""岩礁"等的界定不明；对群岛制度的解释问题不清；专属经济区的军事活动问题存有争议；解决海洋争端的规定过于原则；海岸相向或相邻国家间海域的划界问题不明等问题。同时，《海洋法公约》还在"海上航行与交通安全""国际海底开发制度"以及"水下文化遗产保护""海洋资源的开发与利用""海洋环境保护与保全""极地治理"等方面存在诸多

---

① 参见龚柏华."三共"原则是构建人类命运共同体的国际法基石[J].东方法学，2018，(1)：30-37.

② 参见郭萍，李雅洁.国际法视域下海洋命运共同体理念与全球海洋治理实践路径[J].大连海事大学学报(社会科学版)，2021，20(6)：10.

③ 参见杨泽伟.《联合国海洋法公约》的主要缺陷及其完善[J].法学评论，2012，30(5)：57.

不足之处。①

　　"《海洋法公约》的宪法地位决定了我们不可能另起炉灶，以全新的方式解决海洋问题。相反，我们应当根据现有的国际法规则，在必要的情况下修改《海洋法公约》，在适当的情况下发展《海洋法公约》。"②因此，要在海洋命运共同体理念的指引下，通过对《海洋法公约》各条款的审查以及修订，或对相关内容订立补充协定，以及缔结区域性协定等方式对《海洋法公约》进行完善，推动海洋命运共同体国际法制化的实现。例如，《执行协定》以及前文提到的海底管理局分别于 2000 年、2010 年、2012 年通过的"三规章"都属于通过制定专门协定的方式对《海洋法公约》中相关制度的完善与新发展。

　　而《海洋法公约》在第 312 条第 1 款中规定了公约生效十年以后，缔约国可以对公约提出不涉及"区域"内活动的具体修正案。③其第 313 条又进一步指出，修正案可以简化程序予以通过。④ 因此，按照《海洋法公约》的上述规定，在海洋命运共同体理念积极发挥作用的当下，召开审议《海洋法公约》会议，以完善《海洋法公约》的相关内容，实现海洋命运共同体在《海洋法公约》内的国际法制化正当其时。

　　在完善《海洋法公约》现有机制的时候，要着重关注以下领域：

　　1. 海洋资源的养护与利用

　　海洋之所以对人类有重要的作用，关键原因就在于海洋中蕴藏着宝贵的资源，除宝贵的海底矿产资源以外，海洋中的生物资源等更是人类重要的物质来源。《海洋法公约》对海洋区域做了相应的划分，海域中的资源也随之有了相应的归属。但是在公海领域中的渔业资源却是全人类共享的公共产品，而当前所主张的公海自由框

---

①　参见杨泽伟.《联合国海洋法公约》的主要缺陷及其完善[J]. 法学评论，2012，30(5)：57.

②　孔令杰.《联合国海洋法公约》的完善[J]. 中国海洋法学评论，2010(1)：120-155.

③　参见《联合国海洋法公约》第 312 条第 1 款。

④　参见《联合国海洋法公约》第 313 条。

架却使公海中的海洋资源陷入了一种不稳定的状态，其归属与可持续养护等问题正面临着威胁，这就催生了对公海养护渔业资源的迫切需要。因此，在海洋资源保护的机制完善上，要在海洋命运共同体维护全人类海洋利益的指引下，全面搜集公海上渔业资源数据，建立公海渔业资源的科研合作机制，更好地解决各国家之间在公海渔业捕捞份额与资源养护之间的矛盾。同时，要结合联合国正在进行的国家管辖范围外海洋生物多样性养护及可持续利用 (the conservation and sustainable use of marine biological diversity of areas beyond national jurisdiction，BBNJ) 的谈判与已经取得的结果，在海洋命运共同体理念的指引下围绕环境影响评价制度的设计、惠益分享制度、生物遗传资源养护、基因资源利用、海洋遗传资源等法律地位以及其他焦点问题，秉承为全人类利益服务的宗旨与海洋命运共同理念，和平协商，扩大各国家与世界各国人民的共同利益，缩小资源与收益分配的分歧，达成共识，实现海洋命运共同体在海洋资源开发与利用领域的国际法制化。

当前，国际海洋渔业法律制度还仍然存在着"资源属性与现行渔业制度安排之间发生冲突、渔业组织的法律地位有待强化、公海配额分配机制有待完善"等主要问题。① 未来，在解决以上问题的过程中应该在坚持海洋命运共同体理念的指引下，充分发挥联合国粮农组织的作用，在其统一协调下采取多主体合作治理模式，实现海洋渔业资源的"共治"；统筹国际组织与国内机构的运作机制，实现渔业资源治理的现代化；落实海洋命运共同体的责任共担原则，建立以义务履行的多少来衡量权利获取多少的配额分配标准；突出共护人类海洋命运的宗旨，加强对公海渔业的监管力度，完善和加强各国关于打击非法、不报告、不管制 (illegal, unreported and unregulated，以下称"IUU") 的捕鱼行为的立法，加强打击 IUU 捕鱼行为的国际合作，在海洋命运共同体理念的指引下建立公海统一联合执法机制，并完善相应的追责体系，以便落实国家间养护的责

① 参见白洋. 后《联合国海洋法公约》时期国际渔业资源法律制度存在问题及应对机制研究[J]. 生态经济，2012，(10)：8.

任和义务，维护全人类的海洋渔业利益。①

2. 海洋环境的保护与保全

以海洋酸化、废塑料、垃圾漂浮物为代表的全球海洋环境问题正在严重威胁着全球海洋生态环境，并已经引起了国际社会的广泛关注。面对浩瀚无垠的大海，任何一个国家都不具备独立承担全球海洋治理、保护全球海洋环境的能力，目前针对海洋环境污染的专门性国际法律机制尚未形成，因而全球海洋治理的效果不佳、治理能力不够、合作程度不高等问题一直成为制约全球海洋环境保护的主要因素，通过将命运共同体理念融入海洋环境治理当中，确保其在《海洋法公约》环境保护与保全规定中国际法制化的实现，这将为制定有利于全人类海洋利益可持续发展的规则提供方向，② 海洋命运共同体号召全人类行动起来，对海洋环境负责，也是对全人类自己的海洋利益负责，在海洋命运共同体的指引下，明确各国的海洋环境保护义务，同时扩大海洋环境保护的参与主体，将国际组织、全人类都纳入其中，完善国际海洋环境保护的机制，构建国际海洋环境保护的法规体系。

当前国际社会已经签订了一系列涉及海洋环境保护的公约与条约，例如，国际海事组织（International Maritime Organization，IMO）早在1954年便通过了《国际防止石油污染海洋公约》（*International Convention on the Prevention of Petroleum Pollution*），1969年通过了《国际干预公海油污事件公约》（*International Convention on the International Intervention on Oil Pollution*），1972年通过了《防止倾倒废物及其他物质污染海洋公约》（*Convention for the Prevention of Pollution of the Sea by Dumping of Wastes and Other Substances*），1973年通过了《防止船舶污染海洋公约》（*Convention for the Prevention of Pollution of the Sea by Ships*）并经过1978年修订（即MARPLO 73/78

---

① 参见白洋. 后《联合国海洋法公约》时期国际渔业资源法律制度存在问题及应对机制研究[J]. 生态经济，2012，（10）：8.

② 参见卢芳华. 海洋命运共同体：全球海洋治理的中国方案[J]. 思想政治课教学，2020，（11）：45.

公约）。目前世界上大多数国家也已经分别加入上述公约，但在未来推动海洋命运共同体国际法制化的过程中仍应该进一步促使更多的国家积极加入上述相关公约与条约之中，从而可以使保护海洋环境的条约义务能够得以充分履行，并在此基础上推进和催化各国家对《海洋法公约》中规定义务的认可与履行，有效保护海洋环境与生态，使人们能够共享海洋资源红利，① 构建完善的国际海洋环境保护法规体系，推动构建海洋命运共同体。

3. 适当顾及沿海国的权利和义务

沿海国作为全球海洋治理中的重要一员，其对海洋资源的开发与利用以及海洋环境的保护等海洋事业起着举足轻重的作用。沿海国的行动对海洋事务的发展有着直接的影响，对其起到了重要的推动作用。沿海国国内相关法律制度的规定也对国际海洋规则的形成有着重要的影响。因此，推动海洋命运共同体理念国际法制化的实现要适当顾及沿海国的权利和义务，既要明确"适当顾及"的含义，又要兼顾沿海国权利义务的平衡，在《海洋法公约》中予以明确规定并对相应的权利与义务构建规范的法律体系。"适当顾及"义务的规定与完善也是构建海洋命运共同体的题中之义，如前所述，海洋命运共同体理念追求的是一种"共同"精神与价值目标，"适当顾及"义务就充分体现了对他国的海洋利益予以合理关注和考量，这与海洋命运共同体的要求和目的相一致。

4. "区域"内资源开发

前文已经详细述及，"区域"内资源在《海洋法公约》的确认下成为了全人类共同继承财产，但是《海洋法公约》中有关于"区域"内资源开采利用的制度，如担保国责任、开采者的优先权问题、海洋环境的保护与保全制度等尚不完善，而生物资源养护与利用、担保国责任、遗传基因养护、海底电缆铺设与"区域"内矿产资源开发关系之协调等问题均是海洋命运共同体理念可以切入的关键点。当前，"区域"内开采规章正在制定当中，借此良机推动海洋命运

---

① 参见郭萍，李雅洁. 国际法视域下海洋命运共同体理念与全球海洋治理实践路径[J]. 大连海事大学学报(社会科学版)，2021，20(6)：11.

共同体国际法制化在"区域"内开采规章制定中实现，以此为实验起点，促成海洋命运共同体国际法制化将具有重要意义。海洋命运共同体国际法制化在"区域"内矿产资源开采相关规则制定中的实现是本书第四章将要重点研究的内容，故在此不再赘述。

5. 极地治理

极地是海洋领域中的重要组成部分之一，极地面积广袤，虽条件恶劣但其资源却极为丰富和宝贵。但同时，极地的生态环境又极为脆弱。近年来，随着气候变暖，极地环境不仅受到了巨大的破坏，同时也给人类带来了不可逆转的影响，海平面的上升不仅改变了海洋生物的生活方式与也影响了人类的陆地家园。在海洋命运共同体国际法制化实现的进程中，针对于极地的治理，要求如对北极的和平、稳定、有序和可持续发展的实现，呼唤"北极命运共同体"的构建；海洋命运共同体理念可从北极治理中的环境保护、原住民社会经济生活保障、北极航道利用等方面积极融入，实现在上述领域中的国际法制化。《南极条约》对南极领土主权要求的"冻结"使南极具有独特的"全球公域"的法律属性，也使其成为全人类共同继承的财产。海洋命运共同体国际法制化的实现要求各国积极履行南极海洋生物资源养护义务，深度参与南极海洋保护区事务、在协商一致的基础上完善海洋保护区制度，在合作的基础上加强对南极海洋生态环境的科学研究，与国际社会携手构建"南极命运共同体"。[①] 通过以上这些制度安排，未来国际社会可以完成海洋命运共同体理念在极地治理规则中的国际法制化。

二、海洋命运共同体理念国际法制化的具体实践路径

海洋命运共同体的构建与其国际法制化的实现不能仅依靠一国之力就能完成。因此，世界各国必须通过国际合作和努力来推动海洋命运共同体的构建以及海洋命运共同体国际法制化的实现。同时为了全世界的共同利益，世界各国对于促进构建海洋命

---

① 白佳玉，隋佳欣. 以构建海洋命运共同体为目标的海洋酸化国际法律规制研究[J]. 环境保护，2019，47(22)：74-79.

运共同体以及其国际法制化实现都应负有重大的责任。这一责任需要通过明确相关责任主体，构建完整的问责机制以及执行机构来进一步明确并保障其得以落实。海洋命运共同体理念的基本含义就是同则共治、共赢共享，必要原则是平等互助，求同存异，分步实行和绿色创新，实现路径是海洋资源友好合作，保护海洋生态环境，共同开发海洋科学技术，合作共赢和各国海洋权益的共同维护。[①]

因而，在海洋命运共同体国际法制化的实践路径上，首先应该探索区域合作制度，特别是，如环境规划署区域海洋方案框架的合作等实例为我们提供了很好的借鉴。海洋命运共同体国际法制化的实现在法制路径上要分阶段、分步骤地进行，在其实践层面上也可以分阶段、分步骤地采用循环渐进的模式推进海洋命运共同体国际法制化的构建。可以先从国家间双边海洋治理合作着手，进而推广到区域海洋治理合作，最后实现全球海洋治理的合作。以海洋环境保护治理为例，国家间海洋治理的双边合作是各国参与全球海洋生态环境治理的基础，同时国家间海洋治理的合作程度也影响着各国对于全球海洋环境治理参与的效率以及有效性。而对于全球海洋生态环境治理的参与者来说，海洋大国在其中所起到的作用举足轻重。实现全球海洋生态环境的有效合作与加强海洋大国之间的合作是实现双边国家海洋合作的重要一环，也决定了未来全球生态海洋环境治理合作的成功与否。

对于如何加强国家间的合作，也需要进行深入研究与探索。例如，各国在观念上、方法上以及在制度构建上都应当作出自己的贡献。首先，在观念上为了促成各国之间的合作，各国之间必须牢固树立尊重海洋，顺应海洋，保护海洋的新生态发展观，国家间合作的前提是秉持尊重海洋、利用海洋、保护海洋的基本原则，国家间的合作是为更好地保护海洋及其生态环境，而不是为了夺取利益，对海洋资源的进一步瓜分。其次，在实现方法上，各国必须坚持绿

[①]　参见吴冰洁. 论"海洋命运共同体"倡议及其当代价值[J]. 西部学刊，2020，（19）：42.

色、低碳、循环、可持续的发展道路，海洋命运共同体国际法制化的实现要求在实践中对以上原则予以践行，从而进一步形成各国之间对于海洋生态环境的保护，强化各国之间的海洋责任意识，推动构建海洋命运责任共同体。最后，国际规则或政治的形成是上述实践不断发展与深化的结果。因此，各国之间应当承担起自己不同的国际海洋责任，在构建海洋命运共同体的过程中明确自己的国际责任并相应地作出本国在海洋命运共同体实现国际法制化进程中应有的贡献。①

当前，一些国家对于中国的和平崛起尚存疑惧之心，中国提出海洋命运共同体也更使得这些国家对此持怀疑态度，若要将海洋命运共同体理念实现国际法制化构建，就目前国际形势来看，其必将存在重重阻力。因而，中国应当坚定和平发展的道路，与其他国家建立起互惠共赢的海洋命运共同体。中国应该将其所提出的海洋命运共同体理念及其美好愿景通过海洋领域项目的合作以及与周边国家海洋权益共建共享的基础上，加强与周边邻国，如日本和印度的联系，推动海洋领域双边合作与多边合作，为实现海洋利益互惠关系增添新的动力。基于东北亚丰富的资源和广阔的市场，可进一步夯实海上丝绸之路的北进方向，推动中日韩三国海洋合作，力争通过海洋命运共同体理念的传播消除印度对中国海洋崛起的疑虑，力图在金砖国家、上合组织框架下实现中印关系的突破。其次，海洋命运共同体的构建及其国际法制化实现应当寻找突破口，重点工作应当放在与第三世界国家的合作上，要与广大发展中国家建立合作共赢的海洋命运共同体。中国与亚非拉国家向来友谊深厚，亚非拉国家对于中国提出的倡议，如人类命运共同体，给予了极大的支撑，其对于海洋命运共同体理念的推进也有一定的助益。此外，从现实情况来看，亚非拉国家在海洋治理过程中存在着一些技术性缺陷或能力相对落后的情况。中国可以此为契机，通过与亚非拉国家合作，帮助其维护、共享海洋权益，推动海洋命运共同体构建。是

---

① 参见陈娜，陈明富．习近平构建"海洋命运共同体"的重大意义与实现路径[J]．西南民族大学学报（人文社科版），2020，41（1）：207．

以，亚非拉国家应当是中国构建海洋命运共同体的一个着力方向。而在与发展中国家建立合作关系的过程中，当然也会面临着其中一些国家对中国提出的海洋命运共同体理念心存顾虑，因此，中国应当在与这些国家合作的过程中充分展示海洋命运共同体的利益共赢优势，循序渐进使得发展中国家能够实实在在看到海洋命运共同体为其所带来的海洋利益，增加海洋命运共同体对其的吸引力，使其成为海洋命运共同体国际法制化道路上的中坚力量。①

最后，国际社会需为海洋命运共同体国际法制化的实现构建一个国际论坛，国际论坛是海洋命运共同体国际法制化实现中解决相关问题、加强合作与沟通的重要交流平台。海洋命运共同体的构建及其国际法制化的实现需要多主体、多领域、多道路、多路径的协调并进。例如，以"区域"内开采规章制定为例，海洋命运共同体国际法制化的实现需要海底管理局的参与，甚至海底管理局在"区域"内开采规章制定的海洋命运共同体国际法制化实现的过程中起到带头性的作用。通过国际论坛的构建，各主体以及各领域、各道路同时推进，可以保证海洋命运共同体构建及其国际法制化实现的广泛性，并能够确保海洋命运共同体国际法制化的具体落实与推进。国际论坛可以采用分论坛、分议题的形式，对于海洋命运共同体国际法制化中所涉及的各个问题或其所包含的各个领域分别设置不同的论坛或不同的议题，定期举行相关的会议，包括线上线下相结合的形式，广泛吸纳各主体对于海洋命运共同体国际法制化的意见与利益需求。从而可以科学全面地了解各国家，包括海洋大国甚至发展中国家以及内陆国家在内对于海洋权益的需求。在这些基础上最终实现海洋命运共同体的国际法制化，也有利于促成海洋命运共同体的构建。

此外，在推进海洋命运共同体实现国际法制化的进程中应当坚持互相尊重，平等协商，坚决摒弃冷战思维与强权政治，各国家之间走合作对话而不对抗，结伴而不结盟的国与国间交往之路，通过

---

① 参见冯梁．构建海洋命运共同体的时代背景、理论价值与实践行动［J］．学海，2020，（5）：17．

各国之间的交流对话化解争端，以协商的方式化解分歧，协调应对在海洋命运共同体国际法制化中所出现的传统与非传统安全威胁。在海洋命运共同体国际法制化实现的过程中，对话协商、伙伴交流、互鉴共存等是极为重要的方式。①

　　海洋命运共同体国际法制化的实现不可能一蹴而就，其不仅需要法制路径的完善，更需要实践的不断深入推进与催化。通过以上实践路径的分析，海洋命运共同体国际法制化的实现需要多行为主体、多领域、多道路的统筹发展。因此，在海运共同体国际法制化的过程中各国家的海洋实践，以及国家间的合作是海洋命运共同体国际法制化的催化剂与助推力。海洋命运共同体国际法制化实践的过程中，应当参照不同领域与具体问题分步骤地进一步深化落实海洋国家的实践与行动。

（一）深度参与全球海洋治理

　　海洋命运共同体国际法制化的实现要坚持改革创新，完善全球治理。面对日益增多的全球性挑战，任何国家都无法独善其身。加强全球治理，改革全球治理体系，既是时代要求也是时代使命。中国认为，改革的目的不是要推翻现有体制，也不是要另起炉灶，而是要完善现有框架，反映新的现实。因此，国际社会中的各成员应该不断深化参与全球海洋治理的程度，在积极参与全球海洋治理的过程中推动改革全球海洋治理体系；要坚持开放、包容、非歧视等核心价值和基本原则，呼吁世界各国踊跃参与到全球海洋治理的进程中来，并为其提供公平参与的平台与机会；在广泛协商基础上循序渐进，维护发展中国家的发展利益和政策空间，使其能在全球海洋治理中发挥更大的作用。中国提出海洋命运共同体理念，在深度参与全球海洋治理，推动世界海洋合作的进程中实现其国际法制

---

　　① 参见 Ming Liu. Legalization of the Right to Peace in the Context of a Community with Shared Future for Human Beings［J］. Journal of Human Rights，2021，20（1）：117-130.

化，为完善全球海洋治理体系作出重要贡献。①

（二）积极构建区域命运共同体

如前文所述，海洋命运共同的构建与国际法制化实现需要"水滴石穿"。海洋命运共同体国际法制化的实现虽然需要"一鼓作气"，但是却需要分阶段、分步骤地进行。海洋事务千头万绪，海洋命运共同体国际法化的实现要分清主次，抓大放小，区域命运共同体的构建将成为海洋命运共同体实现的着手点。前文提及的"南极命运共同体""北极命运共同体"都是区域命运共同体的重点关注领域，此外，如中非命运共同体、亚非拉命运共同体等的构建也是重要的任务。区域命运共同体的构建可以加强区域内国家之间的联系与交流，推动区域内利益、责任共同体的形成，从而加强区域内各方的协作与配合，推进区域制度的构建，在区域内海洋命运共同体国际法制化形成的基础上，加强各区域彼此之间的联络，海洋命运共同体国际法制化的实现也将呼之欲出。

（三）国家实践与国际海洋争端解决

国家间海洋争端古已有之，但是针对于国际海洋争端的解决机制则是在国际规则不断发展中逐步确立起来的。它由最初的适用于一般国际法上争端解决的方式发展到特定的仅适用于海洋争端解决，经由 1907 年第二次海牙和平会议上的初创，并在 1907 年《和平解决国际争端公约》（*Convention for the Pacific Settlement of Internation Disputes*）中得以规定之后，到 1945 年《国际法院规约》中得以发展，并在 1958 年的第一次联合国海洋法会议中的《捕鱼与养护公海生物资源公约》（*Convention on Fishing and Conservation of the Living Resources of the High Seas*）中首次探索固定到专项适用于国际海洋争端的解决，直到 1982 年的《海洋法公约》中得到完善，确立

---

① 参见 Jiechi, Yang. Working for a Community with a Shared Future for Mankind by Promoting International Cooperation and Multilateralism［J］. China International Studies, 2019,（75）: 5-13.

了国际海洋争端较为完整的解决机制。

然而，通过剖析目前《海洋法公约》中规定的争端解决机制可知，其还存在许多缺陷之处，尚不能很好地解决当代国家间海洋争端。《海洋法公约》试图使得各国一秉诚意，在坚持遵循真诚善良原则下和平解决海洋争端。① 海洋命运共同体理念的核心思想与上述真诚善良原则的争端解决理念一脉相承。它既沿袭了真诚善良原则的精髓，又对其有进一步的发展与补充，要求争端各方严格履行和平解决争端的义务，不允许保留，并通过积极构建地区海洋争端解决机制与积极启动谈判程序来完善国际海洋争端解决机制。海洋命运共同体国际法制化实现中的区域制度构建就提倡可以通过建立地区争端海洋解决机制来有效解决海洋争端。《联合国宪章》第52条规定中就鼓励使用区域方法来帮助实现和平解决争端的总目标，成员国在将争端提交到安理会之前应该尽量通过区域方法和平解决争端。目前，已有两个本着该条规定的原则与精神成立的区域性组织，一个是欧洲安全与合作组织，另一个是非洲统一组织的首脑大会。这两个组织已经在相关的海洋争端解决中发挥了重要的作用。② 海洋命运共同体及其国际法制化的实现进一步要求落实谈判在国际海洋争端解决中的重要性和中心地位。在国际海洋争端解决中推动海洋命运共同体国际法制化的实现，要充分发挥海洋命运共同体理念的友好协商、共商共建功能，践行维护全人类海洋利益的理念，在海洋争端的解决中形成一个综合性结构框架，不能仅仅局限于单一的谈判协商；要将现有的各种争端解决方法如谈判、协商、调查、仲裁和司法解决，结合起来适用，以达到互相补充，打出一套国际海洋争端解决的"组合拳"，尤其注重引入第三方解决的方法，更好地补充直接谈判的不足。

国际海洋争端解决中海洋命运共同体国际法制化的实现倡导本

---

① 参见潘俊武.解析国际争端解决机制及其发展前景[J].法律科学（西北政法大学学报），2009，27（4）：118.

② 参见潘俊武.剖析1982年《联合国海洋法公约》中的强制争端解决机制[J].法律科学（西北政法大学学报），2014，32（4）：199.

着和平解决海洋争端的基本原则，加强各争端当事国之间的交流合作，通过采取协商、谈判、外交等手段实现争端的有效解决。其既为优化国际海洋法制提供了理论基础，又为和平解决海洋争端提供了国际法依据。争端各方应该本着最大善意原则，遵循条约必守原则，积极履行各方所达成的条约或协议及相关义务；构建完善的争端解决机制，其一方面既可以解决在海洋命运共同体理念及其国际法制化指导下所面临的具体法律问题，另一方面又可以为进一步推动海洋命运共同体构建与解决"区域"内资源开采争端提供纠纷解决的机制保障，有利于加快海洋命运共同体理念的发展，促进蓝色经济开发，共同构建海洋命运共同体①与和谐海洋。

第二节　海洋命运共同体理念对"区域" 开采的国际法理论贡献

海洋命运共同体理念蕴含了丰富的价值追求与法理基础，包含了丰富的全球海洋治理方案与对全人类海洋权益维护的智慧精髓。而海洋命运共同体理念中所蕴含的公平价值原则、可持续发展原则、为全人类利益需求服务以及为和平目的利用等原则为"区域"内矿产资源的开采以及全人类共同继承财产的实现提供了重要的国际法理论贡献，具有重要的价值意义。

一、公平价值原则

海洋命运共同体理念及其所提倡的价值首先符合法理学中的公平价值，并且其所倡导的公平不仅仅体现为实体上的公平，也表现为程序上的公平。依据《海洋法公约》第140条第2款的规定，从"区域"内活动中取得的财政及其他经济收益应在无歧视的基础上进行公平分配。② 其所表达的含义是无论各个国家经济与实力强

---

① 参见郭萍，李雅洁. 国际法视域下海洋命运共同体理念与全球海洋治理实践路径[J]. 大连海事大学学报(社会科学版)，2021，20(6)：12.

② 参见《联合国海洋法公约》第140条第2款。

弱,综合国力多寡,也无论其海域面积大小,国民数量多寡,应当无歧视、公平地获得在"区域"内活动中所获得的收益。而海洋命运共同体国际法制化的实现则可以从守法、执法与立法等多个方面为这一目的的达成设定具体法律制度与保护措施,实现国与国之间在"区域"内海洋资源开采利用中权益的平等,及"区域"内活动收益的平均分配。① 从平衡利益的角度出发,海洋命运共同体国际法制化不仅可以打破海洋治理中所出现的僵局,更是维护全人类共同的海洋利益。

海洋命运共同体国际法制化主要践行的公平原则是要保护经济地位低下国家的利益,也就是说,其所要保证的是包括国家等参与海洋活动的主体所具有的法律地位是平等的。② 而对具体落实到资源分配上的公平性,则是如何才能达到公平分享的结果,不仅包括空间意义上的国别公平,还包括时间意义上的代际公平。依照《海洋法公约》的规定,"区域"内资源以及其开采活动将由为此目的专门设立的一个国际机构,即海底管理局进行管理,矿物资源必须用于全人类的利益,无论发达国家和发展中国家,富国或穷国,大国或小国,沿海国家或内陆国家,都有机会获得这些资源,这也就是所谓的国别公平。

所谓代际公平,最早由佩基(Page)于1988年提出并提倡③,他认为代际公平的核心是每代人都均等地享有资源环境的权利,同时代际公平要求代际的平等和代际财富的转移,即把美好的环境和足够的临界资源贮藏超越代际而流传给后代人,使后代人的生活福利比现在更好,在代与代之间应有一种责任链的传递和社会契

---

① 参见徐峰."海洋命运共同体"的时代意蕴与法治建构[J].中共青岛市委党校青岛行政学院学报,2020,(1):65.

② 参见王妤,李剑.国际经济法之公平互利原则的现实必要性[J].现代工业经济和信息化,2014,4(11):7-9.

③ 参见 Page T. Conservation and Economic Efficiency:An Approach to Material Policy[M]. New York:The Johns Hepkin University Press,1977.

约,① 海洋命运共同体所实现的命运共同体不仅是当代人命运的共同体,也是子孙后代人、世世代代人的命运共同体。海洋命运共同体国际法制化的实现以法制形式将代际资源分配固定下来,既能够满足当代人类对资源的需求,使每个人得到充分的发展,同时又能够对现有资源和生态环境进行保障,使之不对后代人的生存和发展构成威胁,还能够以法律的形式将眼前利益与长远利益,局部利益与全局利益有机地整合起来。

前已述及,海洋命运共同体所要构建的其实也是一种海洋责任共同体。因此,简而言之,海洋命运共同体国际法制化中的公平原则及要求就是人类要为子孙后代负责,即不能透支他们应有的生存空间与有限的资源。海洋命运共同体国际法制化中的公平原则要求每一代人都公平地享有对资源予以保存和加以选择的权利,对于当代人来说,其当然负有为后代保存好资源的义务。其次,每一代人都公平地享有健康生活的权利,每一代人都肩负着保证地球质量的责任与义务。地球上的每一个人都是地球权益的托管人,而代际关系则是指这些人不仅是受托人,也是受益人,② 因此不只是享有平等的环境、权益,也需要承担应有的义务,当代人必须留给后代人生存和发展的必要环境资源与自然资源。例如,在瑙鲁的《国际海底矿物法》(*International Seabed Mineral Law*)中就载有关于海底矿物回收付款应以所开采物质金属含量最新市场价值的百分比为基础的规定,需要指出的是,它还建立了一个海底矿物基金,而该基金的任务就是要管理"区域"内采矿所获得的收入,目的是造福瑙鲁今世后代。③

是以,海洋命运共同体国际法制化的公平价值目的就是要实现当代人自身经济利益最大化的"代内"公平的同时,更关乎我们后

---

① 参见杨勤业,张军涛,李春晖. 可持续发展代际公平的初步研究[J]. 地理研究, 2000, 19(2): 6.

② 参见芦斌. 论国际环境法中的可持续发展原则[J]. 法制与经济, 2017, (10): 179-180.

③ 参见 Nauru International Seabed Minerals Law, Part 7 Fiscal Arrangements。

代的利益问题。① 当代人作为后代人资源的"托管者"，根据"区
域"内资源开采所涉及的主体类型，政府对于"区域"内资源开采的
行政许可责任是第一位的，其次是保证各行为主体的合规开采责任
行为。为此，由不同代际间的权利结构而产生的权利代言人机制应
由法制化的强制力来保证，这样既能保证"区域"内资源开采相关
制度的"约束力"，又能保护其"生命力"与"公信力"②。这就是要
求在"区域"内开采资源的行政许可合法、"区域"内资源开采的行
为合法。我们既然站在了要实现"区域"内资源为全人类共同继承
财产原则，并通过其落实为人类的幸福生活追求这一根本利益的角
度去发展"区域"内资源的开采事业，我们就应该做到将人民的幸
福继续下去，公平原则尤其是其中的代际公平理论正是站在了这样
一种纵横的视角，诠释了全人类共同继承财产的根本宗旨与要义，
升华了当代全球命运共同体的共享精神，这对于当下"区域"内资
源开采起到了从社会伦理与公权力责任双重视角的理论支持和实践
规制作用。

二、可持续发展原则

《海洋法公约》规定了各国的权利和义务，并为寻求海洋和沿
海环境及其资源的保护与可持续发展提供了国际基础。《海洋法公
约》第 2 条中对"持久使用"予以了解释，即对资源的利用不能导致
其长期衰落，并能保证后代的需求。③ 其中"长期""今世后代"以
及"潜力"等用语说明"持久使用"是对"可持续发展"作出的解释。
正如尼科·斯赫雷弗（Nico Schrijver）所言，"摧毁人类福祉所依赖
的任何来源都将会是一种犯罪……地球是人类的永久居所，每代人

---

① 参见魏欣欣. 代际公平与领导力的可持续发展[J]. 领导科学，2009，
(5)：14-15.
② 参见刘玉红，刘新荣. 解决资源代际公平问题的制度博弈及路径选
择[J]. 求索，2014，(11)：105-109.
③ 参见《联合国海洋法公约》第 2 条。

仅享有使用的权利，自然法则禁止实施对后代不利的任何浪费行为"。①

习近平主席也曾经在有关构建海洋命运共同体的重要讲话中不断强调"可持续发展"的重要性，他认为，"大家一起发展才是真发展，可持续发展才是好发展"。② 可持续发展成为海洋命运共同体理念的核心要义之一，也是实现海洋综合管理的重要原则，可持续发展原则作为在海洋综合管理中实现海洋命运共同体的重要结合点，对在全球海洋治理中构建海洋命运共同体具有重要意义。③

可持续发展的独特之处在于环境与经济发展二者之间的矛盾并非不可调和，只要处理得当，就能够在良好环境的基础上实现经济社会的持续发展。④ 2004 年的《关于水资源法的柏林规则》(*Berlin Rules on Water Law*)中，国际法协会就对"可持续利用"作了如下定义：可持续利用是指资源的综合管理，确保有效和公平地利用现有资源，造福于当前和未来的几代人，同时保护可再生资源和尽可能最大限度地维护不可再生资源。⑤

海洋命运共同体国际法制化中可持续发展的内涵特别体现在沿海国对海洋空间和海洋资源的权利与义务以及环境保护和保全方面。例如，海洋命运共同体理念假定能够在开发海洋资源和保护海洋生物多样性之间取得平衡，强调环境问题不能与社会和经济问题相抵触。相反，它们必须是平衡的和共同执行的。海洋命运共同体视域下的可持续性就是在实现增长的同时可以做到保护自然环境，

---

① ［荷兰］尼科·斯赫雷弗．可持续发展在国际法中的演进：起源、涵义及地位［M］．汪习根，黄海滨，译．北京：社会科学文献出版社，2010.12.

② 习近平．论坚持推动构建人类命运共同体［M］．北京：中央文献出版社，2018.255.

③ 参见孙传香．"海洋命运共同体"视域下的海洋综合管理：既有实践与规则创制［J］．晋阳学刊，2021，（2）：104-114.

④ 参见薄晓波．可持续发展的法律定位再思考——法律原则识别标准探析［J］．甘肃政法学院学报，2014，（3）：19.

⑤ 参见张坤民．可持续发展伦理［M］．北京：中国环境科学出版社，1997.485.参见 2004 年《关于水资源法的柏林规则》第 19 条.

实现增长与自然环境保护之间的平衡。海洋命运共同体国际法制化要求实现至少包括经济发展、社会发展和环境保护三维度的可持续发展，实现其长久发展，并要求国家要注重代际责任。①

可持续发展的具体内容，比较典型的是菲利普·桑兹(Philippe Sands)的"四要素"说——代际公平、代内公平、环境与发展一体化和可持续利用。代际公平与代内公平在前文中已述；环境和发展一体化，是指保护环境应当和经济以及其他方面的发展联系起来，在制定经济和其他发展计划的同时保证环境不被破坏，同时还需要充分考虑其他发展的需求。总而言之，环境和其他方面的发展应当两手抓，形成相互团结、协调和统一的发展方式，不能够完全否定其他发展，也不能以牺牲其他发展来保护环境。②

通过对可持续发展原则的内里核心要义和基本宗旨与目的分析，可以延伸出以下原则：可持续管理原则、效益平衡发展原则、科学技术重视原则。事实上，可持续发展的逐步出现意味着一种新的法律途径，实现发展与环境问题的统筹。强有力的法律支持才是可持续发展原则能够得以落实的重要方式。因此，只有加强立法，并将可持续发展原则的要求通过法律形式来固定和完善，才能够使可持续发展的价值和实践性展现出来。是以，当务之急是要强化"区域"内环境立法，建立起完善的可持续发展法律体系。

海洋命运共同体国际法制化实现中的可持续发展原则为"区域"内开采规章制定中海洋环境保护问题的完善提出了一套新的原则和规则。例如，其要求应该特别注意到沿海国对海洋空间和资源负有的义务中应包括对环境的保护和保存；要在开发海洋资源和保护海洋生物多样性之间取得平衡；保护的海洋空间既在上覆水域，也在海床和底土上等。海洋命运共同体及其国际法制化中的可持续发展原则，作为一个整体涉及从国家管辖范围以外的生物多样性到

① 参见宁红玲，漆彤."一带一路"倡议与可持续发展原则——国际投资法视角[J].武大国际法评论，2016，19(1)：230.
② 参见联合国.国际法院判决书、咨询意见和命令摘要1997-2002[M]，2005.9.

"区域"内的近海开采和深海采矿，海洋资源发展需要和环境问题都将是可持续发展的根源。①

海洋命运共同体国际法制化实现中的可持续发展原则为"区域"内开采规章制定中海洋环境保护问题提供了如下的理论参考与借鉴，"区域"内活动的参与国家有义务确保自然资源的可持续利用；对于"区域"的资源分享要保持公平的原则，对"区域"内的海洋环境保护与保全要实施共同但有区别的责任原则；在"区域"内开采活动中应该对人类健康、自然资源和生态系统采取预防措施的原则；同时对于"区域"内的资源能保持公众参与和有机会获取信息和公正司法的原则；在海底管理局的规范下实现对"区域"内资源与环境的良法善治原则，最后实现"区域"内人权和社会、经济与环境目标的一体化和相互关联的原则。②

三、为全人类利益需求服务

《海洋法公约》在第 140 条第 1 款中规定到，"区域"内活动应当是依照相关法律法规为全人类利益而进行，同时要公平、充分地考虑到各方的利益。③ 联合国大会也在 1967 年一致通过的第 2340（XXII）号决议中承认了人类在"区域"内的共同利益。④ 大会在本决议中宣布：海底和洋底及其底土的勘探和利用……应根据《联合国宪章》的宗旨和原则，维护国际和平与安全，造福全人类。⑤

"区域"内的活动将在国家管辖区域之外进行，与"区域"内矿产资源开采活动有利害关系的潜在利益攸关方将是广泛和多样的。

---

① 参见 Nathalie Ros. Sustainable Development Approaches in the New Law of the Sea[J]. Spanish Yearbook of International Law, 2017,（21）：11-40.

② 参见宁红玲，漆彤."一带一路"倡议与可持续发展原则——国际投资法视角[J]. 武大国际法评论，2016，19(1)：230.

③ 参见《联合国海洋法公约》第 140 条第 1 款。

④ 参见 G. A. Res. 2340（XXII）（Dec. 18, 1967）。

⑤ 参见 Shen Hao. International Deep Seabed Mining and China's Legislative Commitment to Marine Environmental Protection［J］. Journal of East Asia and International Law, 2017, 10(2)：493.

在海洋命运共同体理念下的为全人类海洋利益服务的宗旨将要涵盖所有潜在利益相关者，包括所有潜在利益。①

世界全球化所引起的利益关系的变化，不仅仅是关系到特定的国家、民族或特定人群的前途，而是关系到世界上每一个人的具体利益，关系到全人类的共同未来。人并非以单个人的形式存在，而是处在一定的社会关系中。这就导致社会关系中人的利益的层次性。其中，站在最顶层的，就是全人类利益。这是作为人类生存和发展的根本利益。全人类利益是从全人类的角度来看待人的普遍性价值。同时，这种全人类利益具有历史阶段性，不仅在特定历史条件下有其深刻的含义，在当下，主要表现为当代人类利益与子孙后代利益的关系。针对于究竟什么是"共同利益"，马克思和恩格斯曾指出这种共同的利益不是仅仅作为一种"普遍的东西"存在于观念之中，而且首先是作为彼此分工的个人之间的相互依存关系存在于现实之中。② 这也就是说，人类共同的利益反映了一种"普遍的东西"，即人类作为整体的利益。这就是人类命运的共同性。它是人们相互之间的依存关系。全人类共同利益根源于人类命运的共同性。在地球上共同生存，共享有限的资源，也共同面临各种各样的挑战。因此，全人类只有共同努力才有可能对付挑战和摆脱人类面临的危机。在海洋命运共同体理念中，为全人类利益需求服务符合各国人民的根本利益需求。③ 海洋命运共同体是个人在海洋社会关系中的总和，其构建源于人类海洋命运与海洋利益的共同性，是人类社会关系在海洋上的"普遍存在"，各国人民携起手来，在海洋命运共同体理念的指引下共同面对海洋治理的难题，构建海洋命运

① 参见 ISA. Developing a Regulatory Framework for Mineral Exploitation in the Area, Stakeholder Engagement [EB/OL]. https：//www.isa.org.jm/mining-code/ongoing-development-regulations-exploitation-mineral-resources-area, 2014-04-23/2021-12-25.

② 参见卡尔·马克思，弗里德里希·恩格斯. 德意志意识形态[M]. 1932. 32.

③ 参见余谋昌. 关于"全人类利益"的讨论[J]. 哲学研究，1993，（1）：57.

共同体将是人类共同的海洋未来目标。

四、专为和平目的利用

《海洋法公约》第141条明确规定了专为和平目的利用"区域"，其规定"区域"及其内资源公平地开放给所有国家利用，不论其是沿海国或内陆国，但是任何国家对"区域"及其内资源的利用应当是专为和平目的利用。① 公约中没有明确表述和平目的的确切含义，其适用范围是很有限的，但是我们可以通过一些公约或规定来探究什么是非和平目的，例如《禁止在海床洋底及其底土安置核武器和其他大规模毁灭性武器条约》(*Treaty Banning the Placement of Nuclear Weapons and other Weapons of Mass Destruction on the Seabed and the Ocean Floor and in its Subsoil*，以下称《海底武器控制条约》)第1条规定，本条约各缔约国承诺不在12海里领海的海域区外部界限以外的海床洋底及其底土设置或安置任何核武器。② 该条约没有完整地定义和平目的的含义，它只适用于很狭窄的范围内的行为，而对如何和平利用"区域"内资源起到了非常有限的作用，又如《关于各国在月球和其他天体上活动的协定》(*Agreement Governing the Activities of States on the Moon and Other Celestial Bodies*)的第3条中就较为详细地解释了和平利用的问题，如使用武力或以武力相威胁、从事任何其他敌对或以敌对相威胁的行为均在禁止之列。③ 目前来看，和平利用目的尚不明确，只能借助其他条(公)约的相关条款来帮助理解。然而，从实际状况来看，由于"区域"内复杂的情况，以及较高的科学技术要求，现有的民用科学技术可能还无法满足对"区域"内资源进行开采的要求，通常需要借助军用科技才能实现对"区域"内资源的开采。这样一来就难免会使得军事行为与非军事行为的界限变得模糊，产生虽专为"和平目的"利用但却

---

① 参见《联合国海洋法公约》第141条。

② 参见1972年《禁止在海床洋底及其底土安置核武器和其他大规模毁灭性武器条约》第1条。

③ 参见《关于各国在月球和其他天体上活动的协定》第3条。

被指责为进行军事行为，或者以专为和平目的利用之名行军事行为之实的现象，最后侵害全人类的利益。因此，在对其定性的时候要综合其行为目的与最终所取得的成果来进行判断。如果其行为目的和最终成果主要为了发展或服务军事行动，则应当认定为非和平为目的的利用。反之，则可以认定为和平目的的利用"区域"。① 这种问题需要在未来开采规章的制定中以及海洋命运共同体国际法制化的指引下予以规定。海洋命运共同体国际法制化的实现中要求对"区域"内资源的利用应该专用于和平目的，明确"和平利用"的真正含义，并将其落到实处，在资源开采中全程贯彻执行，禁止任何非和平的资源利用行为发生。

专为和平目的利用海洋资源可以指导新型国际海洋关系的形成与强化，并推进国际海洋新秩序的建立和发展，其深化发展需要在海洋命运共同体理念指引下的新型海洋治理理念与治理方式方能完成。专为和平目的利用"区域"内资源，有利于推进国际海洋新秩序的建构和发展，关注全人类在"区域"内的共同利益，并在海洋命运共同体理念及其国际法制化的指引下将其纳入国际法基本原则体系之中，以法律的形式确认人类共同利益事项，对保障人类社会生存和发展将具有重要的作用，同时对"区域"内资源的和平利用起到基本指引功能。②

五、共同体价值

共同体理念积厚流光，其发展则更是历久弥新。共同体理念中所蕴含的共同体价值对全人类的生存发展以及维护全人类的共同利益有着举足轻重的作用。海洋命运共同体中所蕴含的共同体价值则将会为"区域"内资源的开采活动提供至关重要和明确的价值指引，使其所获得的资源能够真正服务于全人类，满足人类的生存发展需

---

① 参见吕瑞. 深海海底区域资源开发法律问题研究[D]. 西南政法大学，2011. 4.

② 参见周振春. 论全人类共同利益原则及其国际作用[J]. 集美大学学报：哲学社会科学版，2010，（1）：7.

求，构建起"区域"内资源共享的利益共同体。

当代国际法越来越关注人类的整体利益，把国际社会作为一个整体予以治理，注意共同体价值的实现。随着人类命运共同体理念逐渐被国际社会的广泛接受，国际法在构建全人类共同体价值中逐渐发挥越来越重要的作用。海洋命运共同体理念作为人类命运共同体理念的重要组成部分，关注全人类海洋利益与命运共同体的实现，实现全人类海洋利益的共赢，其国际法制化的实现更是以共同体价值及其背后所体现的共同体法理为基础，并最终实现海洋共同体价值的国际法制保障。"区域"内矿产资源作为全人类共同继承的财产，其开采活动的最终目的是实现全人类对"区域"内矿产资源的共享，构建"区域"内矿产资源的共同体，实现其资源价值。因此，海洋命运共同体理念及其国际法制化中的共同体价值与法理基础为实现"区域"内资源开采，推动"区域"内矿产资源利益共同体的构建，及相关制度国际法制化的实现提供了良好的借鉴与指引。

所谓"共同体"，具体而言可以拆分出两个要素加以探析。其一即是"共同"，"共同"的含义就是指"一起的"，其核心价值则在于"大家的"，而不单是某个人或几个人的，至少是一群人，或者说是全人类的。这与海洋命运共同体理念所追求的目标精神高度一致，构建海洋命运共同体就是要追求大家的海洋利益，也就是要顾及全人类的海洋利益，而不单是某个人、某个国家的利益，也不单是某群人的海洋利益。而"共同体"的另一个要素"体"则意味着共同利益的集合有着一个载体做支撑，这也是共同利益的一种表现形式，这个"体"是一种实实在在的东西，并且其也是能够让人类真真切切地感受到这个共同集合体的存在，而不是虚无缥缈的"臆想"，每一个体作为其中的一员，都可以从中受益。海洋命运共同体就是要构建一个真正的由实体做支撑的人类海洋利益的共同集合，并让其中的每一个人、每个国家都可以切实地感受到海洋命运共同体所为其带来的切实利益。

共同体的形成可以充分调动人类的主观能动性，一起来构建共同的利益集合。在海洋命运共同体的视域下，所要构建的是一个以海洋为基础，以利益为核心，以共同为特征的"实体"或"集合"。其不仅是包含了海洋利益分享的共同体，同时也包含了责任的共同体、义务的共同体；又包含了保护海洋环境的共同体、完善海洋法治的共同体、遵守共同法律规则的共同体等等。海洋命运共同体既是这些共同体的上位概念，又是这些共同体的集合，同时要求大家，或者说是全人类在因为海洋利益而结成的这个集合体中共同承担相应的责任与义务，如对海洋生物资源的养护，对海洋生态环境的保护，在"区域"内资源开采活动中积极履行担保国义务、承担造成损害的赔偿责任，以及对所取得权益的公平分享、合理分配等。其最终就是要在共同体价值的指引下，实现在海洋领域的利益目标。

共同体价值着重体现在凝聚力量、发挥合力、实现共赢上。充分发挥共同体价值的作用既可以调动起全人类的共同力量，凝心聚力，来一起解决海洋治理中遇到的困难，同舟共济，共同应对"区域"内资源开采活动中面临的风险，从而实现合作的共赢；同时又可以在共同获益的基础上，在共同体价值的指引之下，考虑到各种具体的现实情况，兼顾到各方的利益需求，做好对共同收益的公平合理分配，使得共同体中的每一个人都有平等的权利获得同等的对待，实现对海洋利益、"区域"内矿产资源的统筹协调，从而真正实现其"区域"内资源作为人类共同继承财产而为全人类利益服务的宗旨。

第三节　海洋命运共同体视域下"区域"内开采规章的立法趋势

当前"区域"内开采规章(草案)已经发布，并历经几次修改，"区域"内开采规章随着社会的变迁不断在完善相关的法规与制度，使得开采规章更符合实际，符合现实需求。然而，目前的"区域"内开采规章也仍然存在一定的问题，"区域"内立法应该着重协调好海底管理局、担保国、承包者三者之间的关系，实现三者的权利义务平衡。

海底管理局是代表全人类利益对"区域"内资源进行管理和保护的官方组织，它享有广泛的职权以实现其在"区域"内托管全人类共同利益的目的；承包者则是"区域"内实现资源开采的直接主体，同时也是直接受益者，由其进行"区域"内的开采活动才能够真正实现"区域"内资源价值，也对由其造成的"区域"内损害，如海洋环境污染、生态破坏等危害承担主要责任；担保国则是为承包者在"区域"内从事资源勘探开采活动提供担保的主体，负有担保承包者遵守相关开采法律法规要求的义务，同时也对未能履行担保职责而承担相应的责任。因此，制定"区域"内开采规章，处理好管理局、担保国和承包者三者之间的关系是重中之重，也是"区域"内开采规章制定的主要目的。在开采规章中对以上问题的完善不仅可以加快"区域"内资源商业化开采的实现，还可以范例的模式来推动海洋命运共同体的国际法制化建设。

针对于承包者而言，由于取得海底管理局核准的勘探和开采申请是其从事"区域"内资源开采的基本前提，因此，国家在颁发勘探和开采许可证之前，应该要求其已经与海底管理局签订了勘探和开采合同、取得了相应的专属勘探权和开采权，才能依据国内标准和程序办理相关许可；同时在颁发相关许可，或者进行资格审查的时候，应该严审其相关资质、资金实力，以及开采计划等内容，如环境的评估、环境报告等，确保其能够在"区域"内资源的开采过程中保证资金供给充足、能够保护海洋环境，在海洋环境遭到污染或破坏时，有能力承担相应的赔偿与修复责任；针对于担保国而言，应该完善担保国的责任机制，确保其能够严格履行担保责任，在海洋命运共同体理念下，构建"区域"内担保国责任共同体，充分发挥担保国的作用，制定并执行环境监测方案和报告，加强国家之间的交流与合作，确保"区域"内资源服务全人类；针对于海底管理局，应该在海洋命运共同体理念的指引下，重新审视自身的定位与职能，秉持海洋命运共同体的为全人类利益服务、为全人类利益护航的理念，重新制定相关的规章制度，充分发挥海底管理局的作用，整合完善其职能，如针对于"区域"内海洋环境保护，要求承包者制定并实施环境监测方案，方案的制定和实施应由承包者与担保国和海底管理局三方合作进行，承包者每年应向海底管理局提交环境监测报告，担保国负责监督承包者环境方案的实施与实际效果，并要求其每年按照海底管理局的有关要求提交年度环境监测报告，海底管理局则负责审议环境监测方案和报告，[①] 对有异议的地方可以组织相关的专家和人员进行调查与论证，同时也可以要求相应的承包者予以解释说明，对发现有破坏"区域"内海洋环境或人类利益的行为或危险的，应当予以及时制止并处理。

一、"区域"内开采规章立法趋势

未来"区域"内开采规章中的有关规定应该在海洋命运共同体理念的指引下充分体现其价值追求与目标，推动海洋命运共同体在"区域"内开采规章制定中的国际法制化实现，并对海底管理局的职能予以进一步地完善，使其能更好地为实现全人类利益而服务。

(一)立法规定

海洋命运共同体国际法制化视域下的"区域"内开采规章制定应该做到综合体现海洋命运共同体理念与人类共同继承财产原则、公平原则、为全人类利益服务以及和平利用"区域"内资源的目的与现实要求。

国际社会要在海洋命运共同体理念及其国际法制化的指引下，全面审查开采规章(草案)中的每一条款，保证其与《海洋法公约》及其《执行协定》的对应条款相协调一致。海洋命运共同体理念的立论基础是全人类共同的海洋利益，国际法制化的目的是实现全人类海洋利益的法制保障与共同分享，因此建议在未来开采规章制定中单独增加一章规定"惠益分享机制"，依据《海洋法公约》第140条规定的原则，制定无歧视的公平合理的收益分配机制，以体现人类共同继承财产原则，并且"区域"内活动的缴费、收益和分享相关规定应统筹一揽子讨论、制定，不应只单独制定某一部分规定；

---

① 参见张丹. 国际海底区域勘探开发与中国的大洋立法[J]. 法制与社会，2014，(24)：75.

海洋命运共同体理念是要建立权利义务的共同体，实现海洋资源的利用价值，未来"区域"内开采规章要进一步加强承包者权益保障条款的制定，以鼓励"区域"内资源开发；为此，还应在遵循《海洋法公约》及其《执行协定》中关于企业部规定内容的基础上，在未来的开采规章制定中独立一部分对企业部单独或联合从事"区域"内资源开采的具体内容及其权利、义务和运作进行详细规定。

首先，要坚持可持续发展，以"区域"内资源造福全人类。"区域"内开采规章的制定要为未来"区域"内资源的勘探和开采提供充分的使用权保障。"区域"内矿产资源是非再生资源，对于"区域"内资源的使用应该坚持可持续发展原则，"区域"内的资源属于全人类共同共有，当代人对"区域"内资源的勘探开采不应该影响后代人在"区域"内的权利，更不能侵害后代人在"区域"内的资源。"区域"内资源的开采应该本着造福全人类的宗旨，不能"竭泽而渔"，要做到代际之间的公平。

其次，统筹兼顾，在确保"区域"内海洋环境保护的前提下，以鼓励和促进"区域"内矿产资源的开采为主。"区域"内资源只有实现开发才能揭开其神秘面纱，实现其资源为人类服务的价值。当然，"区域"内海洋环境保护是前提，如果资源的开发是以环境破坏为代价，或者使用环境破坏来换取"区域"内的利益，将是得不偿失。因此，对"区域"内资源的态度应该是在保证生态环境的基础上，鼓励相关实体在有担保的条件下对"区域"内资源进行开发，充分挖掘"区域"内的价值，使其可以造福全人类。在这一问题上，中国在近年来海底管理局的会议上也已经多次明确地阐述了相关立场和原则。例如，在海底管理局第 19 届理事会上，中国就表示，"区域"内开采规章的制定应该注重协调资源开采与环保、可持续发展之间的问题、开采者利益与全人类利益平衡的问题；[1] 在其第第 21 届理事会上，中国又进一步指出，"区域"内开采规章的制定应在兼顾海洋环境保护，综合考虑与陆上资源开采规则相适应的基

---

[1]　参见中国大洋协会办公室. 国际海域信息［R］，2013.37-42.

础上鼓励开发。① 未来开采规章的制定应该注重在保护"区域"内生态环境与充分挖掘"区域"内资源价值之间寻求平衡。

再次，遵守既有规则，兼顾与其他相关法律法规的协调。"区域"内开采规章的制定，不论是从法律层级、还是现实状况上来讲，都应该在既有国际海洋法规则的基础上，进行相关的制定、修改与完善。例如，应当遵守包括《海洋法公约》在内的国际法，不得违背《海洋法公约》的基本原则与制度，在其基础上进行修订与完善，制定符合"区域"内实际状况的法律制度体系。此外，"区域"内资源并不仅是单一的矿产资源，不但丰富而且复杂多样。因此，在制定"区域"内矿产资源的开采规章的同时，也应该关注"区域"内其他资源的保护，注意与其他资源相关法规的协调，例如，应当充分考虑到正在制定中的"国家管辖外海洋生物多样性养护和可持续利用法律文书"的进展情况，并且要尽量做到与之相衔接。②

最后，秉持海洋命运共同体理念，兼顾国际社会整体利益。海洋命运共同体理念在"区域"内开采规章制定中的国际法制化要体现全人类整体利益的概念与观点，要做到充分考虑国际社会整体利益，以及大多数国家特别是发展中国家的利益，做到发展中国家与发达国家间在"区域"内权利义务上的平衡。在这个过程中要坚持两个基本原则，即"循序渐进、稳步推进原则和与人类认知水平相适应原则"③，确保开发者的权益，协调各方之间的利益，最后可以争取人类共同继承财产利益的实现。

（二）实践步骤

"区域"内开采规章的制定不仅要在立法中实现海洋命运共同体的国际法制化规定，还要在实践中践行海洋命运共同体理念，完

---

①　参见中国大洋协会办公室．国际海域信息[R]，2015.31.

②　参见姚莹．"海洋命运共同体"的国际法意涵：理念创新与制度构建[J]．当代法学，2019，33(5)：138-147.

③　姚莹．"海洋命运共同体"的国际法意涵：理念创新与制度构建[J]．当代法学，2019，33(5)：138-147.

善"区域"内资源开采活动规则的建设，加强对"区域"内资源开采活动的监督与管理。

海底管理局正在考虑是否可能有另外两项文书，即"环境条例"和"海底采矿理事会条例"，以补充《关于在该地区开采矿物资源的条例和标准合同条款》。前者的目的包括，如制定战略环境管理计划和区域管理计划等一些方面，这些计划将授权海底管理局采取措施，考虑"区域"内资源开采活动所造成的更广泛的影响，其中应包括在认为必要时创建具有特定环境利益的领域的选择。[1] 后者将具体处理海底管理局作为监管机构和检查机构的日常运作。[2]

此外，海底管理局还应考虑到与"区域"内资源开采活动有关的现有努力和成果。海洋管理局要积极促成各国之间的合作与交流，并获得相关国家的积极配合，以期对"区域"内资源实现开采。国家之间的合作项目将对"区域"内开采规章的出台起到重要的推动作用。例如，欧盟于 2013 年开始的一个名为 MIDAS'8 的事实调查项目，它努力收集关于"区域"内资源开采活动的尽可能多的信息，以期拟订最佳做法的建议。[3] 除 MIDAS'8 外，欧盟还与太平洋共同体秘书处（The Pacific Community Secretariat）合作开展 SPC-EU 深部矿物项目。该项目于 2011 年启动，旨在协助太平洋岛屿国家在其海洋区域内建立深海矿物资源的治理和管理。2012 年 8 月，"深海矿产勘探和开采区域立法和监管框架"发布，目的是为太平

---

[1]　参见 Co-Chairs Report of Griffith Law School and the International Seabed Authority Workshop on Environmental Assessment and Management for Exploitation of Minerals in the Area, Australia［EB/OL］. https：//www. isa. org. jm/files/documents/EN/Pubs/2016/GLS-ISA-Rep. pdf，2016-05-23/2022-01-02.

[2]　参见 Till Markus, Pradeep Singh. Promoting Consistency in the Deep Seabed：Addressing Regulatory Dimensions in Designing the International Seabed Authority's Exploitation Code［J］. Review of European, Comparative & International Environmental Law, 2016, 25（3）：359.

[3]　参见 M. W. Lodge, et al. Seabed Mining：International Seabed Authority Environmental Management Plan for the Clarion-Clipperton Zone, A Partnership Approach［J］. Marine Policy, 2014,（49）：66-70.

洋岛屿国家提供援助，以制定改善资源管理的国家框架。斐济、库克群岛、图瓦卢和汤加的国内立法已经受益于这一倡议，太平洋其他国家的类似努力目前正在进行中。①

　　另外，"区域"内资源开采及其制度的透明度制度将对"区域"内开采规章的制定有重要的指导作用。"区域"内开采规章的制定与资源开采的进行需要同其他合法利益进行协调，特别是在渔业、铺设海底电缆以及在国家管辖范围以外的地区使用和保护海洋生物多样性等方面。加之，"区域"内资源是人类共同遗产的一部分，因此，所有国家都有权要求从各自的采矿活动中获得利益。为了实现这些愿望，国际社会需要在采矿制度内贯彻落实公开透明原则与责任制，这就需要发展一种可以促进公开透明的工作机制。当前，迫切需要增加透明度的一个关键领域是海底管理局的内部决策过程。②《海洋法公约》第 165 条第 2 款（b）项授权法技委审议在"区域"内活动的申请，并向安理会提出建议。然而，法技委的会议通常是秘密举行的，讨论的所有问题也都是秘密进行的。③ 理事会是根据法技委的建议采取行动的，并不知道任何特殊情况。④ 正因如此，目前还没有办法进行决策的制衡以确保实现重大事故的问责制。最后，由于"区域"内资源应根据人类的共同遗产公平分配，所以在开采规章制定中关于授予勘探和开采合同方面的责任制内容是必不可少的。《海洋法公约》第 152 条第 1 款已经对这一点作出了预设，其指出海底管理局"在行使其权力和职能时应避免歧视，

---

　　① 参见 Hannah Lily, Pacific-ACP States Regional Legislative and Regulatory Framework for Deep Sea Minerals Exploration and Exploitation[EB/OL]. https://dsm. gsd. spc. int/index. php/publications-and-reports，2012-07/2021-09-24.

　　② 参见 S. Christiansen, et al. Towards Transparent Governance of Deep Seabed Mining[J]. Institute for Advanced Sustainability Studies，2016. 33-36.

　　③ 参见 Deep Sea Conservation Coalition, Briefing to the 21st Session of the International Seabed Authority [EB/OL]. http://www. savethehighseas. org/publicdocs/DSCC-Briefing-21st-Session-International-Seabed-Authority-July-2015. pdf，2015-07-16/2021-09-08.

　　④ 参见《联合国海洋法公约》第 162 条第 2 款。

包括为'区域'内的活动提供机会"。①

二、国际海底管理局的职能完善

近年来，海底管理局工作的重要性与影响正在不断增长。海底管理局是根据《海洋法公约》第十一部分成立的一个独立国际组织。它的专属管辖权延伸到国家管辖范围以外的海底和底土，称为"区域"，其职能是管理、组织、控制并在原则上可以进行"区域"内矿产资源的开采。"区域"及其内矿产资源是人类共同继承的财产，由海底管理局代表人类作为一个整体进行管理。如今，"区域"内资源活动正由勘探过渡到矿物开采阶段。为此目的，海底管理局正在为商业规模的"区域"内矿产资源开采活动制定第一个国际条例。自 2013 年以来，海底管理局取得了重大进展，主要包括涉众调查、发布咨询文件、讨论文件，以及与开采规章的特定领域相关的针对性研讨会。在 2015 年 3 月和 2016 年 7 月，海底管理局向其成员方和所有利益相关方发布了两份报告，其中包含了"区域"内开采活动的两份法规草案。② 海底管理局自 2017 年以来在新的领导机制带领下，正在进行如对其业务的首次系统审查等改革。这为审查海底管理局的体制设计和效力提供了一个良好的机会，以确保它能够履行《海洋法公约》所赋予的广泛职能。未来五年将是海底管理局有效履行其任务的关键，包括发展利益分享机制和平衡采矿与保护海洋环境。

海底管理局对"区域"内矿产资源的管理可以被描述为"非嵌入式"模式。海底管理局是一个独立的行政机构，因为与国家采矿当局不同，它很少通过正式程序与其他国际机构和行政机构相互作

---

① 《联合国海洋法公约》第 152 条第 1 款。

② 参见 ISA, Developing a Regulatory Framework For Mineral Exploration in The Area (2015)[EB/OL]. http：//www. isa. org. jm/files/documents/EN/Survey/Report-2015. pdf；Developing a Regulatory Framework For Mineral Exploration in The Area (2016)[EB/OL]. (2016-07-16)[2021-10-08]. https：//www. isa. org. jm/files/documents/EN/Regs/DraftExplDraft-ExplRegSCT. pdf, 2015-07-16/2021-10-08.

用。海底管理局的主要任务是管理"区域"内矿产资源的开采，同时必须保障海洋生态环境和人类生命安全不得受到"区域"内资源开采活动的有害影响。虽然它与国际组织和非政府组织通过缔结谅解备忘录和给予观察员地位以及通过举行联合活动进行互动，但这些机构目前在开采规章（草案）第 61 条的颁布或许可程序方面都没有正式参与的权利。①

海底管理局的现有组织架构并不符合全人类共同继承财产原则要求下的公共管理机构代表全人类进行"区域"内资源开采活动的全球性海洋治理要求。此外，海底管理局自身的机构建设仍然停留在对"区域"内资源的科学考察与试采阶段，其组织架构未能适应未来"区域"内资源实现商业性开采的要求。② 因此，在海洋命运共同体及其国际法制化的要求下，完善海底管理局的职能尤为重要，既能使海底管理局充分履行其职能，发挥其重要作用，又能促进"区域"内矿产资源的有序开采，推动海洋命运共同体的国际法制化实现。海底管理局要在海洋命运共同体理念指引下完善、调整其机构、丰富其职能，强化其在各国家之间、"区域"资源开采者与担保国之间、"区域"内资源与全人类利益之间的桥梁作用，以促进上述各方利益的有效协调。此外，随着当今大数据时代的到来，大数据在经济发展与社会信息共享领域发挥着紧要的作用，而由于环境复杂与海洋技术的限制等问题，资源信息共享成为了"区域"内资源开采造福人类的一大障碍。因此，海底管理局要在海洋命运共同体国际法制化建设中完善自身的职能，在"区域"内矿产资源开采活动中的数据管理和数据共享机制方面发挥更好的作用，③ 如成立"区域"内资源信息、数据共享合作部门等来实现"区域"内矿

---

① 参见 F Isabel. Sharing the Riches of the Sea：The Redistributive and Fiscal Dimension of Deep Seabed Exploitation[J]. European Journal of International Law，2019，（2）：2.

② 参见吕瑞. 深海海底区域资源开发法律问题研究[D]. 西南政法大学，2011.4.

③ 参见 Aline Jaeckel. Developments at the International Seabed Authority [J]. International Journal of Marine and Coastal Law，2016，31(4)：706.

产资源开采活动中资源的分享，推动"区域"内资源开采技术的进步与开采规则的进一步完善。

本 章 小 结

海洋命运共同体国际法制化需要通过多层级、多领域与深广度的构建。海洋广袤无垠，一个海洋命运共同体理念足以将之全面涵盖，但是海洋命运共同体的国际法制化实现涉及海洋制度的各方各面，因而不能"以一当十""以偏概全"，需要循序渐进，逐步推进。

在宏观路径上，要充分发挥联合国法律机制的作用，在联合国和有关国际海洋法的框架内，通过友好协商解决国际海洋争端，实现海洋的和平发展；努力推动多边合作机制的形成，加强国家之间在海洋领域的团结协作与配合，增强各国在海洋权益上的彼此联系，建立起相互尊重的海洋伙伴关系，形成区域海洋命运共同体制度，待时机成熟与经验丰富的时候再完成海洋命运共同体国际法制化的构建。

在微观上，要完成对《海洋法公约》中现有制度的完善，不仅可以提高《海洋法公约》的可适用性，还可以提高《海洋法公约》解决海洋问题，规范海洋实践的成效；反之，亦可以促进海洋命运共同体国际法制化的实现，构建更为完善的国际海洋规则体系。海洋命运共同体国际法制化的构建中所秉承的公平价值理念、可持续发展原则、海洋资源和平利用的目的和为全人类服务的宗旨不仅是其得以构建的国际法理论基础，还可以为"区域"内的资源开采活动提供指引，从而推动"区域"内开采规章的完善，在国际法框架下实现"区域"资源为全人类利益服务的目的。

未来，在海洋命运共同体理念及其国际法制化的指引下，"区域"内开采规章应该综合体现海洋命运共同体理念与人类共同继承财产原则的宗旨，坚持共同原则，为全人类利益服务的精神；坚持可持续发展，加强对"区域"内海洋资源的保护；平衡全人类与国家、各国家之间的权利义务关系，寻求发展中国家与发达国家的惠益平衡；统筹兼顾，遵守既有规则，并做到与其他相关海洋法律法规的协调，完善"区域"内开采规章的相关规定，实现以"区域"内资源造福全人类。同时，还要在海洋命运共同体国际法制化的要求下完善海底管理局的职能，使海底管理局的作用得到最大的发挥，加强其对"区域"内开采活动的监督与管理，使其为"区域"内开采规章的制定发挥引领作用，为海洋命运共同体国际法制化的实现提供助益。

海洋命运共同体国际法制化及其在"区域"内开采规章中的实现任重道远，道阻且长；要通过全人类、国际社会、国际组织与各国的协调配合，积极行动与不断推进，才能确保其最终完成，而其实现也将对全人类的海洋利益提供坚实的法制保障。

第四章 "区域"内开采规章制定中海洋命运共同体国际法制化的实现路径

　　相较于全球其他公共区域，"区域"内拥有自己独立的法律制度体系，《海洋法公约》以专章的形式为"区域"内矿产资源开采制定了一项以人类共同继承财产原则为基础，以平行开发制为特征的国际海底区域制度，并在 1994 年 7 月 28 日以《执行协定》的形式对《海洋法公约》第 11 部分进行了修改。《海洋法公约》规定"区域"内资源为全人类共同继承财产，由统一构建的海底管理局代表人类管理"区域"内的资源，并行使相关权利。海底管理局为了充分履行其职能，已经制定了"三规章"，详细规定了探矿者的权利与义务，申请合同形式和内容，并引入了环境保护的义务等。但目前随着各国对"区域"内资源的勘探不断深入，海底管理局面临着为大规模的"区域"内采矿的到来制定开采规章的重要挑战。新的"区域"内开采规章将会是实现商业化采矿的前提，同时也是一个实现惠益分享、"区域"内争端解决、海洋环境保护等诸多要素结合在一起的"区域"内开采活动的综合性法典。① 但目前"区域"内开采活动的相关制度尚不健全，可操作性尚需进一步提高。自 2016 年以来，海底管理局一连颁布了三部开采规章（草案），但通过分析这些草案不难发现，其中关于"区域"内矿产资源开采的关键性问题，诸如开采者的优先权，海洋环境的保护与保全，担保国义务履行，各行为主体的责任与赔付责任都尚未得到明确的规定与具体的落实，

---

　　① 参见吕瑞. 深海海底区域资源开发法律问题研究［D］. 西南政法大学，2011.8.

而这些问题对于"区域"内资源实现商业化开采至关重要。目前，开采规章的制定面临重重困境，如各国家间的权利义务矛盾难以调和。海洋命运共同体作为全人类在海洋权益实现过程中的重要倡议，为海洋治理及其治理过程中所面临的困境提供了一种新的解决方案，更是为"区域"内开采规章制定以及"区域"内矿产资源的开采提供了一种重要的路径。而海洋命运共同体理念在未来"区域"内开采规章中的国际法制化不仅能够解决开采规章制定中现有的一些问题，如为优先权实现、海洋环境保护与保全、担保国责任以及责任与赔付责任等问题作出相应的立法规范，并且能够形成海洋命运共同体国际法制化的优越性典范，可以进而推动海洋命运共同体国际法制化，最终实现海洋命运共同体的构建。

第一节 "区域"内开采规章制定中的优先权问题

海底管理局已经发布的"区域"内开采规章（草案）中对相关主体，如担保国、承包商、开发者等的权利义务作出了较为明确的规定，在规定了相关主体义务的同时也赋予了其主要的权利，但是至今却并没有对承包者的"优先开采权"作出规定与安排，承包者的"优先开采权"不仅关系着承包者自身权益的实现，也对"区域"内矿产资源价值的早日实现有着重要的先行指引作用，亦是海洋命运共同体及其国际法制化实现的必然要求。因此，在未来"区域"内开采规章的制定中应该对"区域"内承包者的"优先开采权"作出相应的规定与制度安排。

一、"区域"内开采优先权的立法现状与评析

"区域"内开采规章虽然应该规定采矿承包者的某些义务，但它也应该为其提供享有权利的法律保障。《海洋法公约》第153条第6款以及附件3中就规定了海底矿物的勘探和开采应规定使用权的保障内容。[1]

---

[1] 参见《联合国海洋法公约》第153条第6款、附件3。

《海洋法公约》附件 3 第 16 条规定，海底管理局应"授予经营人就某一类资源探索和开发工作计划所涵盖的区域的专有权，并应确保没有任何其他实体在同一区域内，以可能干扰经营人业务的方式，为不同类别的资源开展业务"。[①] 海底管理局应依据《海洋法公约》以及其制定的规则、规章等内容，给予承包者在其依法取得的"矿区"内就其取得的特定资源种类进行勘探和开发的专属权利，并应确保在同一"矿区"内没有任何其他实体就同一类资源享有专属勘探权或对其他资源进行作业，造成对该承包者开采业务的干扰。承包者应当按照《海洋法公约》第 153 条第 6 款的规定，在合同的有效期内可以获得持续有效的保证。以及在开采后，承包者应依照《海洋法公约》附件 3 第 1 条的规定取得对该矿物的财产性权利。[②]

美国和一些西方工业化国家在第三次海洋法会议期间，坚持要对其私人财团进行的海洋投资提供"先驱保护"，并且其中一些国家根据自己的国内立法已经开始了"区域"内的勘探工作。美国于 1979 年提出了一项关于优先权问题的提案，但又于 1981 年初撤回了该提案，当时该国在新政府下开始审查整个 1980 年公约草案，即已经谈判的所有问题，并要求会议在 1982 年初之前不要敲定文本，因为直到彼时，审议工作才能完成。在美国审议草案期间，发展中国家宣布不就先驱投资者问题进行谈判。[③] 然而，从官方声明中可以明显看出，美国在这个问题上的立场已经从"审查"转变为"修订"。世界上最大的工业联盟对这一修订决定表示欢迎，称其为"维护自身利益的重大胜利"。[④] 在第十一届会议的第一周(1982 年 3 月 8 日至 4 月 30 日)，美国和其他几个西方国家再次提出了"保护先驱"的问题，并在整个会议期间进行

---

①　《联合国海洋法公约》附件 3 第 16 条。

②　参见 F Isabel. Sharing the Riches of the Sea: The Redistributive and Fiscal Dimension of Deep Seabed Exploitation[J]. European Journal of International Law, 2019, (2): 615-616.

③　参见联合国新闻稿[N]. SEA/445, 1981-04-16.

④　Africa Magazine (London)[J], 1981, (16): 48.

了审议。在会议对最初的提案进行了一些修改，并且77国集团同意将"先驱投资者"的权利授予四个西方财团（其中大部分包括美国公司）之后，即使美国没有签署该公约，会议也制订了一项计划，并最终在第II号决议中列出。该计划保护四个西方私人财团的投资，但苏联对此表示反对，其认为会议并没有资格给予私营公司先驱投资者的地位。然而，也有一些国家同意联合国法律顾问埃里克·苏（Eric Su）的意见，认为这样的行动是合法的，符合联合国的惯例，① 这些合同实际上保证在《海洋法公约》生效后相关主体将获得"区域"内开采合同，但条件是这些合同要得到《海洋法公约》缔约国的担保。在谈判期间，这一计划得到了进一步扩大，包括来自四个国家的国营或私营企业，即法国、日本、印度和苏联，并留有发展中国家未来投资的空间。第II号决议不是《海洋法公约》的一部分，其目的是在《海洋法公约》生效之前就可以生效。如此一来，《海洋法公约》必须根据这一计划加以调整，因为它所提供的许多保障将延伸到第一代"区域"内矿产资源的开采活动。许多发展中国家表示关切的是，这一计划被视为对西方财团要求的重大让步，可能会推迟甚至推翻《海洋法公约》所设想的"区域"内资源开采的"平行制度"。苏联和其他中央计划经济国家对该计划表示不满——这也是它们在表决中投弃权票的原因，尽管它们可以接受所有其他会议文件。② 该计划的特殊性在于根据第II号决议所进行的主体范围的扩大，即有资格获得先驱地位并将可以获得一块采矿区的人数仅限于八个指定的国家或实体，加上来自发展中国家的未指定人数。但是，在公约前期间，先驱投资者将只限于在其各自地区勘探多金属结核。因此，在《海洋法公约》生效之前，商业性开采是被排除在外的。但是，《海洋法公约》保证，一旦海底管理局准许从"区域"进行商业生产，先驱投资者将优先于除企业部以外的其他人。为此，公约也规定要求海底管理局核准先驱投资者的开采工作计划。在《海洋

---

① 参见 UN Cbronicle[R]. 1982. 10.

② 参见 UN Cbronicle[R]. 1982. 10-11.

法公约》生效后，先驱投资者将有至多 6 个月的时间申请批准。一项特别规定要求海底管理局及其机关"承认和履行决议 II 所产生的权利和义务"。筹备委员会具有执行现在生效的决议 II 的职能，它被授权接受"先驱投资者"登记的申请。在被认定为先驱投资者可能赞助国的十一个国家中，有六个国家：美国、英国、日本、西德、意大利和比利时，这些资本主义生产方式的"核心中坚力量"，并没有签署公约。他们不签署协议的主要原因是，总的来说，"区域"的国际制度，特别是"区域"资源的开采制度，引入了"太多"集体主义的管制因素，与契约式的"自由企业"秩序不相容。正如美国以其极端形式所捍卫的那样，这一命令将给予私人垄断集团最大的自由，以建立对"区域"内矿产资源的控制和私人占有，即用无主地取代该地区目前的"公社"地位。

二、优先权问题的法理分析

"优先权"作为"区域"内资源开采者的一项重要权利，无论是从其设置的必要性来讲，还是从权利义务关系理论上来分析都具有坚实的根基。从法理上来说，为"区域"内资源开采活动中的承包者或开采者设立"优先权"已然具备了深厚的法理基础。首先，"权利"作为人类为实现其利益、达成其目的而由法律所赋予的一种坚实力量，其一般是指公民依法应当享有的权力与利益，或者是依法形成的法律关系主体在法律规定的特定范围内，为满足其特定的利益或实现特定的目标而自主享有的权能和利益，即可以认为这是权利享有者自身拥有的维护利益之权。"权利"的具体表现形式为权利享有者有权作出一定的行为和要求他人作出相应的行为。在"区域"内矿产资源的开采活动中，承包者或开采者依照相关的法律规定和签订的资源开采合同，与担保国、海底管理局等多方主体构建起了一定的法律关系，成为特定的法律关系主体，并在相应的法律规定与合同约定的范围内，有权实现其利益诉求。因而，"优先开采权"的赋予可以令承包者或开采者在"区域"内其所取得的特定采矿区中有权采取一定的行动，并要求相关各方予以积极配合，从而可以使其最终取得一定的利益与回报。这也符合权利义务关系理论中的基本要义与价值目标。其次，优先权制度能够加强对全人类海洋利益的保护以及对弱势群体利益的维护。特别是在"区域"内矿产资源开采能力与条件对比悬殊，"区域"内资源亟待实现开发，同时又需要投入大量的财力与科技的情况下，"区域"内矿产资源优先开发权的设立有利于保护国际社会底层的基本利益，平衡资源需求与利益供给。最后，从公共利益和国家利益的角度考虑，优先权制度也有其存在的必要。优先权制度的设立可以使得"先驱投资国"的前期投入快速实现其价值，可以在先驱投入做足充分准备的前提下尽快进入开采，既可以避免造成资源的浪费，又可以实现对"区域"内资源的前期利用。"区域"内矿产资源开采的优先权是为保障"区域"内矿产资源的开采与管理活动正常运转而设立的，资源开采优先权的实现是为了全人类的共同海洋利益，它是全人类实现"区域"内资源共同继承财产宗旨的先决条件，因此自应予以规定。

三、海洋命运共同体理念的立法指引

海洋命运共同体理念及其国际法制化指引下的"区域"内开采规章制定中的"优先权"问题，应当是充分体现了海洋命运共同体保护全人类海洋利益与实现各国家之间权利义务平衡的核心要义。海洋命运共同体中的法益平衡理论与共同体价值理念应该为"区域"内优先权的实现提供理念保障。法益平衡理论着重关注"区域"内资源开采者之间的权利义务平衡，以及资源开采者与受益者之间的权利义务平衡，不能让开采者仅承担沉重的开发义务，而不能够很好地保障其应该获得的权益，即忽视了开采者的可期待利益，否则这会导致降低开采者的开发积极性等不良后果，不利于"区域"内资源价值的发掘与实现。通过对当前"区域"内矿产资源开采的现状分析不难得出这样的结论，在一段时间内，"区域"内矿产资源开采的实现具有可行性的基础上，由于"区域"内矿产资源开采的复杂性与特殊性，需要投入大量的资金与技术支持，而当前只有发达国家或诸如中国等具有一定综合实力的发展中国家可以满足这些条件，具备开采"区域"内矿产资源的可行性，世界上大多数的发展中国家在一段时期内还没有能力独立实现对"区域"内矿产资源的开采。因此,在短时间内,"区域"内资源开采将会以发达国家或具有实力的发展中国家,以及由他们赞助、担保的个人或实体作为"区域"内资源开采的主体。而"区域"内资源作为全人类共同继承财产的根本原则不可能改变,与之相配套的惠益分享机制又要求由"区域"内资源获得的收益应该在各国国家乃至全人类之间公平分享,这就可能造成有一些发达国家或中国等发展中国家开采"区域"内资源,并与全人类共享收益的局面。就目前的现实情况来看,这些获得"区域"内开采矿区的申请者,已经在"区域"内资源的探矿与勘探中付出了巨大的努力,作出了宝贵的贡献,如果其权益得不到更好的保障,可能会挫伤这些开采者的积极性。海洋命运共同体理念要求综合考虑各方之间的利益平衡,实现全人类利益的共赢,不可偏废一方。因此,在海洋命运共同体理念下赋予先驱投资国的"优先开发权",对于平衡开发者与受益者之间的权利义务关系将具有重要的意义。"优先权"既可以给予投资申请者或"区域"内资源开采者一定的权利保障,令其在"区域"内的资源开采权和资源获益权得到提前实现,正如前所述,投资者已经投入大量的人力物力财力及技术,又可以保障其先期投入不致浪费,可以直接投入开采使用,同时还可以使得开采者有效获益,并与全人类共享利益,实现海洋利益的共同体。

此外,海洋命运共同体所蕴含的共同获益原则,允许"区域"内资源全人类获益分阶段、分步骤地实现,并非全人类同时、同步、一起受益,而是允许有条件开采的国家先从事"区域"内的资源开发活动,获得一定的利益,并在逐渐地完善"区域"内资源开采法制与机制的过程中,带动其他国家一起在"区域"内实现资源受益,最终实现全人类在"区域"内的共同利益,构建人类海洋命运共同体。并且,"区域"内资源开采"优先权"的实现,亦可以促成"区域"内矿产资源早日走向开发,并在人类共同继承财产原则与惠益分享机制的保障下,使人类共同获得开采者开采"区域"内矿产资源带来的利益,这样就可以早日使得"区域"内矿产资源造福全人类。

四、优先权问题的立法规定

优先权问题关乎着现有担保国或"区域"内先驱投资国的核心利益，其既是对先驱投资国利益的保障，也是对"区域"内资源开采现实性的先行检验，因此，先驱投资国也面临着比其他开采主体更大的风险。中国对"区域"内资源开采的"优先权"甚为关注，并积极参与相关国际会议，提出相关主张，例如，中国大洋协会积极参与开采规章制定的各个进程，基于中国作为"区域"内先驱投资国的身份和利益，要求在开采规章中对承包方的权利义务应该"考虑与勘探合同的延续性，对勘探合同承包者在合同区的开采优先权应当给予充分的体现和明确的界定"①，从而降低开采者的投资风险。

(一)整体布局

目前，在海底管理局发布的三个"区域"内开采规章(草案)中，均没有提及"优先权"问题，也没有相关法律法规对"区域"内矿产资源开采的优先权做出规定。因此，在未来的"区域"内开采规章制定中，海底管理局应该对"优先权"予以明确规定，并作出相应的制度设计与安排。建议其可以考虑用专门一章的形式规定申请开采者的优先权问题，对承包者如何享有"优先开采权"，如何实现"优先开采权"作出规定，或者在第三部分承包者的权利和义务中，增加一节，专门规定承包者享有的"优先开采权"，并作出详尽的规定，以明示"优先开采权"的重要性。"区域"内开采规章制定中"优先开采权"的制度设计一定要体现海洋命运共同体的理念与法益平衡的价值，践行共商共建共享的原则，综合对"优先权"问题作出规定。其应主要包括"优先开采权"享有的主体与认定，"优先开采权"的实现方式，"优先开采权"中权利义务关系的统一。此

---

① China Ocean Mineral Resources R&D Association, The Responses to the Discussion Paper on the Development and Implementation of a Payment Mechanism in the Area, 2015.

外，在制定"区域"内矿产资源开采中的"优先权"时，除考虑到申请者在已经获得的采矿区内优先开采权的实现，还要注意开采者对保留区享有的优先开采权的问题。更为值得一提的是，在海洋命运共同体理念的指引下，发展中国家是否享有对保留地区的优先使用权以实现对发展中国家与发达国家在权益上的平衡，也值得做进一步研究。

(二)具体条款规定

在未来"区域"内开采规章的制定中，应该在承包者所享有的权利中增加一项，明确赋予先驱投资者的"优先开采权"，并且阐述"优先开采权"的设立宗旨、行使方式等，以及对保留区开采的"优先权"等。

例如，以 2019 年版的《开采规章(草案)》为例，在其第 3 部分承包者的权利和义务中共 9 节内容的基础之上，增加一节作为第 2 节，规定承包者的优先开采权，明确先驱投资国在符合一定条件的基础上可以行使优先开采权，或者将增加的这一节单独作为"承包者享有的权利"来进行规定，以囊括承包者享有的各项权利，抑或是在该部分第 1 节的第 18 条开发合同规定的权利中增加承包者所享有的"优先开采权"。① 主要有以下原因：首先，该部分的内容为"承包者的权利与义务"，但是从其下共有的 9 节内容来看，不仅没有明确涉及"承包者权利"的表述，从具体内容分析也没有详细规定承包者享有哪些权利，这未免与立法初衷与目的不相符；其次，前已述及，优先开采权不论是对于承包者还是对于全人类而言都有着无可替代的重要作用，因此，应该在"区域"内开采规章中予以明确体现；最后，从既有的 2019 年版的开采规章(草案)来看，第 3 部分第 2 节的内容是"生产相关事项"，里面已经提到了"开始生产"的内容，因而从逻辑上而言，在开始生产之前就应该明确承包者享有的权利，承包者才能更好地进行生产，权利应在生

---

① 参见 2019 年《国际海底区域内开采规章(草案)》第三部分第 1 节第 18 条。

产前明确，在生产中享有，所以"优先权"的内容应该规定在第2节之前。另外，鉴于权利的设置将涉及多重权利义务的平衡，一些国家可能不同意对"优先权"的赋予，或认为当前还不宜在"区域"内开采规章中予以明确固定。因此，为了更快地实现对"区域"内资源的开采，相关国家或"优先权"利益关涉方可以在海底管理局的指导下秉承海洋命运共同体理念与全人类共同继承财产原则对"优先权"问题进行协商、谈判，以协议的形式先行对其予以落实，以便可以使"区域"内资源尽快发挥其价值。

第二节 "区域"内开采规章制定中的担保国责任问题

担保国是"区域"内能够实现对资源有效开采的重要桥梁，而与之对应的担保国责任制度则是"区域"内资源开采与权利义务实现的重要杠杆。担保国责任制度一方面不仅可以鼓励更多的申请者积极申请、从事"区域"内资源开采活动，并为其申请提供获得批准的必要条件，同时还可以使担保国积极监督承包者认真履行其所负有的义务，保证其可以及时承担相关责任；另一方面又可以通过使担保国对自身义务履行的加强，为全人类在"区域"内的共同利益保驾护航，维护全人类"区域"内资源的安全，以及共享利益的实现。然而，就现有的"区域"内开采规章中的担保国责任规定来讲，其担保内容与责任制度尚不完善，未能充分发挥担保国责任制度应有的作用，而海洋命运共同体理念的诞生及其国际法制化的实现不仅可以检视现有担保国制度的不足之处，还可以为其完善提供立法建议，从而使担保国责任予以落实，真正发挥其价值。

一、"区域"内开采担保国责任的立法现状与评析

依照《海洋法公约》的既有规定来看，"区域"内资源的开采主体并不仅是局限于国家，自然人和法人也是从事"区域"内矿产资源开采活动的适格主体。然而，自然人与法人却不是《海洋法公

约》的缔约主体，因此为防止自然人与法人进行"区域"内资源开采活动时产生责任承担的空白，《海洋法公约》在制定的时候规定了担保国责任制度，自然人与法人从事"区域"内资源开采活动必须以获得国家的担保为前提；但同时为鼓励自然人与法人从事资源开采活动，对其担保国的选取范围又非仅限于其国籍国。① 依据《海洋法公约》以及"区域"内现有开采规章的规定，可以对担保国责任作出以下分析：（a）担保国负有采取一切必要和适当的措施以确保承包者严格遵守所有要求与法规的责任。（b）"一切必要和适当的措施"，是指在法律制度框架内，制定法律、法规和采取合理适当的行政措施，确保管辖范围内的人员遵守。（c）缔约国应承担以下责任：①缔约国未履行其作为担保国的责任；②由承包商造成的损害；③国家不履行担保责任与损害之间存在因果关系。但是，如果缔约国已根据第 153 条第 4 款和附件 3 第 4 条第 4 款采取一切必要和适当措施确保有效遵守有关规则，则缔约国对其担保的承包者不遵守有关规则所造成的损害不负赔偿责任。②

担保国在监督担保实体的活动时负有一般的尽职调查义务和具体的国际法律义务。第一，担保国有义务确保"区域"内的活动，无论这些活动是由缔约国、或国有企业、或拥有缔约国国籍或由缔约国或其国民有效控制的自然人或法人进行的，应按照《海洋法公约》的规定和有关合同进行，但是，这并没有建立一种对担保实体未能履行其义务的所有行为负绝对责任的制度。根据《海洋法公约》附件 3 第 4 条第 4 款，担保国对其担保的订约人不履行其义务所造成的损害不承担责任，如果该缔约国通过的法律法规和采取的行政措施如下：在其法律制度框架内，合理地确保其管辖下的人员遵守。国际海洋法法庭海底争端分庭认为，担保国的责任要求它们

---

① 参见罗国强，冉研."区域"内活动的担保国法律保障机制研究［J］.江苏大学学报(社会科学版)，2021，23(3)：26.

② 参见 Shen Hao. International Deep Seabed Mining and China's Legislative Commitment to Marine Environmental Protection［J］. Journal of East Asia and International Law，2017，10(2)：495.

"部署足够的手段，并尽最大的努力"确保承包商遵守其义务。国际法中所称的这种尽职尽责的义务包括通过适当的规则，并通过行政管制和监测有关活动，在执行这些规则时保持一定程度的警惕。但在"区域"内，这一概念仍然是可变的，它的要求将受到现有科学知识和某一具体活动所带来的风险程度的影响。

其次，担保国负有最低限度的直接义务，但这些义务与承包者的行为无关，而是担保国责任的基础。根据国际海洋法法庭海底争端分庭在《咨询意见》中的答复，担保国的基础义务主要包括担保国应当协助海底管理局对在"区域"内进行的活动予以管理；对相关活动采取预防措施，并且能够在海底管理局发出有关紧急命令时可以提供保障；采用最佳环保做法，对相关活动进行环境影响评估，并对由承包者行为造成的环境损害进行追索赔偿等。各国在如何履行这些义务方面有很大程度的自由裁量权。然而，《海洋法公约》第 209 条第 2 款规定，关于"由国家授权的船舶、装置、结构和其他装置在'区域'内进行的活动对海洋环境造成的污染"的国家条例应为不低于《海洋法公约》第 11 条所规定的国际规则、条例和程序的效力。《海洋法公约》第 208 条第 3 款采用了更广泛的表述，规定沿海国为防止、减少和控制受其管辖的海底活动造成的污染而采取的法律、法规和措施"不低于国际规则的效力，标准和推荐的做法和程序"，其操作目的是对沿海国的国际规则、标准和建议的做法和程序具有约束力。① 目前尚不清楚这一措辞是否足够宽泛，足以包括诸如承包者应在海底管理局指导下对在"区域"内所从事的活动进行环境影响评价等其他不具约束力的文书。根据国际石油公司的勘探合同标准条款，"区域"内采矿者必须在合理可行的范围内遵守这些建议。

2010 年 3 月 1 日，瑙鲁请国际海洋法法庭秘书长就担保"区域"内采矿的国家的责任范围向国际海洋法法庭海底争端分庭征求

---

① 参见 Alberto Pecoraro. Law of the Sea and Investment Protection in Deep Seabed Mining[J]. Melbourne Journal of International Law, 2019, 20(2): 537-538.

咨询意见。① 它特别强调,它对瑙鲁海洋资源公司的担保最初是基于瑙鲁能够有效地(在高度确定的情况下)减少担保可能带来的损失或成本的假设。这一点很重要,因为在一些特殊情况下,包括这样一些债务或成本在内的责任可能会远远超出瑙鲁,甚至是其他许多发展中国家的财政经济能力。瑙鲁认为,如果担保国面临潜在的重大责任,发展中国家实际上将被排除在参与"区域"内勘探和开采之外,尽管它们的参与是《海洋法公约》的一个基本原则。②

国际海洋法法庭海底争端分庭在 2011 年发布了一份关于"区域"内采矿责任的咨询意见。这些意见旨在填补以前法律框架留下的空白。在这份《咨询意见》中发展中国家与发达国家作为担保国时被规定了相同的义务与责任,其中也包括确保承包者在开采活动中应遵守相关法律法规的规定以及符合合同条款的约定的尽职调查义务。与此同时,《咨询意见》认识到发展中国家在履行其义务方面可能会遇到的困难,并建议为它们提供必要的援助作为补救办法。

首先,国际海洋法法庭海底争端分庭明确了《海洋法公约》第 139 条和附件 3 第 4 条规定的两类义务。承包商必须谨慎行事,缔约国必须协助海底管理局并采取独立于担保采矿经营者的预防措施。分庭进一步讨论了"谨慎行事"的定义,澄清缔约国可通过采取"一切必要和适当措施以确保受赞助的承包商有效遵守其义务"来避免承担责任。《海洋法公约》第 139 条第 2 款没有直接提到海底管理局,但列入了"共同行动的国际组织应承担连带责任和若干责任"的概念。现有的一些法律法规搭建起了担保国的责任框架,但是仍不够完善,制定中的开采规章(草案)也仍期望就承包者更

① 参见 Nauru, Proposal to Seek An Advisory Opinion from the Seabed Disputes Chamber of the International TriBunal for the Law of the Sea on Matters Regarding Sponsoring State Responsibility and Liability[EB/OL]. UNDoc. ISBA/16/C/6, 2010-03-05/2022-10-07.

② 参见 David Freestone. Responsibilities and Obligations of States Sponsoring Persons and Entities with Respect to Activities in the Area[J]. The American Journal of International Law, 2011, 105(4): 755-760.

详细的义务制定进一步的规则。未来在制定"区域"内开采规章的时候，应该进一步对"区域"内担保国的担保义务进一步划分，同时体现海洋命运共同体的理念，将担保国所应该承担的责任分成要求结果的确保义务和注重行为的确保义务，以便将担保国的责任进一步落到实处。规章采用行为性与结果性义务的分类可以对担保国的义务进行区分，并能够有效地对其所采取的措施或履行的义务进行分类，以便对其行为进行快速准确的定性、评估与判断，检验其是否真正履行了担保国的义务。

二、担保国责任的法理分析

一个国家对整个国际社会的义务就其本身而言是所有国家都关心的问题。鉴于所涉权利的重要性，我们可以认为所有国家在保护这些权利方面都具有法律利益，它们是普遍的义务。因而，针对于作为"区域"内从事资源开采活动承包商的担保国而言，积极履行担保国义务不仅关涉其自身的权益也影响着全人类利益的实现。

(一)权利义务关系

权利与义务两者关系是既对立又统一。一方面，权利与义务这两者是有差别的。权利是可以进行某种行为，而义务则是必须要承担的责任。也就是说如果被赋予了某项权利，则相关主体可以从事一定的行为，可以放弃从事相关行为。但如果要求其履行一项义务，则相关主体必须要按照规定承担相应的责任。另一方面，两者又是密不可分的。义务的履行是为了更好地享受权利。在国际层面亦是如此，国家作为国际事务中的主体，应该首先肩负起其应该承担的责任，履行本国的义务，才能够更好地享有权利。权利的享有是要以积极履行国际义务作为前提，这即是享受权利的前提条件；反之，如果有关国家已经积极履行了自身义务，则可以享受到被赋予的权利。在"区域"内资源开采中的担保国责任更是如此，可以说担保国积极履行其担保责任，不仅可以免除损害赔偿责任，还是其达到享受权利、获得收益这一目的的重要手段。"区域"内资源开采中的担保国一方面可以成为资源开采的承包商，也即意味着其是"区域"内资源开采的直接受益者;另一方面可以为其他承包者提供担保,虽不直接参与"区域"内矿产资源的开采活动,但是在全人类共同继承财产原则和惠益分享机制的支配下,也意味着其会成为"区域"内资源开采的最终受益者。因此,担保国要想更好地享有权利,就要在前期"区域"内矿产资源的开采中更好地履行义务,承担责任。权利与义务二者的辩证关系则要求担保国只有在充分履行义务的前提下才能更好地获益。此外,在"区域"内矿产资源开采的活动中,担保国积极履行其义务是实现享有权利、获取利益的手段与途径,而实现权利、获取利益则又是其履行义务的目的和基础。海洋命运共同体理念与全人类共同继承财产原则要求"区域"内矿产资源开采的各行为主体履行义务就是为了保障全人类享受权利。这是因为海洋命运共同体理念与全人类共同继承财产原则代表着人民的根本海洋利益和意志,"区域"内资源开采活动与开采规章的制定就是要保护全人类在"区域"内资源的共享与价值的实现。①

(二)确保遵守义务

在《海洋法公约》中对承包者应当履行的义务范围作出了明确的规定。如在其应当遵守的法律法规方面,包含《海洋法公约》及其《执行协定》,海底管理局制定的相关规则与规章等。在其应当履行的义务内容方面,主要包含了活动目的应当是专为和平利用,其开采活动应适当顾及"区域"内的其他活动与合法权益以及沿海国利益,加强对海洋环境与人命安全的保护等。但是从实践情况中来看,担保国是否会对以上这些义务予以积极履行,或者是主动承担责任,以及担保国所履行义务的成效则主要取决于担保国自身的积极主动性。因此,《海洋法公约》在制定的过程中为更好地调动担保国的积极性,促使其能够积极履行担保义务,规定了担保国在满足一定的条件下,可以被免除履行相关的责任与义务。依照《海

---

① 参见康玉琛. 公民基本权利和义务关系的理论和实践[J]. 华侨大学学报:哲学社会科学版,1989,(1):12.

洋法公约》第139条第2款的规定，如果担保国能够采取有关措施来保障承包者遵守包括《海洋法公约》以及海底管理局制定的规章在内的相关法律的规定以及符合所订立的合同的要求，或担保国已经按照公约要求制定了有关法律法规的，则可以免除担保国应当承担的有关担保责任。通过对这些规定做进一步分析可知，担保国所要采取的应当是"一切必要和适当的"（all necessary and appropriate measures）的措施。① 正如在《咨询意见》中指出的：担保国要履行的这一项义务从本质上来讲是一种"尽责义务"（due diligence），担保国为履行其担保义务，或使其担保作用得以最大的发挥，其应当付出最大的努力来保证被担保方能够切实遵守法律法规和合同约定；而至于被担保者履行该义务的程度，则可能视具体情况而定，关键是在于能够使其可以做到"合理适当"地履行在资源开采活动中应该注意的义务。②

因此，基于以上观点，大多数人认为可以把担保国的这种义务定性为是一种"行为义务"，并不要求必然达到某种结果，但是在未来的发展中这不意味着担保国的"确保义务"就仅限于"行为义务"。当前，由于海底管理局对"区域"内资源开采活动的相关规则缺乏详细化与具体化，权利义务关系尚未明确，导致有关规定不清，但是海底管理局亦当然有权在肯定上述义务的基础上进一步提出更加具体、更加详细的要求，并且这些要求亦在"确保义务"的范畴之内。③ 此外，海底管理在未来规章的制定中可以对担保国目前负有的"确保义务"实现进一步的突破。

---

① 参见《联合国海洋法公约》第139条第2款。
② 参见李文杰. 也谈国际海底区域担保国的法律义务与责任——以国际海洋法法庭第17号"咨询意见案"为基点[J]. 河北法学，2019，37（1）：117.
③ 参见李文杰. 也谈国际海底区域担保国的法律义务与责任——以国际海洋法法庭第17号"咨询意见案"为基点[J]. 河北法学，2019，37（1）：125.

(三)直接义务

国际海洋法法庭海底争端分庭在其所答复的《咨询意见》中提到了"直接义务"的规定,并根据《海洋法公约》和有关文书列出的担保国现有的责任义务对担保国应当负有的"直接义务"作出了明确的规定,主要就是应当直接协助、参与海底管理局对"区域"内资源开采活动的管理与控制;积极采取预防措施,并能够在遇到紧急情况时,根据海底管理作出的指示及时提供相应的保障,以降低危害;采用最佳环保做法,积极进行环境影响评价;在"区域"内资源与环境受到污染损害的时候可以及时地进行追索与赔偿等。①

可以看出,在《咨询意见》中的"直接义务"(d)项"采取措施确保在海底管理局发出保护海洋环境紧急命令时提供保证的义务",但在《海洋法公约》中却并没有这样的规定。然而,这一规定虽是提供"协助义务",却具有很明显的具体性与实效性。因此,虽然说担保国负有的是一项"协助的义务",但该项"协助"却是在符合《海洋法公约》原则性规定基础上,应海底管理局的要求下,由担保国自主进行的一种自愿性质的协助。如此来看,也许国际海洋法法庭海底争端分庭所提出的这项义务虽然可能有超越《海洋法公约》原则之嫌,但通过探究《海洋法公约》的有关规定不难得知,在《海洋法公约》第153条第1款中赋予了海底管理局有规则与规章的制定权,并赋予了其所制定规则与规章的法律效力,而在第153条第4款中又规定了缔约国负有协助管理局确保这些规定得到遵守的义务,同时结合前文的分析我们也可以发现,在"确保义务"这一内容中也提到了担保国负有确保承包者遵守公约规定以及海底管理局制定的规则规章的义务,这就充分说明了"这些规定"中就当

---

① 参见 ITLOS Seabed Disputes Chamber, Case No. 17, Responsibilities and Obligations of States Sponsoring Persons and Entities with Respect to Activities in the Area, Advisory Opinion, para. 122, [EB/OL]. https://www.itlos.org/fileadmin/itios/documents/cases/case_no_17/advop_010211.pdf, 2011-02-01/2021-10-05.

然包括由海底管理局制定的规则、规章等内容，也当然包括由海底管理局依照公约进一步细化的义务内容。因此，即便未来由海底管理局制定的"区域"内开采规章的直接约束对象是承包者，也不会因此而影响担保国履行其"确保义务"，这也是担保国应当履行的直接义务，带有结果的"确保义务"，其协助应该是实质有效的，并且是切实帮助海底管理局起到了一定的效果，而不是只要"合理尽到"即可。

三、海洋命运共同体理念的立法指引

如前所述，义务共同体、责任共同体是海洋命运共同体构建的应有之义。海洋命运共同体的建成，其最终目的是实现人类海洋利益的共享，实现命运相连、利益集体化的效果，但是海洋命运共同体的构建也不单只是要实现利益上的共赢共享，利益的分享是要靠各方的共同努力才能达成，而不是"坐享其成"。是以，海洋命运共同体理念为担保国责任立法的贡献在于完善担保国的责任，唤醒担保国在"区域"内矿产资源开采中的责任意识，在维护全人类海洋利益和平安全利用的信念下，对"区域"内矿产资源开采活动承担起自己的职责，积极履行担保国义务，并确保开采者能够实际做到对法律法规的执行与合同的遵守，同时还要保证其对"区域"内矿产资源的维护。

在海洋命运共同体理念下完善"区域"内资源开采的担保国责任立法，首先要明确担保国在"区域"内资源开采活动中的地位、作用及其所要承担的职责，如下文将要提到的其是负有直接的义务，还是仅监督确保开采者履行义务即可；其次要明晰担保国的归责原则，确保担保国责任义务的履行，为促进"区域"内资源开发的实现，担保国应该承担更多的责任，如对资金的支持，人员的协调，科技的支撑等。海洋命运共同体理念为全人类海洋利益服务的宗旨要求，担保国应该对开采者在"区域"内对全人类共同继承财产进行开发的活动做好监督，从事前、事中、事后做好监管，同时要加强与开采者之间的配合，协作保证"区域"内资源的有效开发。此外，海洋命运共同体理念讲求共同体内各方利益的平衡，对担保国的责任宜加强但不宜过重，以免造成权利义务的不平衡，挫伤担保国的积极性，影响"区域"内矿产资源的开采。

四、担保国责任的立法规定

在未来"区域"内开采规章制定的过程中，海底管理局应该对担保国的责任实现突破，在海洋命运共同体理念及其国际法制化实现的指引下，对《海洋法公约》中规定的担保国责任予以细化，从整体制度完善与具体条款制定上完成对"区域"内矿产资源开采活动中的担保国责任作出规定，使得其既能够吸引更多的投资者参与到"区域"内矿产资源的开采活动中来，同时又可以充分发挥其在资源开采中的担保、监管、协助等作用，保障"区域"内矿产资源开采的安全性与有效性。

(一)整体布局

《海洋法公约》中第139条明文规定了担保国的责任，这也是"区域"内开采规章制定适用担保国责任条款的国际法依据，但是《海洋法公约》中规定的担保国责任不够明确，这也正需要在未来"区域"内开采规章制定中对其予以细化。然而，现有"区域"内开采规章(草案)中规定，在不损害第6条和第21条，以及不损害《海洋法公约》第139条第2款、第153条第4款和《海洋法公约》附件3第4条第4款为承包者规定的义务的普遍性的条件下，为承包者担保的国家应该尤其采取一切必要和适当的措施，以确保其担保的承包者能够依据《海洋法公约》及其《执行协定》、海底管理局制定的规则、规章等内容以及合同内容行事。[1] 这一规定可以说仅是对《海洋法公约》相关规定的重申，并没有做到进一步的细化。海洋命运共同体理念要求在维护全人类海洋利益的事务上，相关责任主体应该积极作为，担保国应该成为维护"区域"内全人类共同继承财产的先驱责任者；同时考虑到各国的综合实力不同，对发展

---

[1] 参见2019年《国际海底区域内开采规章(草案)》第十一部分第3节第105条。

中国家与发达国家之间的担保国责任作出适当的平衡，也是海洋命运共同体统筹兼顾的必然要求。因此，建议在未来"区域"内开采规章制定中，应该在海洋命运共同体理念的指引下，对担保国责任的形式予以细化，在第十一部分检查、遵守和强制执行中增加一节，或在第105条下增加几款，规定担保国在"区域"内资源开采活动中应该发挥的作用，其法律地位以及应该承担的责任，其责任的履行方式与效果等规则内容。针对于担保国的责任模式选择，建议采用无过错责任原则，"区域"内资源开发活动有着不确定性与危险性，一旦失败，难以凭借一国之力予以补偿，即便是成功也可能面临着对"区域"内海洋环境的污染，往往也需要更多的财力物力和技术来进行恢复。如果对担保国责任准入标准过高的话，将导致"区域"内损害的扩大，相应损失得不到有效补偿，最终损害的还是全人类的共同利益。采用无过错责任原则这一规定，符合海洋命运共同体的基本理念。例如，时任国际法委员会委员梅列什卡努（Mereshkanu）先生就认为，这种国家无过失责任的基础就是团结互助原则。该原则要求超越个人或特殊利益，为邻里着想，人人都应意识到自己是社会的一部分，是社会的债务人。这正是"人类共同利益关切"和"共同命运体"的要求与追求，以及对担保国赋予的"区域"内资源开采的时代使命。需要指出的一点是，与前述结合，担保国责任亦不宜过重，否则将适得其反，担保国若无足够实力，要求其承担责任也会导致其自身的损失，因此，可以考虑采用设立基金来保障担保国实现无过错责任，从而降低其因承担责任造成自身损失的风险。

（二）具体条款规定

依《海洋法公约》规定，法人和自然人在"区域"内的矿产资源开采活动必须获得公约缔约国的担保，而担保国仅对由自身过错造成的"区域"内活动损害承担责任，这样的责任承担方式会存在一定的漏洞，无法实现责任的全覆盖。在近年来的国际法发展中，国家在某些特殊危险性损害上承担无过失责任已经成为习惯法规则，国家对重大环境损害实际承担无过失责任有成为习惯法的趋势。在未来,"区域"内开采规章的制定中可尝试探索突破《海洋法公约》第139条第2款的担保国责任,使国家承担无过失责任。但实践表明,即便承包者在进行开采活动前采取了足够的预防措施,也仍然会有重大损害发生的可能。① 因此,如果担保国履行了"尽职"义务,承包者却仍然进行不法行为并导致损害实际发生,而承包者又没有能力承担损害责任的情形发生时,怎么办? 加害者无法确定时,损害责任由谁承担? 更甚者,如果担保国履行了担保义务,承包者也没有实施不法行为,却仍然发生了实际损害,又该怎么办?担保国虽未履行"尽职"担保义务,但又无法证明其与造成的损害之间存在因果关系,又该如何? 如果以上责任问题无法解决,那么损害结果只能转嫁给无辜的受害者承担,对于"区域"内来讲,最终仍将是全人类共同承担所带来的环境损害结果。虽然"污染者付费"这一原则已经得到国内立法的肯定,并且目前也已经成为国际商业活动的普遍责任形式,但在实际的操作过程中,除非国家自身是污染者,否则其一般不接受国家责任,也很难让其承担国际责任,但受害者却必须要得到救济,所以当前环境保护的发展要求与现实状况和该原则自身的缺陷导致很难将"污染者付费"原则在"区域"内开采活动中实现,而这又直接关乎"区域"内的海洋环境保护。中国在该问题上的立场,目前与上述《咨询意见》基本保持了一致,认为担保国仅对其自身违反《海洋法公约》规定义务的行为承担相应的赔偿责任。② 然而,通过实践与研究可以推测,未来采矿活动中将会遇到的事故损害会比现在勘探阶段严重得多,③ 如果承包者不能承担责任或者不能完全承担责任,而海底管理局又得不

① 参见 Yearbook of the International Law Commission, 2003, (Ⅰ): 110, para. 53。

② 参见中国就"区域"内活动担保国责任与义务问题向国际海洋法法庭海底争端分庭提交的书面意见[M]. 中国国际法年刊 2010, 世界知识出版社, 2011. 543.

③ 参见 International Seabed Authority. Protection of the Seabed Environment [EB/OL]. https: //www. isa. org. jm/files/documents/EN/Brochures/ENG4. pdf, 2015-11-09/2021-09-03.

到实际财政保证时,"区域"内的损害责任将得不到落实。因此,在未来制定"区域"内开采规章的担保国责任时,有望对当前的担保国无责实现突破。

首先,在担保国责任中增加一款(第105条),规定担保国责任与承包者之间的义务,以寻求担保国"尽职"义务在担保国责任与承包者义务二者之间的平衡,要求担保国不仅制定适当的规则、采取适当的措施来约束开采实体,还要对这些规则和措施的实施状况实行行政控制,如加强对承包者活动的监控。①

其次,对担保国责任采用国家无过错责任原则。《中华人民共和国民法典》在第1166条中规定,在法律有明确规定的情况下,有造成他人民事权益损害的,无论行为人是否存在过错,都应当承担相应的侵权责任。② 本条规定的是侵权责任的又一条重要原则,即"无过错责任原则"。在法律有明确规定的情形中,只要行为人造成了对他人的民事权益损害,则不论其是否存在主观上的过错,都应当承担侵权责任。无过错责任原则,不考虑行为人的过错,一旦有损害结果发生,行为人就应承担责任,并不存在免责的事由。但是,该类侵权责任的承担,必须有法律的明确规定,否则不能适用该原则。"区域"内采矿因是在深海底作业,使其具有更大的危险性,并可能会造成更为严重的环境污染损害。在这种情况下,担保国所要承担的就是无过错责任,担保国在承担这种责任时不需要其从事了某种具体的加害行为,也不需要担保国在履行"尽职"中有无主观过错,甚至也不需要所造成的损害与担保国的行为之间存在有因果关系,仅以损害发生和污染者不能担责为构成要件,即可以实现担保国的无过错担保责任。③ 实际上,从这个角度来讲,担保国的无过错责任原则适用"危险责

① 参见 Pulp Mills on the River Uruguay (Argentina v. Uruguay). Judgment of 20 April 2010[R]. ICJ Reports,2010,79-80, para. 197.

② 参见《中华人民共和国民法典》第1166条。

③ 参见魏妩媚. 国际海底区域担保责任的可能发展及其对中国的启示[J]. 当代法学,2018,32(2):35-42.

任"的表述将会更恰当，只要担保国的"尽职"义务未能履行，或不当履行，或者是未能采取有效措施防止损害的发生，对"区域"内的全人类利益造成了具有损害的危险，那担保国就应该承担责任。总之，在第 105 条下补充一款，这一要求也符合海洋命运共同体的共同担责的核心要求。

事实上，针对国家责任采用无过错责任原则，已有先例。从国际条约来讲，主要是在外空领域，如 1972 年《关于外层空间物体造成损害的国际责任公约》(Convention on International Liability for Damage Caused by Space Objects)第 2 条对发射国承担绝对赔偿责任的规定就直接采用了"绝对"责任的表述，当由发射国发射的空间物体对地球表面，或对正在飞行中的飞机造成损害时，发射国应当承担绝对的赔偿责任。[1] 虽然当年起草外空责任条约时，国家作为发射活动的直接行为人承担损害责任，但现在民间发射公司兴起，这些条约仍未得到修改，发生事故时，发射国承担的将是无过失责任。

此外，在核活动领域，采用了补充责任的规定。如 1963 年《关于核损害民事责任的维也纳公约》(Vienna Convention on Civil Liability for Nuclear Damage)，1997 年《国际乏燃料管理安全和放射性废物管理安全联合公约》(Joint International Convention on the Safety of Spent Fuel Management and the Safety of Radioactive Waste Management)，1997 年《核损害补充赔偿公约》(Convention on Supplementary Compensation for Nuclear Damage)中都规定当运营者对其所造成的损害不能承担责任或者不能完全承担责任时，则应当由核装置国来对其进行赔付，或由装置国所设立的公共基金予以赔付。[2] 从实际中来看，补充责任更像是国家承担的一种社会责任与义务。

实际上，根据 2017 年版的"区域"内开采规章(草案)的讨论稿

---

① 参见 1972 年《关于外层空间物体造成损害的国际责任公约》第 2 条。

② 参见 Gàbor Kecskés. The Concepts of State Responsibility and Liability in Nuclear Law[J]. Acta Juridica Hungaric，2008，(7)：228.

中的表述来看，通篇都是将"担保国"这一术语作为承担担保义务和与海底管理局合作监管的角色来使用，该条的"担保国"作为承担责任赔偿国就不应仅是指国家作为承包者的情况，而是将担保国统一定为责任国，这就可能超越《海洋法公约》第 139 条第 2 款。此外，在 2017 年版的"区域"内开采规章(草案)第 69 条中规定的基金来源组成上虽然没有直接要求担保国缴纳资金，但其(d)款规定，当出现责任无法完全赔付时，如果基金的各项来源均不能保证实现长期耗费的赔偿工作，财政委员会可以依照(d)款规定进行资金筹措。国家也可能因此而实际承担了相应的赔偿责任，这也是对《海洋法公约》第 139 条第 2 款的突破。① 因此，这实际上就已经初显海底管理局加重担保国责任的意图，其实现担保国的无过错责任也将有章可循。②

再次，要实现"区域"内资源开采活动中担保国责任的责任区分，区分发达国家与发展中国家的担保国责任。在推动海洋命运共同体构建的过程中，本着公平与共同体的理念，对于发达国家与发展中国家在惠益分享中会寻求平衡，实际上，在相应的责任履行上也应该有一定的区分。然而，国际海洋法法庭海底争端分庭虽然在《咨询意见》中考虑了《海洋法公约》中规定的"区域"内资源的开采应当充分考虑到发展中国家的特殊利益需求以及与发达国家平等地参与到"区域"内资源开采的规定，也对发展中国家的平等参与采矿权予以了肯定，但是在担保国责任义务的承担上却主张了发展中国家与发达国家作为担保国负有相同的担保义务。其得出这样的结论依据是"在《海洋法公约》第 143、144、152、160、162 条中并未有任何一条明确规定了发展中国家作为担保国在义务和责任上可以

---

① 参见魏妩媚. 国际海底区域担保国责任的可能发展及其对中国的启示[J]. 当代法学，2018, 32(2)：35-42.

② 参见国际法委员会第 68 届会议报告[R]. 第五章《习惯国际法的识别》A/71/10, 2016：91.

存在优惠待遇"①。然而，事实上却是国际海洋法法庭海底争端分庭自己已经提出"关于担保国采取预防措施的问题，发展中国家可参照发达国家的标准适当降低"，这与其主张不仅自相矛盾，还给《海洋法公约》的担保义务适用造成了阻碍，如适用上的混乱，对发展中国家的担保责任规定不明等；另一方面则更是忽视了《海洋法公约》中规定的"区域"内资源应为全人类利益服务，并应充分考虑到发展中国家的特殊需求与利益的要求。②诚然，国际海洋法法庭海底争端分庭采用单一模式对发展中国家与发达国家的担保义务和责任予以规定可以很好地防止一些国家"走捷径"而规避担保责任，但同时因为发展中国家自身由于发展阶段、综合实力、各国国情的不同，与发达国家之前存在的实力差距等等，也会给发展中国家无论是在诸如技术应用、资金、环保等方面，还是应对环境污染、处置突发重大事故的能力等方面都会增加不合理的负担，因而对所有国家的义务"一视同仁"显然是不合理的。③实际上，"咨询意见案"就是瑙鲁等发展中国家担心因为对"区域"内活动的担保责任远远超过其实际可以负担的能力而被提起的。因此，为了履行《海洋法公约》中"特别考虑"的要求，确保担保制度能够有效运行，在海洋命运共同体理念下推动"区域"内开采规章制定，对发展中国家和发达国家的责任有所区分实属必要。④

此外，还应当注意到，虽然瑙鲁的发展中国家地位有助于瑙鲁

---

① ITLOS Seabed Disputes Chamber, Case No. 17, Responsibilities and Obligations of States Sponsoring Persons and Entities with Respect to Activities in the Area, Advisory Opinion, para. 161, 242 [EB/OL]. https://www.itlos.org/fileadmin/itios/documents/cases/case_no_17/advop_010211.pdf, 2011-02-01/2021-10-05.

② 参见《联合国海洋法公约》第 140 条第 1 款。

③ 参见袁娟娟. 论担保国的责任和义务——2011 年国际海洋法法庭"担保国责任与义务"咨询案述评[J]. 社会科学家, 2012, (11): 29.

④ 参见李文杰. 也谈国际海底区域担保国的法律义务与责任——以国际海洋法法庭第 17 号"咨询意见案"为基点[J]. 河北法学, 2019, 37(1): 124.

海洋资源公司获得勘探和开采权利，但它并不影响瑙鲁作为担保国的责任。如前所述，国际海洋法法庭海底争端分庭在其发表的《咨询意见》中不仅澄清了发展中国家和发达国家作为担保国有相同的义务和责任，包括尽职调查义务等内容。与此同时，国际海洋法法庭海底争端分庭认识到发展中国家在履行其义务方面可能会遇到的困难，并提出一种补救措施，即给予发展中国家必要的援助。欧盟向瑙鲁提供了援助，并于 2011 年开始与太平洋共同体成员国合作开展深海矿物项目。该项目的目标是，帮助太平洋岛国根据国际法改善深海矿产资源的治理和管理，特别注意保护海洋环境和为太平洋岛屿国家及其人民争取公平的财政安排。① 关于瑙鲁，欧盟协助起草了《瑙鲁国际海底矿物法案》(*Nauru International Seabed Minerals Act*)，该法案于 2015 年 10 月通过，旨在建立一个法律框架，以便瑙鲁担保和有效控制从事海底矿物活动的承包商。② 因此，通过瑙鲁的担保，瑙鲁海洋资源公司不仅可以进入发展中国家保留的勘探和开采地区，而且还间接受益于欧盟旨在使瑙鲁履行其作为担保国义务的发展援助。③

最后，要践行海洋命运共同体理念，使其在"区域"内开采规章的担保责任制度中实现国际法制化，应当综合考虑发展中国家的现实情况与综合实力，如科技水平、资金状况、人员资源等，来综合评判其在各个领域的能力，如矿产开采、海洋环保、环境修复等，根据其实力与能力可以在其所承担的担保义务上予以放宽，采用较为宽松的检验标准，如对环保程度等级的适当降低；同时，为了平衡发展中国家与发达国家的权利义务关系，促进发达国家勇于承担相应的国际责任，做负责任的大国也很有必要。例如，可以要

---

① 参见 SPC‐EU Deep Sea Minerals Project, About the SPC-EU Deap Sea Minerals Project[EB/OL]. http：//dsm. gsd. spc. int/，2011-09-06/2022-01-24.

② 参见 International Seabed Minerals Act 2015[EB/OL]. http：//ronlaw. gov. nr/nauru_lpms/index. php/act/view/1150，2022-1-21.

③ 参见 Isabel Feichtner. Sharing the Riches of the Sea：The Redistributive and Fiscal Dimension of Deep Seabed Exploitation[J]. The European Journal of International Law, 2019, 30(2)：601-633.

求发达国家在发展中国家履行担保国责任的时候，给予其一定的技术、人员的支持与帮助，亦可以帮助其加强对申请者资格的审核、技术、资金等的认定。其一方面是对海洋命运共同体理念的践行，是对共商共建共享原则的实践；另一方面也可以防止以后发生重大的风险损害，侵害全人类的共同利益，做到防患于未然。当然，在这一制度的实行过程中，一定要防止发达国家过度操控、借机侵害发展中国家的利益。

第三节　"区域"内开采规章制定中海洋环境保护与保全问题

"区域"内采矿活动可能会扰乱海底的大片区域，产生机械噪声污染，改变地球化学结构，还可能会留下更大数量的足迹。采矿过程很可能会搅动海底沉积物，产生悬浮颗粒的羽状物，等等。如果人类肆意进行采矿，也许会造成一些物种不可逆转地消失。①2019 年 7 月，法律和技术委员会（Legal and Technical Commission，LTC）在海底管理局理事会第 25 届会议期间向理事会提交了一份关于深海采矿的决议草案。该草案中进一步明确了承包方的权利和义务，制定了海洋环境保护规则。海底管理局在 2019 年出版的《地球谈判公报》（*Earth Negotiations Bulletin*）中恢复了实施环境保护战略计划的工作，同时海底管理局也正在作出进一步澄清关于在"区域"内开采矿物的环境补偿资金的准则。海底管理局第 26 届会议于 2020 年 2 月 17 日至 21 日在金斯敦举行，会议继续强调有必要进一步澄清各主体如海底管理局、担保国在海洋环境保护方面的作用和责任。随着工业从国家水资源的矿物开采向大陆架以外的极限发展，制定保护海洋环境的标准或准则一直是理事会会议上经常讨论的话题。而区域环境管理计划的约束性或非约束性法律性质也应

---

①　参见 Laisa Branco de Almeida. Ocean Law in Times of Health Emergency：Deep Seabed Mining Contributions and Its Fear of Overexploitation[J]. Indonesian Journal of International Law，2020，18(1)：1-22.

由理事会加以澄清,因为有些国家主张采取具有法律约束力的政策文书,不过也有人建议,所有与环境保护有关的事项都应在标准中加以规定。

随着社会发展的不断深入,海洋资源的重要性与日俱增,人类越来越认识到海洋环境保护对海洋资源与人类发展的重要意义。而随之诞生的预防性原则亦成为海洋环境保护的重要原则之一。《里约宣言》对其定义如下:"如果存在严重或不可逆转的损害威胁,则不应以缺乏充分的科学确定性为理由,推迟采取具有成本效益的措施来防止环境退化。"①"区域"内海洋环境复杂又变幻莫测,由于海洋环境的整体性,"区域"内的海洋环境对整个深海系统以及全海洋生态系统具有不可估量的影响。因而"区域"内矿产资源的开采活动就将会对整个"区域"内海洋环境产生不可轻视的影响。是以,"区域"内海洋环境的保护与保全是一项重要任务,做好"区域"内矿产资源开采中的海洋环境的综合性保护工作,执行切实可行且有效的法律法规,使预防措施更加具体化,② 将会有益于"区域"内资源的长久发展。

一、"区域"内开采海洋环境保护的立法现状与评析

关于对海洋环境的保护随着人类对海洋资源维护意识的提高也逐渐获得了重视,国际社会在海洋环境的保护上也制定了一些国际条约与协定,但是却并未形成统一的国际海洋环境保护公约,既有的国际规范实际上主要是对特定问题的专项立法。人类在认识到"区域"内资源重要性的同时,也意识到了对"区域"内海洋环境进行保护的重要性,并在已经制定的"区域"内资源开发"三规章"以及颁布的"区域"内开采规章(草案)中进行了规定,其也是对《海洋法公约》相关规定的进一步细化。但是目前针对于"区域"内矿产资

---

① Rio Declaration on Environment and Development 31 ILM 874; Principle 15.

② 参见 Jaeckel A L. The International Seabed Authority and the Precautionary Principle[M], 2017. 362.

源开采的环境保护制度还不够健全与完善，一些规定的实践性不强，不符合海洋命运共同体理念及其国际法制化的要求，未来海底管理局还需要做进一步的修订。

（一）现有立法规定

《海洋法公约》对海洋环境保护可以说是作出了较为全面的规定，不仅在国际海底区域一章中对"区域"内矿产资源开采过程中的海洋环境保护作出了规定，而且还单独用专章的形式在第12章中对各国保护海洋环境的责任和义务进行了详细的规定，包括了各国应当采取必要的措施，减少和控制对海洋环境造成的污染，并负有保护和保全海洋环境的职责。以上这些规定为国际海洋环境的保护奠定了坚实的国际法基础，也为世界各国保护海洋环境提供了明确的国际法律依据和准绳。①

《海洋法公约》在其第12部分确立了实现养护和保全海洋环境的法律目标。例如，根据第194条的规定，各国应该采取一切措施来防止任何来源对海洋环境所造成的污染②；关于专属经济区，第56条第1款规定沿海国对"保护和保全海洋环境"的管辖权，特别是针对来自陆基源、倾倒物和船舶的污染；③ 关于渔业活动，为了支持其经济盈利能力，第61条规定了沿海国"应通过适当的养护和管理措施，确保专属经济区的生物资源的维持不因过度开发而受到危害"；④ 在大陆架上，按照第208条的规定，沿岸国负有特殊义务防止、减少和控制受国家管辖的海底活动造成的污染，包括"由受其管辖的海底活动所引起或与之有关的海洋环境污染"等⑤，

---

① 参见曲亚囡，裴兆斌. 国际海底区域海洋环境保护研究[C]. 辽宁省法学会海洋法学研究会2016年学术年会论文集，2017. 69-74.

② 参见《联合国海洋法公约》第194条。

③ 参见《联合国海洋法公约》第56条。

④ 《联合国海洋法公约》第61条。

⑤ 《联合国海洋法公约》第208条。

此外,近海也被认为是造成海洋污染的重要来源之一。①

国际上关于海洋环境保护的公约除了《海洋法公约》以外,还包括如 1973 年《国际防止船舶污染公约》(International Convention for the Prevention of Pollution from Ships)及其 1978 年议定书、1990 年《关于石油污染的准备反应和合作的国际公约》(International Convention on Preparedness for Response and Cooperation to Oil Pollution)以及 1976 年《勘探开发海底矿产资源油污损害民事责任公约》(Convention on Civil Liability for Oil Pollution Damage from the Exploration and Exploitation of Seabed Mineral Resources)等。此外,还有关于海洋生物资源保护的国际公约,如 1992 年《生物多样性公约》等。这些关于环境和生物资源保护的公约共同构成了国际海洋环境保护的法律体系与框架,各国都应该在国际法的框架下履行保护海洋环境的义务。此外,海底管理局分别于 2000 年、2010 年和 2012 年通过的"三规章"对《海洋法公约》关于海洋环境保护的规定也做了进一步的补充和界定,对于"区域"内海洋环境的保护具有着重要的意义。②

担保国在"区域"内资源开采活动中履行环境保护义务的时候,应该针对其身份做不同的区分与要求:如果担保国自身就是承包者,则其所应承担的责任与其他承包者并无不同;如果担保国仅是做其他承包者的担保方,则其应当按照《海洋法公约》及其《执行协定》,以及海底管理局现有的"三规章"和包括将要制定的开采规章在内的其他相关规则与规章履行环保义务。例如,《海洋法公约》规定了缔约国有义务确保在"区域"内从事相关活动的主体依照公约规定行事;确保已经采取一切必要的措施,协助海底管理局遵守《海洋法公约》的规定;确保承包者是在其本国的国内法律制度范

---

① 参见张丹.浅析国际海底区域的环境保护机制[J].海洋开发与管理,2014,31(9):103.

② 参见曲亚囡,裴兆斌.国际海底区域海洋环境保护研究[C].辽宁省法学会海洋法学研究会 2016 年学术年会论文集,2017.69-74.

围内履行合同条款和《海洋法公约》规定的义务等。①

《海洋法公约》、海底管理局相关规定以及各国国内法都对承包者在"区域"内从事矿产资源的勘探与开采活动中负有的环境保护义务作出了相应规定。依据《海洋法公约》第 145 条以及《多金属硫化物规章》中第 5 条规定，每一承包者应采用预防性办法和最佳环境做法，在合理的可能范围内尽量采取必要的措施防止、减少和控制在该"区域"内的探矿活动对海洋环境造成的污染和其他危害。各开采者尤应减少和消除：（a）探矿活动对环境造成的不良影响；（b）对正在进行和计划进行的海洋科学研究活动造成的实际和潜在冲突或干扰，并在这方面依照今后的相关准则行事；开采者应同海底管理局合作，制定并实施方案，监测和评价多金属硫化物的勘探和开采可能对海洋环境造成的影响。②

（二）立法评析

上述国际公约以及海底管理局规章等国际法律文件基本构成了"区域"内海洋环境保护的国际法律体系，但是当前的国际海洋环境制度依然不健全。目前，还没有一个法律文件专门对"区域"内资源开采活动将会产生的海洋污染问题作出全面、整体的规制与保护。现有规制"区域"内海洋环境保护的规定只是散见于《海洋法公约》第 12 部分、"三规章"的部分条款中，还完全没有形成制度体系。在目前的《海洋法公约》及海底管理局规章，包括"区域"内开采规章（草案）中所规定的海洋环境保护立法中还没有完全适用于"区域"内海洋环境保护与保全的制度体系。③ 国际海洋环境保护制度所应当具备的环保透明性、行为结果可预见性、环保信息共享以及损害赔偿争端解决等问题尚未在一个完整

---

① 参见曲亚囡，裴兆斌. 国际海底区域海洋环境保护研究［C］. 辽宁省法学会海洋法学研究会 2016 年学术年会论文集，2017. 70.

② 参见曲亚囡，裴兆斌. 国际海底区域海洋环境保护研究［C］. 辽宁省法学会海洋法学研究会 2016 年学术年会论文集，2017. 72.

③ 参见吕瑞. 深海海底区域资源开发法律问题研究［D］. 西南政法大学，2011. 5.

的法律体系中得以实现，完善有效的世界海洋环保法律体系还尚未建立起来。

现有国际海洋环境保护制度对发达国家与发展中国家的利益分配不够平衡，权责分配不够合理，又加之发展中国家自身条件等原因，其在"区域"内矿产资源开采活动中仍然相对处于弱势的地位。虽然发达国家与发展中国家同为国际海洋环境规则的制定者，但是，发展中国家在技术、资金、综合国力等方面都与发达国家存在较大的差距，使得发展中国家难以有效发挥自身优势、对海洋环境保护提出自己的主张、贡献自己的力量，最终只能成为规则的"被动执行者"，而不是制定者。①

2019年版的"区域"内开采规章（草案）虽将第四部分"海洋环境保护与保全"中的"一般原则"改为"一般义务"，并对"一般义务"进行了明确，但是却并没有具体说明海洋环境保护的标准。②"区域"内开采规章在可持续发展方面的规则制定尚不完善，可持续发展理念尚未能贯穿于"区域"内矿产资源开采的整个过程，可持续发展原则对全人类共同继承财产实现的重要意义还未得到重视，在未来"区域"内矿产资源的开采中可能面临的过度开采问题还没有得到立法规制。以上这些问题，都需要未来在海洋命运共同体理念的指引下，在"区域"内开采规章的"海洋环境保护与保全"法规中予以重视和解决。

二、海洋环境保护与保全的法理分析

"区域"内海洋环境保护与保全的责任理论就是要明确人类对自然与后代负有怎样的环境保护法律责任和道德责任，同时其责任的实现目的就是要谋求全人类海洋利益的"最大公约数"。因而，在"区域"内的资源开采活动中重视对海洋环境的保护与保全，并

---

① 参见陈迎. 国际环境制度的发展与改革[J]. 世界经济与政治, 2004, (4): 47.

② 参见万浏, 刘大海, 王小华, 等. 国际海底区域环境保护制度分析与中国实践[J]. 海洋开发与管理, 2022, 39(2): 7.

且不断通过法律制度设计的形式将其固定化、规范化，在未来制定的"区域"内开采规章中予以体现和完善，符合共同体法理的要求与价值追求，其也与共同体法理所要实现的全人类利益共护的精神高度一致。完善"区域"内资源开采中的环境保护与保全制度，不仅是在共同体法理价值的指引下保卫共同的海洋环境，更是要通过利用海洋环境保护的模式来推动实现对全人类根本利益的维护，从而可以践行共同体法理的价值追求以及海洋命运共同体理念的目标愿景。反之，共同体法理又可以为"区域"内海洋环境的保护提供法律指引和理论基础。"区域"内海洋环境保护的实现可以从两个方面达成，一方面是积极的作为，即对海洋环境采取有效的保护措施；另一方面是消极的不作为，即不得从事对海洋环境造成破坏的行为。无论是积极的保护，还是消极的不破坏，都要求"区域"内矿产资源开采活动的主体积极、认真地履行自己的海洋环境保护义务。是以，从责任理论来讲，对"区域"内海洋环境的保护要求开采主体负有既能够从积极作为的角度履行海洋环境保护，又能够从消极不作为的角度做到不对海洋环境造成污染和破坏的双重义务。与此同时，"区域"内海洋环境的保护责任不仅包括了对当代人的责任也包含了对子孙后代人的责任。

实际上，对海洋环境的保护以及对"区域"内海洋环境保护与保全制度的设立，也是对人类"环境权"的尊重和保障。环境权理论目前虽尚在发展与完善中，但人类确实拥有在干净、健康与安全舒适的环境中生活的权利。因而，对"区域"内海洋环境实现保护与保全既能满足人类对海洋环境、生存环境的现实需求，同时又能够实现对人类"环境权"的保障，还可以在相关制度完善的基础上对未来"环境权"理论的发展与完善奠定基础。

此外，"区域"内开采活动有其自身的特殊性，但是依旧属于海洋范围内的活动。因此，在相关"区域"内环境保护制度的设计上必然要在一定程度上沿用海洋环境保护的基本制度，如环境影响评价制度、环境规划制度、环境监测制度、环境事故应急处理制度等制度均应在内。《海洋法公约》、海底管理局的"三规章"和其他既有国家的立法中都强调了"区域"内资源开采主体的环境保护义务，从这些立法可以看出"区域"内资源开采中的海洋环境保护在具体制度设计中选择了环境影响评价制度、环境应急计划制度和环境修复制度。根据《海洋法公约》、海底管理局的"三规章"规定要求明确海底管理局、担保国和承包者应采取预防做法。① 此外还有"污染者付费原则""沿海地区的综合管理""现有最佳技术"和"最佳环境做法"等对"区域"内矿产资源开采中的海洋环境保护与保全都具有重要的意义。这些切实可行的环境保护措施，在海洋命运共同体理念的指引下，在未来"区域"内开采规章的制定中实现其国际法制化，将对维护全人类的共同继承财产与人类的海洋家园作出不可磨灭的贡献。

三、海洋命运共同体理念的立法指引

海洋命运共同体理念及其国际法制化的实现为"区域"内矿产资源开采活动中的海洋环境保护与保全提供了重要的理念革新与路径指引。由于"区域"内海洋环境的特殊性，其需要更为严格的海洋环保政策。海洋命运共同体理念及其国际法制化在"区域"内海洋环境保护与保全中处理问题的优越性可以对"区域"内矿产资源开采中的环境保护提供特殊的贡献，并从实施区域环境管理计划以及增强海洋环境保护意识等方面予以体现和实现。

(一)海洋命运共同体对"区域"内环保的特殊贡献

"区域"内海洋环境具有海洋环境所有的特征，同时还具有其自身环境的独特性，因此对"区域"内海洋环境的保护应该实行更为先进的环保理念与更为严格的保护措施。由于"区域"内的海洋资源是全人类的共同继承财产，所以对"区域"内海洋环境的保护将关系到整个人类的海洋利益。在海洋命运共同体理念的指引下，维护全人类的海洋权益，需要着重加强对"区域"内海洋环境的保护。海洋命运共同体理念及其国际法制化可以从以下几个方

---

① 参见王岚. 国际海底区域开发中的环境保护立法——域外经验及中国策略[J]. 湖南师范大学社会科学学报，2016，45(4)：94.

面对未来"区域"内开采规章制定的环境保护问题发挥指引作用：探索如何更好地实施"谁污染谁付费"的原则和办法、预防性办法以及生态系统补救方法；审查承包者遵守环境义务的情况；规定在开采过程中的不同阶段进行环境监测和环境评估；实施区域环境管理计划，优先制定与海洋环境有关的标准或准则，包括环境影响评估、编制环境影响报告、环境管理和监测计划以及关闭计划。

海洋命运共同体理念指引下的"区域"内开采海洋环境保护与保全的法律规定应该充分考虑发展中国家的特殊需要，并建议采取区别对待的方式，充分考虑这些国家面临的缺乏资金、技术、人力和后勤保障的现状，并予以协调。①

(二)区域环境管理计划的优越性

"区域"内资源开采活动将会对海底环境造成重大影响，加之"区域"内的环境保护机制缺位，更会使得"区域"内活动潜藏着巨大风险。② 而区域环境管理计划对海洋环境的保护将起到重要的作用。区域环境管理计划可以凭借其准确定位、精准保护、有效管理的特征凸显其在"区域"内海洋环境保护中的优越性。

2012 年，海底管理局理事会通过了太平洋克拉里昂—克利珀顿区(Pacific Clarion-Clipeton District)的环境管理计划(Regional Environmental Management Authority)，此计划将在最初的三年期间临时实施，它包括建立一个由九个具有特殊环境利益的领域组成的网络，旨在保护该区域的生物多样性和生态系统结构和功能，不受

---

① 参见 China Ocean Mineral Resources R&D Association, The Responses to the Discussion Paper on the Development and Implementation of a Payment Mechanism in the Area, 2015, International Seabed Authority, Draft framework, High level issues and Action plan, Version II [EB/OL]. http://www. isa. org. jm/files/documents/EN/offDocs/Rev—RegFramework—ActionPlan—14072015. PDF, 2015-07-15/2022-01-20.

② 参见罗国强，冉研."区域"内活动的担保国法律保障机制研究[J]. 江苏大学学报(社会科学版)，2021，23(3)：29.

海底采矿的潜在影响。这些地区虽然处于"区域"的外围，但在目前勘探区的范围内；尽管如此，据有关专家称它们必然会受到"区域"内采矿的影响。此外，在目前的"区域"内矿产资源勘探的情况下，这是区域环境保护的唯一例子，到目前为止，还没有类似的计划用于多金属硫化物和富钴锰铁结壳。"区域"内的资源使用与保护有必要达到一种平衡状态，否则，由于"区域"内的生态系统发展速度非常缓慢，对后代来说将无可挽回地失去其资源，很难提及可持续发展，① 而区域环境管理计划则为这一问题提供了新的破解路径。

基于区域的管理已成为进一步实现保护目标的非常有价值的机制。它通过促进生态系统和预防措施，促进海洋生物多样性的可持续利用。国际社会已经制定了一系列广泛的基于区域为基础的管理工具——"排放控制区""世界遗产地""海洋保护区"及其网络，"特殊区域和特别敏感海域""渔业关闭""生态网络"。这些工具力求实现各种目标，如保护和保存海洋生态系统和生物多样性免受污染，恢复生境和恢复物种，以及保护、可持续利用和管理海洋资源。在海洋命运共同体理念指引下进一步推动区域环境管理计划的实现，可以充分彰显海洋命运共同体理念分阶段、分步骤推进的思维模式，还可以"化整为零"，加强区域环境保护，并发挥区域环境管理计划的优越性，更进一步促进对"区域"内海洋环境的维护，从而构建"区域"内海洋环境与生态安全的命运共同体，通过"以点带面"的方式最终实现对整个海洋环境与人类海洋利益的保障。

（三）增强环保意识

海洋命运共同体理念要求全人类树立共同的海洋环境保护意识，以保护人类的海洋家园。"区域"矿产资源开采目前面临着重重挑战，可持续发展办法是全人类智慧战胜贪婪的精髓。从实现

---

① 参见 Nathalie Ros. Sustainable Development Approaches in the New Law of the Sea[J]. Spanish Yearbook of International Law, 2017, (21): 11-40.

未来长久开采的角度考虑，可持续发展要实现的另一个重要目标就是保护海洋环境，这也是《海洋法公约》中规定的一项基本义务，其第 145 条规定："应采取必要措施……以确保有效保护海洋环境免受……的活动。"①海底管理局有责任制订国际规则、规章和程序，以防止、减少和控制采矿活动，特别是海底非生物资源的开采对海洋环境的污染，并保护和养护该地区巨大但脆弱的生物多样性，防止对专门的和相当原始的生态系统，包括植物和动物的破坏。

《海洋法公约》第 145 条虽然要求海底管理局负有制定海洋环境保护规则、规章和程序的义务，但从根本上来看，海洋环保规则中的内容是要求承包者来予以遵守的，也就是说承包者在"区域"内从事矿产资源开采活动的时候应当遵循海底管理局制定环保方面的规则与规章等要求，以求可以最大程度地保护海洋环境与资源，减少和防止对海洋环境造成的污染和破坏。② 海底管理局开采规章的第 5 部分也是保护和保全海洋环境的规定。此外，《海洋法公约》第 12 部分，海洋环境的保护和保全中第 194、209 条，附件 3 均有针对"区域"内的环境保护制度的相关规定。③

这些规定都要求加强对"区域"内海洋环境的保护，同时也要提高全人类的海洋环保意识，尤其是"区域"内资源开采活动承包者的海洋环保意识，制定相应的法律法规与环境保护措施来予以执行和贯彻落实，而与此同时，全人类海洋环境保护意识的提高又可以进一步推动"区域"内海洋环境保护的实现，实现全人类共同继承财产的可持续发展。

四、海洋环境保护与保全的立法规定

目前，在"区域"内开采规章(草案)中有关于海洋环境保护的

①　《联合国海洋法公约》第 145 条。

②　参见《联合国海洋法公约》第 145 条。

③　参见王岚. 国际海底区域开发中的环境保护立法——域外经验及中国策略[J]. 湖南师范大学社会科学学报，2016，45(4)：94.

立法尚未完善,《海洋法公约》由于其本身的缺陷,以及一些国家尚未加入公约等客观原因,其并非解决国际海洋环境问题包括"区域"内矿产资源开采中海洋环境问题的万能钥匙,对于"区域"内环境的保护与保全也只能是"杯水车薪、无济于事"。因此,各国在遵守《海洋法公约》规定义务的基础上,应当在"区域"内开采规章制定中完善海洋环境保护制度,坚持保护"区域"内海洋环境的基本原则,加强国际合作,才能实现互利共赢。① 海洋命运共同体理念在"区域"内开采规章中的国际法制化实现为"区域"内海洋环境的保护提供了重要的理论支撑与法律保障。

(一)环境监管

显然,有关保护海洋环境的国际法涉及一系列逐渐演变的管制机制。虽然《海洋法公约》仍然是处理保护海洋环境的各种国际管制规则的核心,但还有一系列其他规则涉及各种问题,或适用于补充《海洋法公约》规定的特定区域。现有的国际海洋规则中对海洋环境的监管范围规定有宽有窄。国际社会尽管建立了多层次的海洋环境监管制度与规则,但事实是,这些规则很少相互关联,也很少相互加强。这些规定并未充分合并,无法建立一个统一的总体海洋环境监管规范制度;相反,它们仍然是一个松散的海洋环境监管体系,只规范问题的某些方面。现有的保护海洋环境的国际法律制度存在很大差距,而且普遍缺乏法律效力。就如同"区域"内开采规章中关于海洋环境保护与保全的规定尚没有对其面临的海洋问题作出全面的处理,许多重要领域仍有待综合治理。这些规定中的限定用语往往会降低法规自身的效力以及它们所要求的义务的效力,还有许多规定是劝诫性的,而不是强制性的,从而使各国政府有相当大的自由裁量权来决定如何履行这些国际义务。这些规则的绝大多数非约束性实际上使有关保护海洋环境的国际法依赖于有关国家的善意。将国际海洋环境法规定转化为可行的实地规则,实质上是一

---

① 参见曲亚囡,裴兆斌. 国际海底区域海洋环境保护研究[C]. 辽宁省法学会海洋法学研究会 2016 年学术年会论文集,2017. 72.

项国内事务。因此，管制的程度可能因国家而异，这取决于一个国家的环境法律、政策、经济能力和可用于实施有关这一主题的国际硬/软法律规则的技术。海洋和海洋空间的新用途和气候变化可能会带来新的问题，目前的法律框架可能不适宜加以管制，实践中的主要做法是利用现有的法律框架为几个新出现的问题提供规范性的监管规则。这种利用现有国际法为新问题提供规范性和监管性覆盖的方法可能会导致监管存在缺陷，从长远来看可能会适得其反。因此，国际社会可能必须制订新的规则，以便提供更明确和规范的指导。目前还没有直接处理"区域"内矿产资源开采活动中对海洋环境实行监管监测的法律法规。《海洋法公约》仍然是专门处理海洋环境监管问题的唯一具有约束力的国际公约。然而，《海洋法公约》的任务规定由于其普遍性，并没有向成员国提供具体指导，这份文书也没有提供解决这一问题的法律路线图和具体行动计划。还有其他一些条约也有间接的相关性，但涉及"区域"内资源开采的范围却是有限的。"区域"内矿产资源开采中的解决方案可能还需要对工业和其他活动实行严格限制。但这是大多数国家，特别是发展中国家所负担不起或不能承受的，也损害了使这个问题得以长期全面解决的可能。此外，"区域"内海洋环境保护的一个重要困难也在于海洋环境保护措施主要被视为是国内问题，并要求个别国家对此作出反应。关于"区域"内海洋环境监管的执行情况尚不能令人满意，这主要是因为尽管大多数国家对法律作出了积极的反应，但就执行而言，只有少数准则，特别是那些自然和符合其国家发展优先事项的准则得到了遵守。由此来看，赋予各国广泛的自由裁量权和义务的灵活性阻碍了相关规则的有效执行。由于和处理这一问题相关的国际法大多不具有拘束力，缺乏适当的制度安排来促进和监督各国政府对规则的执行，从而降低了规则的效力。此外，各国享有广泛的自由裁量权，只选择和执行那些符合其国家政治和经济利益的措施。而国际法的执行和遵守情况表明，大多数国家把短期经济利益放在首要地位，这些经济利益需要肆意地开采这些资源，而不考虑其承载能力。签署和批准海洋和沿海环境保护公约，并承担起执行保护海洋和沿海环境基本义务的国家，却并没有将这些义务纳入其国家法律和行政机构。

在"区域"内资源开采活动中注重采取环境监管措施，需要与其他环境制度相配套实施，建立相互的联系，如对有关危险废物的管制及其管理、生物多样性养护的法律制度都与保护海洋环境有关。"区域"内矿产资源的开采活动可能会对海洋环境构成环境危险作业排放；意外或故意污染；以及对海洋生境或生物的物理损害，从而增加了潜在的不利影响和损害的可能性。船舶在日常作业、事故和故意污染的过程中，直接在海洋环境中释放出各种物质，如油性和油性混合物、有毒液体和固体物质、污水、垃圾、防污涂料、有害水生生物和病原体等。因此，在未来"区域"内开采规章的制定中还需要制定新的规则和规范性指导，以管制针对"区域"内资源开采而造成的环境污染，① 采取有效的环境监管措施，如可以根据"区域"内开采合同的矿区划分做好分区、分重点的治理与保护，相应的海域采取不同的巡视保护措施，有力、有节地进行海洋巡检的治理工作。对主要作业区域加大人工的干预工作，有层次、分重点，又有突出地进行"区域"内海洋环境养护工作。采用技术设施等方式进行海洋生态环境的恢复与治理，预防与治理两手都要抓，双管齐下，针对不同海洋作业产生的海洋污染，分类别、分等级地进行治理，有针对性地制定应急响应机制，并与海洋科技相结合，提高海洋污染治理的科学水平，做到生产发展与环境治理配套进行。

海底管理局应该有先见之明，确保开采者在授予开采合同之前有充分的保障措施。鉴于采矿的不稳定性质，在实际采矿之后，开采者必须继续管理采矿对海底环境造成的影响，这包括场地补救和关闭后的监测工作。② 在这方面，例如，国际海洋矿物协会

① 参见 Tony George Puthucherril. Protecting the Marine Environment：Understanding the Role of International Environmental Law and Policy[J]. Journal of the Indian Law Institute，2015，57(1)：86.

② 参见 P. Verlaan. Deep-Sea Mining：An Emerging Marine Industry Challenges and Responses [EB/OL]. http：//www.figsevents.co.uk/news/FIGSLecture_3.pdf，2015-10-15/2022-01-24.

(International Marine Minerals Society)自愿签署的《海洋采矿环境管理守则》(*Code for Environmental Management of Marine Mining*)可能是一个有用的参照点，特别是关于修复和关闭的规定，其中呼吁"制定适当的关闭计划，使退役场地和相关生态系统处于安全、稳定的状态，并在可能的情况下，按照最佳做法进行修复"①等内容，可以作为海洋命运共同体理念指引下的"区域"内开采活动中海洋环境监管制度完善的着力点。

(二)合理顾及海洋环境中的其他活动

鉴于多种驱动因素与环境之间的复杂相互作用，在"区域"内从事矿产资源的开采活动时需要合理顾及其他活动，做好统筹协调。例如，2013年海底管理局第19届理事会上，中国代表团就"区域"开采规章制定中的问题在发言中表示："规章应该体现资源利用与环境保护的平衡、开采者利益与国际社会整体利益之间的平衡、开采的商业可行性与开采的可持续性的平衡。"②

在未来"区域"内开采规章的制定中，加强各行为主体对海洋环境的保护，需要在海洋命运共同体理念的指引下采用最佳环境做法，坚持对各种利益平衡的原则，适用综合协调管理机制。例如，要坚持对自然资源的永久主权、预防原则、代内和代际公平、睦邻原则、公平利用和分配人类共同继承财产、事先协商、信息预警、合作解决跨界环境问题、生态系统办法和综合管理，共同但有区别的责任等。③ 同时，采取一整套管理工具，如环境影响评估，基于区域的管理工具，包括海洋保护区和海洋空间规划，陆海相互作用管理，流域和集水区规划和管理，促进清洁生产和无害环境技术，

---

① International Marine Minerals Society. Code for Environmental Management of Marine Mining[EB/OL]. http://www.immsoc.org/IMMS_code.htm, 2010-04-15/2022-01-15.

② 江伟钰. 21世纪深海海底资源开发与海洋环境保护[J]. 华东理工大学学报(社会科学版), 2002, (4): 94.

③ 参见 Tony George Puthucherril. Proteceting the Marine Environment: Understanding the Role of International Environmental Law and Policy[J]. Journal of the Indian Law Institute, 2015, 57(1): 65.

以及污染预防和控制等，来做好"区域"内开采活动与其他活动的适当协调、统筹发展。

（三）环保与开采权益平衡

从可持续发展的角度看，海底管理局管辖下的"区域"内矿产资源实现开采显然面临着挑战。为了实现经济发展，无论是对发达国家还是发展中国家来说，"区域"内矿产资源都是一项必不可少的资产，因为对它的开采可以提供收入和就业机会，而且在能源方面还可以实现独立。事实上，在此背景下，鉴于各国不愿通过一项专门针对于"区域"内矿产资源开采的全球和普遍性公约，特别是包括完整责任机制在内，就使得从可持续发展的角度着手，建立一个基本的国际或区域治理框架，以求在资源开采和环境保护之间取得平衡似乎成为最好的选择。对于可持续发展委员会关于实施"预防措施"和"最佳环保做法"义务的调查结果，有充分的理由在"区域"内的开采制度中纳入适应性管理工具，使海底管理局能够根据最新的技术进展或通过从影响评估中收集的信息，审查和调整不时施加给承包商的环境标准，采矿作业，定期提交报告和监测情况。目前，由于合同义务是在合同签订时才能够确定，不同的缔约方受到不同环境标准约束的可能性很大，这是不可避免的。① 这也将产生一系列不利的后果，其中海洋环境受到的影响最大。克服这一问题的一个可能办法是在第一阶段只颁发临时采矿许可证，然后颁发终身采矿许可证，实现资源开采与环境保护的有机结合。这可使有关环境保护的条件在彻底评估试验行动所造成的影响后，作出相应的调整。②

此外，在"环境基线数据"的披露上还需要引入公开透明原则。

---

① 参见 Jaeckel A . Deep seabed mining and adaptive management：The procedural challenges for the International Seabed Authority［J］. Marine Policy，2016，70（Aug.）：205-211.

② 参见 Jaeckel A . Deep seabed mining and adaptive management：The procedural challenges for the International Seabed Authority［J］. Marine Policy，2016，70（Aug.）：205-211.

作为一般规则，承包商根据其向海底管理局履行报告义务所提交的数据和信息被认为是机密的。但这条规则的一个例外就是数据，这些数据是国际海洋法组织制定关于保护海洋环境的规则和条例所必需的。然而，到目前为止，这样的数据还没有得到公众监督或科学界的证实。[①] 信息是应该保密的，但是对于涉及海洋环境保护的内容，因为关系到整个人类的利益，应该在保护商业秘密的基础上对其环保措施及保护程度等予以适当地、及时地披露。在这方面，海底管理局在制定开采规章时应考虑利益相关者和非政府组织的意见。例如，深海管理倡议（Deep-sea Management Initiative）对海底管理局开采规章（草案）的评论指出，除其他外：环境影响评价的全过程以及所要涉及的内容，以及海底管理局在其中所起到的角色与作用均须明确界定，同时应设立一个由专家组成的独立审查委员会，对提交给海底管理局或由海底管理局编写的所有与环境有关的文件进行核实和审查。[②] 为实现以上目的，海底管理局还应通过讲习班和工作组的方式为民间社会参与创造更多机会，作为通过参与促进公开透明的手段。[③] 通过这些改进措施，可以寻求在保证承包者开采权益的同时又能做到对海洋环境的维护，实现"区域"内开采与环保之间的平衡。

[①] 参见 Till Markus, Pradeep Singh. Promoting Consistency in the Deep Seabed: Addressing Regulatory Dimensions in Designing the International Seabed Authority's Exploitation Code[J]. Review of European, Comparative & International Environmental Law, 2016, 25(3): 359.

[②] 参见 Deep-Ocean Stewardship Initiative, Commentary on "Developing a Regulatory Framework for Mineral Exploitation in the Area"[EB/OL]. http://dosi-project.org/wp-content/uploads/2015/08/DOSI-Comments-on-ISA-Regulatory-Framework-Endorsed-May-151.pdf, 2015-05-13/2022-01-23.

[③] 参见 Till Markus, Pradeep Singh. Promoting Consistency in the Deep Seabed: Addressing Regulatory Dimensions in Designing the International Seabed Authority's Exploitation Code[J]. Review of European, Comparative & International Environmental Law, 2016, 25(3): 360.

第四节 "区域"内开采规章制定中的责任
与赔付责任问题

"区域"内矿产资源的开采面临各种各样的复杂情况，甚至还有可能会出现各种突发的意外事故。因此，在未来"区域"内开采规章制定过程中需要解决涉及各行为主体的责任和赔付责任问题，以确保采取安全和对环境负责任的方式对"区域"内矿产资源进行开发。依照《海洋法公约》规定，以及前文对担保国责任的分析，包括担保国、承包商在内的"区域"内矿产资源开采活动的各主体都负有严格执行环境保护法律法规，实施监测等措施来保护全人类免受环境风险，并对相应的风险承担赔偿的责任。例如，如果国家不能管制或控制环境损害的来源，从而造成了环境损害的风险或损害的发生，包括事先进行环境影响评估和实施必要的保障措施，未能及时咨询或向公众披露有关环境风险的信息，未能执行环境法规，未能执行使受影响的公众获得补救的措施等，就可能需要承担相应的国际责任。[①]

"区域"内矿产资源开采活动虽然在国际海底区域内进行，但是由于海洋的整体性，很难确保"区域"内的资源开采活动不会影响到沿海国及其他相关主体的权益，并对其造成损害。现有的国际海洋环境管理制度及法律法规主要针对的是一国内，或公海上的海洋环境污染及其相应的责任。跨界环境损害等问题也需要在"区域"内矿产资源开采活动中引起足够的重视，跨界环境污染造成的全人类财产损害及权益受损等都需要在"区域"内开采规章制定中的责任与赔付责任中予以解决。[②] 2016 年，哥伦比亚要求美洲法院

---

① 参见 Memorial of Ecuador, Aerial Herbicide Spraying（Ecuador v. Colom.），2009 I. C. J. Pleadings 1, 1 9. 9（Apr. 28）。

② 参见 Maria L. Banda. Regime Congruence：Rethinking the Scope of State Responsibility for Transboundary Environmental Harm[J]. Minnesota Law Review, 2019, 103(4)：1914.

澄清各国是否可以根据《美洲公约》(the America Convention), 特别是在大加勒比区域承担环境损害的责任, 美洲法院则作出了肯定的裁决。① 换句话说, 如果污染可以越境传播, 法律责任也可以跨境实现。法院解释说, 各国必须采取措施, 防止不仅对其境内的个人, 而且对其境外的个人造成严重的环境损害。咨询意见的许多核心内容在今后的诉讼中仍有待澄清, 但是这一判例可以帮助我们确定法院对跨境责任的肯定是否以及在多大程度上可以为"区域"内环境污染和全人类海洋权益之间的联系所产生的未来案件提供信息。②

就"区域"内矿产资源开采活动中各行为主体的责任而言, 各行为主体都必须在"区域"内履行其条约义务。③ 但这并不意味着各行为主体的义务在其"区域"内的边界结束。当损害发生时, 索赔人即便不是"区域"内的主体, 但是权益因"区域"内的矿产资源开采活动受到损害, 相应的行为主体也应该对其承担责任。④

一、"区域"内开采责任与赔付责任的立法现状与评析

对国家责任的规避也许会促进"区域"内资源开采相关制度的发展, 但是对全人类利益的保护却埋下了严重的安全隐患。纵览"区域"内资源开采中的责任制度, 虽然在相应的条款中规定了"区域"内开采活动中各行为主体的义务与一定的责任, 但是其责任制度并不完善, 没有提到对于不遵守相关规定的开采者应该负有什么样的责任, 或受害者可以如何获得补救的具体办法。例如, 如果担

---

① 参见 Environment and Human Rights Advisory Opinion, 19。

② 参见 Maria L. Banda. Regime Congruence: Rethinking the Scope of State Responsibility for Transboundary Environmental Harm[J]. Minnesota Law Review, 2019, 103(4): 1915.

③ 参见 Al-Skeini v. United Kingdom, 2011-IV Eur. Ct. H. R. 99, 170, 1141。

④ 参见 Maria L. Banda. Regime Congruence: Rethinking the Scope of State Responsibility for Transboundary Environmental Harm[J]. Minnesota Law Review, 2019, 103(4): 1918.

保国确已经按照相关法律法规采取了必要措施来确保承包者能够遵守其义务，但却仍然发生了损害，那担保国是否还可以依照相关法律法规得以免除其赔偿责任？如果免除了其责任，那损失又应该怎样获得补救？如果由承包者履行其损害赔偿责任，但是其能力不足以覆盖全部损失时，应该怎么办？担保国是否需要承担"剩余的赔偿责任"？《咨询意见》也曾就这些问题给出过答复，但其答复却仍然存在错漏之处。首先，如果认为担保国在其履行了《海洋法公约》规定的"确保义务"后便无须承担任何责任，则会造成责任缺口，使得相应的损害不能得到全面、有效的赔偿，造成人类财产的损失，这与维护全人类共同继承财产的原则相违背，更不符合海洋命运共同体理念的价值追求；其次，如果按照担保理论进行分析，一般情况下当发生被担保方不能完全承担赔偿责任时，担保方则负有承担剩余赔偿责任的义务，或者是一种补充责任，这两者之间是一种顺承责任关系。① 由此来看，针对于损害发生产生的赔付责任，为维护"区域"内全人类的共同利益，综合考虑各方面因素，担保国不应该仅履行"确保义务"即可。因此，在未来"区域"内开采规章制定的过程中应该注重对各行为主体所应承担的责任与赔付责任的规定。

国际海洋法法庭海底争端分庭在2011年强调了建立"环境赔偿基金以应对可能出现的环境责任缺口"的可能性。从法律上讲，海底管理局可要求分配一笔信托基金，以补偿未涵盖的损害。假设承包者无法充分或完全履行其应该承担的责任，而同时担保国又可以根据《海洋法公约》第139条第2款的规定不对此承担责任。在这种情况下，分庭根据《海洋法公约》第235条第3款获得设立基金的适当前提。分庭指出，现行国际法关于责任的规则具有不稳定的特点，海底管理局主持下的原始文件也需要随着新的习惯国际法的进一步发展而不断地完善。为此目的，新的开采规章（草案）需要进一步澄清"区域"内采矿活动的责任归属和赔偿制度，包括对海

---

① 参见高健军. 国际海底区域内活动的担保国的赔偿责任[J]. 国际安全研究，2013，31（5）：47-48.

洋环境造成损害的赔偿。而关于海底管理局是否将负责设立赔偿资金的问题仍未解决,针对于企业部适用的责任规则也需要进一步明确。尽管将"区域"内采矿活动与当前的高环境保护要求相协调似乎有些困难,但补充基金的广泛采用可减轻各成员国的财政负担。

二、责任与赔付责任的法理分析

责任与赔付责任是一种对自身行为的担当,也是对自身行为造成严重后果 的事后补救,在"区域"内矿产资源的开采活动中就是对全人类共同继承财产的负责。责任与赔付责任理论的基本思想是:首先,责任与赔付责任的要求是一种消极意义的思想,它要实现的并不是"最高的善",反而是要追求避免"最大的恶",[1] 判断某一行为是否符合法律规定,是否造成严重损害后果是具有面向未来的责任性。因此,在"区域"内资源开采活动中完善各主体的责任与赔付责任制度是对未来开采活动造成损害而产生责任的前置性预防,以求避免对"区域"内资源与环境造成不可逆转的损害,威胁到全人类的共同继承财产,可以说其是对全人类海洋利益所进行的一种预设性保护。其次,责任与赔付责任要"赔付"或维护的是远距离的一种"损失"或是利益,即它所要追求的宗旨与目标是要超越个人,包含人类(包含未出生的人)、自然,在"区域"内矿产资源开采中的实现就是全人类的海洋利益,并且当然包括了后代人对"区域"内资源享有的利益。最后,责任与赔付责任理论是整体性的价值理论,行为者、行为、责任对象都具有整体性的特点。[2] 从另一个角度来讲,责任与赔付责任的整体性或超越个人的范畴,符合了共同体法理的价值要求。一方面,其所超越的个人范畴是要达成对全人类利益的维护,即相关责任的设定目的是要维护全人类在"区域"内的共同海洋利益,构建海洋利益的共同体;另一方面,

---

① 参见杨琳. 论环境立法中的责任伦理[J]. 科学经济社会,2019,37 (4):1-8.

② 参见甘绍平. 应用伦理学前沿问题研究[M]. 南昌:江西人民出版社,2002.6.

对"区域"内责任构成的整体性布局与规划正符合共同体法理中的责任共担要求，正如构建海洋命运共同体基本组成部分之一的责任共同体，最终是要实现各主体对"区域"内责任的共同承担。将责任与赔付责任理论及其蕴含的法理基础与实现价值引入"区域"内矿产资源开采活动中的事故损害以及"剩余责任"的解决，完全符合海洋命运共同体理念及其国际法制化实现与全人类共同继承财产原则的要求，将具有重要的现实利益。在未来"区域"内开采规章中完善责任与赔付责任制度，它可以让我们对自然与未来人类的共同海洋利益负有法律责任，并能够明确将要负有怎样的法律责任。同时，责任与赔付责任的一个重要宗旨就是要实现对"区域"内资源的保存与保护，因此，其是对传统责任的一种扩充，可以扩大责任的主体与赔付范围，从而可以更好地实现对"区域"内海洋资源与环境的保护。责任与赔付责任的实现是要在"区域"内矿产资源开采活动中，寻求资源开采、可持续利用、环境保护、全人类资源共享的"最大公约数"。①

三、海洋命运共同体理念的立法指引

如前文所述，"区域"内矿产资源的开采是要在和平利用的基础上达到为全人类利益服务的目的，这也与海洋命运共同体构建所追求的价值目标高度契合。因此，在"区域"内资源开采活动中的各行为主体的责任与赔付责任实际上是对"区域"内资源开采活动造成损害的事前预防与事后救济。为体现权利救济的功效与维护全人类海洋利益的目的，应当将"区域"内各行为主体的责任与赔付责任发挥到最大作用，以使得在"区域"内资源与环境遭到重大损害时，全人类的共同海洋利益可以达到最大程度的保护。"区域"内开采规章制定中的"责任与赔付责任"机制的规定应在遵循海洋命运共同体理念及其国际法制化的指引下，兼顾各方利益，明晰相关各方在"区域"内资源开采活动中的地位与权利义务关系，以便

① 参见杨琳.论环境立法中的责任伦理[J].科学经济社会，2019，37（4）：6.

在发生损害事故的时候能够更好地明确各行为体的责任范围，及时进行赔付。海洋命运共同体最终是要构建利益共同体与责任共同体，在"区域"内各主体分享利益的同时，也要公平地分摊责任，才能真正地实现命运的共同体；享有权利必然要履行义务，只有各方责任明晰，才能实现惠益的分享，这也是海洋命运共同体公平价值追求的目标所在。此外，海洋命运共同体构建的原则除去实现人类海洋利益的共赢共享，更重要的一个方面在于维护全人类的海洋利益，因此，就需要各方携手应对海洋治理中的困难与挑战，在"区域"内制定出更为完善的开采制度，针对各行为的责任与赔付责任作出制度性安排，并制定详细可行的规定，从而为"区域"内资源的保护确立完整的法律保障机制，维护全人类的海洋资源，这不仅是为当代人维护现世生存的必要资源，更是为子孙后代保存好"区域"内的资源利益。

四、责任与赔付责任的立法规定

"区域"内开采规章的制定要在海洋命运共同体及其国际法制化的指引下，综合体现为对包括"区域"内矿产资源在内的全人类海洋利益负责，从宏观布局与具体立法规定两个方面完善"区域"内矿产资源开采活动中的各行为主体的责任与赔付责任，在实现海洋命运共同体在"区域"内责任与赔付责任问题中国际法制化的基础上建立"区域"内资源共享的责任共同体。

(一)整体布局

针对于"区域"内开采规章制定过程中的责任与赔付责任问题，要在海洋命运共同体理念及其国际法制化的指引下形成完整的责任赔付体系，从而确保"区域"内资源安全，在全人类共同利益面临威胁以及其他国家或个人因"区域"内活动受到侵害的时候，可以得到及时、有效的补偿。在责任与赔付责任的规定中应该采用正确的归责原则，兼顾各方利益，统筹协调各行为主体的责任与赔付责任，使得权利义务达到协调，制定包含担保国、承包商、开采者以及"区域"内资源开采活动中其他主体在内的责任体系，覆盖海洋环境、施工损害、资源开采等各个方面的宽领域责任赔付范围，确保构建"区域"内资源开采的责任共同体。在未来的开采规章制定中还应该探索赔偿责任基金的设立。① 例如，在海底管理局发布的2017年版的"区域"内开采规章（草案）中就规定了设立环境责任信托基金来填补环境责任的缺口，其第68条中规定，在不能从承包者和担保国处获取与采取预防、限制或补救措施有关的费用时，将由基金来予以支付；同时，基金还要用于支付对"区域"内环境进行修复与复原所需要的技术等方面的费用。根据该款规定，基金作为"第三方"在承包者和担保国不能承担相应的责任时，予以给付。② 在2019年的开采规章（草案）中，相应的基金设立条款得到了保留，但是目前基金的设立仅是作为环境损害的基金制度，在2019年的"区域"内开采规章（草案）中作为第四部分第5节第54条③规定了"环境补偿基金"。在海洋命运共同体理念的指引下，基金制度是解决海洋问题的有效手段，践行全人类责任共同体、利益共同体的重要"武器"。因此，在未来"区域"内开采规章制定的过程中应该将环境补偿基金使用范围扩大，设立"责任赔偿基金"，对责任的赔偿范围不仅限定在环境领域，应该扩张到"区域"内矿产资源开采的各个方面、各个阶段，以此来覆盖"区域"内资源开采活动中产生的各项责任。此外，"区域"内开采规章虽然是规范"区域"内资源开采活动与赔偿责任的法律规范，但是要推动海洋命运共同体理念在其中的国际法制化实现，就是要维护全人类的海洋权益共赢，不能为了获取"区域"内资源，造成对其他主体海洋权益的损害。由此而言，"区域"内责任与赔付责任机制中海洋命运共同体国际法制化的实现也应该关注对跨境环境损害责任的规定。

---

① 参见 Pemmaraju Sreenivasa Rao. Second Report on the Legal Regime for the Allocation of Loss in Case of Transboundary Harm Arising out of Hazardous Activities, A/CN. 4/540 [R]. Report by Special Rapporteur, 2004：72.

② 参见魏妩媚. 国际海底区域担保国责任的可能发展及其对中国的启示[J]. 当代法学，2018，32(2)：35-42.

③ 参见 2019 年《国际海底区域内开采规章（草案）》第四部分第5节第54条。

(二)具体条款规定

针对"区域"内开采规章的制定,应该从以下几个方面着手:

首先,增加责任与赔付责任的相关规定。海底管理局虽然一连发布了三部"区域"内开采规章(草案),但是这三部草案中均没有提及责任与赔付责任的问题,因此在2020年《关于"区域"内矿物资源开发规章草案的评论意见》的秘书处说明中,特别提到了关于责任与赔付责任的问题,其指出:一些提交的材料提请注意,未来需要解决涉及各行为体责任和赔付责任的问题,以确保采取安全和对环境负责任的方式进行开发。特别是,提出的问题包括环境损害案件所涉各行为体的赔付责任;承包者的不可抗力免责条款,以及关切此类条款可能对海底管理局和相关国家产生的影响;与环境补偿基金有关的事项,包括此类基金的宗旨、模式和法律地位,以及对此类基金用于研究和培训目的表示的关切。① 因此,在未来"区域"内开采规章中期待可以看到对相关条款的规定,如可以增加一章以专门用来对相关内容作出规定,从而构建完整的责任与赔付责任制度。

其次,践行海洋命运共同体理念中所蕴含的责任共担精神,确立责任赔偿金制度。海洋命运共同体理念的宗旨在于维护全人类的共同海洋利益,确立共同责任,因而责任赔偿金制度的建立可以在责任主体不能完全赔付产生的损失时,实现将全人类的海洋利益损失降到最低。当前,除"区域"内开采规章中提到了环境补偿基金的问题,在有关于核损害的条约中亦有规定,如果在"区域"内作业涉及核动力船只并造成损害的时候,还有可能适用1962年的《核动力船舶经营人责任公约》(*Convention on the Liability of Operators of Nuclear-Powered Ships*),该公约在第3条第2款中规定了国家的剩余责任,即签发许可证的国家应当设立有一定额度的"必要基金",在发生损害而经营人不能或不能完全履行其应承担的责任时,由该

---

① 参见2020年第二十六届会议理事会届会,第一期会议《关于"区域"内矿物资源开发规章草案的评论意见》秘书处说明。

基金来"保证此种请求的赔付"。① 因此，在"区域"内开采规章中应该引入责任基金制度，将海洋环境补偿基金的适用范围扩大，并在增加的"责任与赔付责任"一章中对责任赔偿基金设置予以规定，包括其目的、宗旨、使用方式、资金来源等，充分发挥其损害补偿的补充作用。

最后，还应对跨境环境损害的责任赔偿立法规定作出安排。国际法的一项重要原则是，各国不得在其领土或共同空间内进行或允许活动，而无视其他国家的权利，如允许敌对的人民进入其邻国的领土。② "用自己的东西，不要伤害别人。"国家应对在其领土内发生的具有域外损害影响的活动负责。③

鉴于在外国法院提起诉讼的困难和费用，在许多法律制度中，平等权利仍然是虚置的。即使在承认平等机会的情况下，外国国内法规定的诉讼理由和补救办法也可能是有限的。最关键的是，如果损害起源国的国家法院诉诸司法的机会被剥夺，跨国索赔人根据国际法是否可以直接向该国提出追索或补救？特别是，它需要审查损害产生国是否根据国际人权法对因跨界污染而受到损害的其他国家的居民负有责任，这一问题要求我们考虑人权制度和环境制度之间的密切联系。

一个国家可以为非国家受害者援引另一个国家的责任。④ 国际法委员会关于国家责任的条款草案具体地考虑到"受害国以外的国家为集体利益行事"可以援引另一个国家的责任。⑤ 国际法委员会设想了可能出现这种情况的两种情形。第一种是违反对一个国家集

---

① 参见 1962 年的《核动力船舶经营人责任公约》第 3 条第 2 款。
② 参见 Corfu Channel（U. K. v. Alb.），Judgment，1949 I. C. J. 4，22（Apr. 9）。
③ 参见 Maria L. Banda. Regime Congruence: Rethinking the Scope of State Responsibility for Transboundary Environmental Harm[J]. Minnesota Law Review，2019，103(4)：1934-1935.
④ 参见 Edith Brown Weiss. Invoking State Responsibility in the Twenty-First Century[J]. American Journal of International Law，2002，789(96)：801-802.
⑤ 参见 Draft Articles on State Responsibility，art. 48。

团的义务，这些义务是根据某些"集体利益"而确定的，例如保护
区域环境、一项无核武器区域条约或一项区域人权制度等普遍义
务。在美洲体系内，所有国家都有法律利益确保该制度的完整
性。① 例如，美国可以对另一个州的居民因第三个州的污染而陷入
的困境表示关切，反之亦然。第二种情况是违反了对"整个国际社
会"②应尽的义务(普遍义务)。这些义务的清单将随着时间的推移
而演变，但至少将包括对基本人权的尊重。③

　　在《美洲公约》案件中，一个索赔人是否以及在多大程度上能
够根据《美洲公约》(或类似条约)直接向污染国提出索赔这个问题
对于确立跨境损害赔偿制度是否有意义，以及有多大的意义具有重
要的影响。承认各国对跨界环境退化的人权义务，但却不让受害者
获得补救是毫无意义的。首先，在国际人权法中，索赔人对国家提
起诉讼的能力是以事先用尽国内补救办法(或有证据表明这样做是
不可能或无效的)为条件的。④ 当地补救规则是一项受理要求，其
目的是在问题上升到国际一级之前，给予被告国在其本国制度内审
查和纠正损害的机会。但这却成为跨界索赔实现的一个难题，因为
造成损害的国家不是本国，而且用尽"国内"补救办法实际上意味
着外国补救办法。因此，有人建议，如果一个人因与他或她没有关
系(也没有自愿承担风险)的外国行为而受到伤害，如环境污染或
放射性沉降物，当地补救规则应予以放宽。⑤

---

　　① 参见 American Convention, art. 45(1)。

　　② Draft Articles on State Responsibility, art. 48 (1) (b); Barcelona
Traction, Light & Power Co. (Belg. v. Spain), Judgment, 1970 I. C. J.

　　③ 参见 Maria L. Banda. Regime Congruence: Rethinking the Scope of State
Responsibility for Transboundary Environmental Harm[J]. Minnesota Law Review,
2019, 103(4): 1934-1935.

　　④ 参见 Exceptions to the Exhaustion of Domestic Remedies (Art. 46(1) 46
(2)(a) and 46(2)(b)). Advisory Opinion OC-11/90, Inter-Am. Ct. H. R. 1990,
(Aug): 10。

　　⑤ 参见 Maria L. Banda. Regime Congruence: Rethinking the Scope of State
Responsibility for Transboundary Environmental Harm[J]. Minnesota Law Review,
2019, 103(4): 1953.

但是，该规则在跨界范围内仍然适用。第一，在向国际法庭提出申诉之前，申诉仍应首先在被告国的初审法院进行审查，这些法院有权下令采取临时措施并禁止造成损害的活动。如果造成损害的国家没有提供跨界索赔人可以提起诉讼的适当场所，则应认为已满足用尽办法的要求，索赔人应该能够在国际一级直接处理他们的申请。① 第二，存在着程序性环境权利及其在跨界范围内的实施问题。在发生潜在损害的情况下，产生损害的国家必须通知可能受影响的国家及其本国公众并与之协商，② 已成为一种普遍的做法。但是外国的公众呢？制度的有效性和正义都表明，国家应向处于危险中的外国人提供与其本国居民一样的获得信息、参与和补救的平等机会。美洲判例法强调平等和不歧视原则，以域外方式扩大国家义务的范围③，而国际法委员会也同样强调平等和不歧视原则的重要性。第三，要引起国际责任，就需要有证据证明受条约保护的权利受到直接损害，而且保护的义务必须对具体受影响的权利持有人履行。这就需要在跨界环境损害产生的情况下确定具体情况。认为对所有人的伤害都是对所有人的伤害，将等于对正义的否认。因此，特殊性要求应该不得用于排除涉及大类别④的索赔或为公众利益行事的索赔。第四，国内法律制度和国际层面的环境损害证明标准可能有所不同。在前者中，标准往往是严格责任，如果损害来源明确，其将有利于索赔人。在国际层面，如上文所述，人权法和国际

---

① 参见 Draft Principles on Liability, princ. 6(1)。

② 参见 Regional Agreement on Access to Information, Public Participation and Justice in Environmental Matters in Latin America and the Caribbean, art. 1 [EB/OL]. https：//treaties. un. org/doc/Treaties/2018/03/20180312% 2003-04% 20PM/CTC-XXVII-18. pdf, 2018-03-04/2021-09-24.

③ 参见 Juridical Condition and Rights of the Undocumented Migrants, Advisory Opinion OC-18/03, Inter-Am. Ct. H. R. (ser. A), 2003, (18)：83-101; Environment and Human Rights Advisory Opinion. 238-248.

④ 参见 Juliana v. United States, 217 F. 3d 1224, 1243-44 (D. Or. 2016); Covington v. Jefferson Cnty. , 358 F. 3d 626, 651 (9th Cir. 2004) (Gould, J. , concurring)。

环境法都要求提供证据，证明国家没有作出适当的努力，例如，没有管制、控制或执行其法律。这意味着，在国际诉讼程序中，索赔人的举证责任可能比在国内诉讼程序中高得多（而成功的可能性则低得多）。因此，跨界损害索赔在实施方面会存在一定的障碍，但这些障碍并非无法克服的。例如，一般可以先通过跨国诉讼手段向被诉国法院提出索赔，而国际人权法则将在跨国诉讼无法产生有效补救的情况下提供后盾和最后的手段。[1]

通过这些分析可以得出，在"区域"内开采规章制定中应该增加关于跨境环境损害赔偿的规定，各行为主体，如承包商负有防止、减少和控制跨界环境损害的义务；担保国也被赋予监督、确保其避免造成跨境损害的义务，以及在减轻跨界损害的危险方面应该主动与可能遭受影响的国家积极进行合作的义务，同时还要规定在"区域"内矿产资源开采活动中造成跨界损害的救济措施以及损害争端的解决方式。

各国应单独或联合采取一切必要措施，防止、减少和控制来自陆地的污染，它们也有义务确保其领土内陆基源的排放不污染其国家管辖范围以外的其他国家或地区的海洋环境。"区域"内跨境环境损害制度的构建需要在海洋命运共同体理念的指引下建立海洋保护区以保护相干地区免受污染，需要对沿海地区的重大项目进行环境评估，加强国家之间的科学和技术合作，一些国家政府已经对相关方案进行了修改，以应对其特殊的环境挑战和发展优先事项。

本 章 小 结

海洋命运共同体的国际法制化实现需要先选取典型的领域作为例证予以实践。选取"区域"内开采规章制定作为实践海洋命运共同体及其国际法制化的场域，既可以运用海洋命运共同体理念来解

---

① 参见 Maria L. Banda. Regime Congruence：Rethinking the Scope of State Responsibility for Transboundary Environmental Harm[J]. Minnesota Law Review, 2019，103（4）：1956.

决"区域"内资源开采遇到的问题，检验海洋命运共同体的实效性，又可以在海洋命运共同体理念的指引下完善"区域"内开采规章制定中的相关规则与制度；同时海洋命运共同体理念在"区域"内开采规章制定中国际法制化的实现，既可以证明海洋命运共同体国际法制化的现实可行性，又可以探索从重点到整体扩散的模式，推动海洋命运共同体国际法制化的完成。

当前，海底管理局已经发布了三个版本的"区域"内开采规章（草案），2021 年的海底管理局第 26 届大会又讨论了未来海底管理局在制定"区域"内开采规章中的工作任务。现有的"区域"内开采制度，包括已经发布的开采规章（草案）虽然在不断地改进与完善但仍然存在一些不足之处，着重体现在"优先开采权"，海洋环境的保护与保全，担保国责任以及各行为主体的责任与赔付责任问题上。值此之际，引入海洋命运共同体理念，解决"区域"内资源开采活动遇到的问题，在上述四个方面探索海洋命运共同体的国际法制化，完善相关制度内容，将产生深远意义，既能够作为例证推动海洋命运共同体国际法制化的实现，又能够实现全人类在"区域"内的利益共享。

在海洋命运共同体理念指引下完善"优先开采权"制度，既可以实现开采者与受益者之间的权利义务平衡，又可以对"区域"内的矿产资源实现先期开发，让"区域"内资源早日发挥价值造福人类，还可以在先驱投资国的带领下，使得更多的开采者参与"区域"内矿产资源的开采，实现"区域"内资源开采主体的广泛性。担保国或作为"区域"内矿产资源开采活动的实际承包商，或开采者的担保国，对于确保开采者能够按照法律与合同从事开采活动，不致发生海洋环境损害与资源损失有着重要的作用。因此，要在海洋命运共同体理念指引下完善担保国制度，弘扬大国责任，不仅要求其适用"确保"义务，履行"尽职"责任，还应该要求其采取切实行动，对开采者进行监督与管理，并探索引入无过错责任原则，令担保国对开采者造成的损害承担赔偿责任。

"区域"内海洋环境对整个海洋生态安全有着至关重要的作用。海洋命运共同体理念及其国际法制化要求在从事"区域"内矿产资源开采活动的时候，要贯彻可持续发展原则，既要保护当代全人类的"区域"内财产，也要保护子孙后代在"区域"内的资源不受损害，实现代内与代际之间的公平。最后，当"区域"内矿产资源开发活动一切准备就绪，对于开采之后的事宜也应做好统筹安排，此即"区域"内矿产资源开采活动中各行为主体的责任与赔付责任，这属于一种事后追偿机制。在海洋命运责任共同体的构建中，各参与方不仅是惠益分享主体，也是责任承担主体，在这种理念下，完善"区域"内开采规章制定中的责任与赔付责任制度，可以采用设立赔偿基金的制度，将事后补偿机制转变为事先预防措施，在开采者及其担保国无力进行赔偿的时候，由基金进行补偿赔付，同时加强各国之间的合作，分摊风险，将全人类的海洋利益损失降到最低。

海洋命运共同体理念在"区域"内开采规章的制定中有重要的纾解作用，当前"区域"内开采规章制定中尚存有：优先开发权问题、担保国责任问题、海洋环境保护与保全问题、责任与赔付责任的问题需要解决。海洋命运共同体理念在"区域"内以上问题中国际法制化的实现，不仅可以为有效解决这些问题提供新思路、新途径，还可以进一步推动海洋命运共同体国际法制化的整体实现。

第五章　海洋命运共同体国际法制化与"区域"内实现的中国应因

　　"区域"作为"全球公地"的重要组成部分，其地位日益受到人们的关注。无论是发达国家还是发展中国家，无论是西方传统大国还是新独立的太平洋岛国，都在寻求制定符合本国国情和有关国际形势的"区域"内开采政策或战略，以及相关法律法规。"区域"内资源关系着未来各国海洋矿产资源的补给，且国际社会正在通过制定一系列规定，以使得不论各国规模如何，都能够便利其私营企业可以获得"区域"内开采权，这就更进一步使得"区域"内资源的开采和价值的实现成为可能。这也使得，一些国家想要以各种方式，尽最大的可能在"区域"内获得更多的权益，实现在"区域"内资源的本国利益最大化。而与此同时，这些国家还可以通过解释、适用相关国际法律，更甚者是通过国家实践，对国际海洋法的演变产生重大影响，或引领国际海洋规则的构建。①

　　《海洋法公约》在第十一部分中规定了"区域"内探矿、勘探以及采矿活动的法律框架。一些国家已经通过制定国内深海采矿法履行了它们根据《海洋法公约》和海底管理局颁布的深海采矿条例所应当承担的义务。2016年，中国通过了《深海法》，其旨在确保对由中国政府担保的承包商从事的深海底活动进行有效监管，并确保承包商遵守海底管理局颁布的规则和条例。中国的《深海法》高度

---

　　① 参见 Isabel Feichtner. Mining for Humanity in the Deep Sea and Outer Space: The Role of Small States and International Law in the Extraterritorial Expansion of Extraction [J]. Leiden Journal of International Law, 2019, (32): 255-274.

208

重视承包商在"区域"内开采活动中的海洋环境保护。多年以来，中国为推动"区域"内开采规章制定，以及资源开采的早日实现和为中国争取到更多的海洋权益，积极进行了多项实践与探索。

然而，由于中国《深海法》制定起步较晚，相较于各海洋大国，中国还没有形成成熟的深海法律体系。因此，中国在推动"区域"内开采规章的制定与引领国际海洋规则构建的道路上难有良好效果。同时，作为中国海洋治理智慧被提出的海洋命运共同体理念若要想实现国际法制化，就必须通过中国自身的实践行动来推动其发展与丰富，彰显其责任共担、利益共赢的强大魅力，从而为国际社会所广泛接受，最终构建成海洋命运共同体。

因此，本章首先简要介绍了中国深海法体系的建设现状，考察了中国《深海法》的关键条款，剖析了中国在"区域"内开采规章制定过程中的多方利益平衡，与海洋命运共同体理念对该目的实现的重大意义。① 同时，本章也重点关注中国《深海法》相较于"开采规章"以及其他海洋大国的深海采矿法的不足之处，通过对中国"区域"内体系建设与海洋命运共同体的实践现状的分析，提出了中国《深海法》的完善与深海法体系的构建蓝图；最后建议中国应该进一步密切关注"区域"内开采规章的制定，推动海洋命运共同体在"区域"内开采规章制定中的尽快落实，并引领"区域"内规则的构建，提升中国在"区域"内的话语权，从而实现中国的"区域"利益主张，推动海洋命运共同体国际法制化的实现与海洋命运共同体的构建。

第一节　海洋命运共同体国际法制化与"区域"体系建设的中国现状

自《海洋法公约》将"区域"内资源开采以法律的形式固定下来，

---

① 参见 Shen Hao. International Deep Seabed Mining and China's Legislative Commitment to Marine Environmental Protection [J]. Journal of East Asia and International Law, 2017, 10(2)：489-500.

各个国家在"区域"内的活动也越来越频繁，中国在"区域"内的相关活动不仅紧跟时代发展需求，也使得中国成为"区域"内资源开采利用的引领国和先驱投资者。但很遗憾的是，中国虽然积极参与"区域"内的资源勘探与开采活动，陆续加强相关研究，密切关注"区域"内相关法律法规的制定，积极配合海底管理局的工作与行动，但是中国迄今为止还没建成完整的深海法体系，更没有一部完善的深海采矿法，直到 2016 年中国《深海法》的问世才填补了中国深海采矿法规的空白。2019 年，海洋命运共同体理念的提出为解决全球海洋治理困境提出了一个新的方案。然而，海洋命运共同体这一理念中包含的权利义务关系只有以国际法制化形式固定下来，才能达成最终目的。这就需要中国首先付诸行动，积极践行海洋命运共同体理念，最先实现海洋命运共同体的国内法制化，尤其是在深海法体系中的法制化。中国在"区域"内制度国内法上的缺失，与海洋命运共同体理念在"区域"制度上的未落实，都是导致中国深海法体系尚不完善的重要原因，其也会一进步导致中国在"区域"内制度构建中话语权缺失，最终结果就是中国在"区域"内的资源得不到保障，海洋命运共同体错失了在"区域"内国际法制化的良机，阻碍了海洋命运共同体国际法制化的进程与海洋命运共同体的最终实现。

一、中国海洋命运共同体国际法制化的实践与未来

中国积极参与到"区域"内矿产资源的开采事务，主动申请"区域"内资源开采矿区。例如，中国早在 1991 年在太平洋上获得了一块 15 万平方公里的勘探开采区。① 1999 年，中国针对上述所获勘探开采区完成了一半的区域勘探义务，同时对另一半进行了区域放弃。中国大洋协会为中国获得了第一块富含多金属结核深海海底矿区的优先开采权，标志着中国拥有了属于自己的一块"区域"内"蓝

---

① 参见中国出席联合国国际海底管理局和国际海洋法法庭筹备委员会 [EB/OL]. http://www.comra.org/，2022-02-22/2022-03-15.

色矿区"。① 此后，中国在"区域"内的探矿与勘探中，逐步取得了重大成果。2011 年，又获得了一款多金属硫化物矿区。② 2012 年中国成功完成了"潜龙一号"的试海验收工作，标志着中国在"区域"内资源的勘探、开采装备实用化改造领域向前迈进了重要一步，将为中国远洋深海资源勘查提供可靠保障。③ 在深海勘探方面，自 20 世纪 80 年代至今，中国先后共组织了 70 余航次的海洋考察。2021 年 11 月，中国大洋第 69 航次科考任务圆满完成。在这么多次的海洋考察中，中国提出具有中华文化特征的地理命名案，并获得了批准；建成了国家深海基地、大洋样品馆、大洋资料中心等一批公共服务平台，为深海事业的发展奠定了基础。④ 2014年 8 月 8 日，海底管理局秘书长收到了中国五矿集团有限公司（以下称"五矿集团公司"）的一份申请，要求批准在该地区勘探多金属结核的工作计划。法技委在审查工作计划后，建议理事会批准五矿集团公司提交的多金属结核勘探工作计划。这使中国大洋协会成为第二个与海底管理局签订勘探富钴锰铁合同的实体。⑤ 随后，其又于 2017 年 5 月与海底管理局签署了一份多金属结核勘探合同。⑥

①　中国大洋矿产资源研究开发协会. 国际海底区域资源开发战略研究报告［R］，1999. 23.

②　参见中华人民共和国中央人民政府. 中国大洋协会与国际海底管理局签订矿区勘探合同［EB/OL］. http：//www. gov. cn/jrzg/2011-11/18/content_1997532. htm，2011-11-18/2022-02-22.

③　参见"潜龙一号"无人无缆绳深潜器南海成功海试［N］. 中国海洋报，2013-05-23（001）.

④　参见刘峰，等. 中国深海大洋事业三十年的跨越发展［EB/OL］. http：//aoc. ouc. edu. cn/2021/1012/c9821a352697/page. htm，2021-10-12/2021-12-01.

⑤　参见国务院. 中国大洋协会与国际海底管理局签订富钴结壳勘探合同［EB/OL］. http：//www. gov. cn/xinwen/2014-04/29/content _ 2668705. htm，2014-04-29/2021-12-01.

⑥　参见 China Minmetals Corporation Signs Exploration Contract with the International Seabed Authority，ISA NEWS［EB/OL］. https：//www. isa. org. jm/news/china-minmetals-corporation-signs-exploration-contract-international-seabed-authority，2017-05-12/2021-10-03.

中国也由此成为了世界上唯一同时拥有三种"区域"内资源矿区的国家,进一步表明了中国在"区域"事务中扮演着越来越重要的角色。①

　　中国作为《海洋法公约》缔约国,充分认识到"区域"内资源潜在的经济利益,它一直积极参与在海底管理局协调之下的探矿和勘探"区域"内矿物资源的实践,并积极与海底管理局相协调。2010年,中国就国际海洋法法庭海底争端分庭咨询案提交了书面意见,对担保国在"区域"内资源勘探开采活动期间所应该负有的义务与承担的责任等相关问题表明了自己的立场。② 2017年,中华人民共和国政府针对于海底管理局发布的"区域"内开采规章(草案)发表了《关于〈"区域"内矿产资源开发规章草案〉的评论意见》,针对于"区域"内开采规章制定中的关键性问题,如优先权问题、惠益分享机制、担保国作用、行政审查机制等发表了中国的态度与观点。③

　　此外,中国有关"区域"内制度的建设也在近年来取得了一定的突破。2016年《深海法》的出台为中国的深海事业提供了重要的法律保障。《深海法》较为全面地规定了"区域"内从事资源开采活动各主体的权利与义务。该法的出台不仅有助于中国更好地履行《海洋法公约》及海底管理局规定的担保国责任,同时也为包括自然人、法人和其他组织在内的中国主体从事"区域"内资源开采活动提供了行为准则,更是有利于中国与国际接轨,积极主张"区域"内的中国权益,建设法治海洋、完善中国海洋法体系、参与国际海洋事务。《深海法》共七章29条,对于规范中国在"区域"内的勘探开采工作,环境保护及推进深海技术发展有重大的作用。该法

---

①　参见潘耀亮,朱晖.我国对国际海底区域开发法律制度完善研究[C].辽宁省法学会海洋法学研究会2016年学术年会论文集,2017.86.

②　参见叶泉.论全球海洋治理体系变革的中国角色与实现路径[J].国际观察,2020,(5):74-106.

③　参见国际海底管理局.中华人民共和国政府关于《"区域"内矿产资源开发规章草案》的评论意见[EB/OL].https://www.isa.org.jm/files/documents/EN/Regs/2017/MS/ChinaCH.pdf,2017-12-20/2021-03-15.

在第 2 条中扩大了"区域"内资源开采的主体,规定符合申请条件的中国公民可以申请"区域"内资源勘探开采,① 鼓励、引导公民独立从事"区域"内资源的勘探开采。在内容上,《深海法》规定了勘探、开采的各种制度;在法律责任上,规定由国务院海洋主管部门对"区域"内资源的勘探开采活动进行监督检查,同时规定了违反本法规定的行为应当承担的行政责任、民事责任、刑事责任等。② 中国也因此成为继英、美、德等国之后第十四个制定国内深海法律的国家,表明了中国开采"区域"内资源的决心与利益诉求。③

　　海洋命运共同体是一个倡导共同参与海洋治理的政治理念共同体。从根本上说,海洋治理成效的提升同样离不开各国对"对话协商、共享共建、交流互鉴、绿色低碳"等治理方式的支持,以及对共建"和平之海、安全之海、友谊之海、合作之海、清洁之海"理念的认同。因此,只有摒弃零和博弈思维,坚持走责任共担、合作共赢道路,才能提高海洋治理成效,打造更加紧密的海洋命运共同体。而在此时,海洋命运共同体理念再次宣示了中国"在追求本国利益时兼顾他国合理关切,在谋求本国发展中促进各国共同发展"的初心。④ 采用专门立法来调整"区域"内的活动是国际上通行的模式,也更加符合中国的实际情况,因而应为中国所采纳。中国在推动海洋命运共同体国际法制化以及其在"区域"内开采规章制定中实现的未来,应该进一步在海洋命运共同体理念的指引下,积极履行《海洋法公约》规定的义务,提升中国在"区域"内规则制定中的话语权,规范中国在"区域"内的活动,维护与拓展中国在"区域"

　　① 参见《中华人民共和国深海海底区域资源勘探开发法》第 2 条。

　　② 参见《中华人民共和国深海海底区域资源勘探开发法》第 23、24、25、26 条。

　　③ 参见潘耀亮,朱晖.我国对国际海底区域开发法律制度完善研究[C].辽宁省法学会海洋法学研究会 2016 年学术年会论文集,2017.88.

　　④ 参见李海龙,崔梦.构建海洋命运共同体:为全球海洋治理贡献中国智慧[N].山东党校报,2021-03-10(004).

内的利益。① 以《海洋法公约》为主体的"区域"法律制度中，有多处条文明确指出缔约国有制定"区域"开采国内立法的义务。制定"区域"开采国内立法是中国应尽的义务，也是中国该享有的权利，中国制定"区域"开采国内法有充分合理的国际法依据。

作为负责任的大国，中国在坚持人类共同继承财产原则的同时，应深度参与国际立法进程，在提升中国的规则制定能力和话语权的同时，积极反映中国的利益与关切，为合理、有序、可持续开采"区域"内资源贡献中国智慧。

二、中国深海法体系现状与评析

针对"区域"内资源开采活动最早进行立法的是美国，其在1980 年颁布了《美国深海海底硬矿物资源法》（*American Deep Seabed Hard Mineral Resources Act*），随后英、法、日、德等国家也纷纷制定"区域"内开采的国内立法。与之相比，中国的"区域"内资源立法已经落后于国外逾 40 年之久。②

海底管理局 20 多年来首次启动了国际海底制度定期审查制度，标志着现有制度框架正迎来是维系、调整还是变革的动荡期。③ 这对中国的深海勘探开采来说，既是挑战，也是机遇。④ 为制定免除中国政府承担赔偿责任的必要法定条件，更是中国作为担保国应履行的法律义务，⑤ 中国于 2016 年出台了《深海法》，规定了相应的制度，如承包者违规作业应当承担的责任，等等。但目前，在"区

① 参见张湘兰，叶泉. 中国国际海底区域开发立法探析[J]. 法学杂志，2012，33(8)：72.

② 参见张湘兰，叶泉. 中国国际海底区域开发立法探析[J]. 法学杂志，2012，33(8)：73.

③ 参见薛桂芳主编. 海洋法学研究（第 1 辑）[M]. 上海：上海交通大学出版社，2017.125.

④ 参见杨震，刘丹. 中国国际海底区域开发的现状、特征与未来战略构想[J]. 东北亚论坛，2019，28(3)：122.

⑤ 参见贾宇，XIE Hongyue. "区域"资源开发与担保国责任问题——中国深海法制建设的新发展[C]. 中国海洋法学评论，2016，(1)：13-38.

域"内开采上，相关法律体系依然存在不足，2016 年出台的中国《深海法》虽填补了有关立法空白，但其内容仍然较为笼统，而其他已出台的相关规范性文件在法律层级上较低，在适用范围上较窄，需要配套制度加以完善，例如，虽然规定了承包者责任但是仍需要在权力义务上予以详细规定。① 由于框架性较强，该法尚存在如申请主体范围较窄、担保制度不明以及义务分配失衡等问题。中国作为"区域"内矿产资源开采的重要担保国，建议除进一步完善既有立法外，还应及时出台担保、监管与环保方面的相关配套规则。②

具体而言，例如，《深海法》中规定的承包者义务范围③，资源开采过程中的突发事件应急预案及处理措施④，承包者的海洋环境保护义务，如评估活动影响、制定和执行监测方案、保护生物多样性⑤，第 23～26 条规定对违法违规承包者的惩罚机制⑥等内容，都明显具有原则性特征，仍需进一步细化或完善。另外，在《深海法》的现有条文中并未出现"担保"二字，难免会让人误以为有违反《海洋法公约》规定义务之嫌，⑦ 或者是否会给其他国家可乘之机，借机"抹黑"中国，认为中国未承担《海洋法公约》规定的担保责任，或者是在产生损害纠纷时，即便中国履行了担保义务，也因为"缺失"担保内容而被要求承担相应的担保责任都不无可能，也将对中

---

① 参见薛桂芳主编. 海洋法学研究(第 1 辑)[M]. 上海：上海交通大学出版社，2017. 135-136.

② 参见李文杰. 也谈国际海底区域担保国的法律义务与责任——以国际海洋法法庭第 17 号"咨询意见案"为基点[J]. 河北法学，2019，37(1)：113.

③ 参见《中华人民共和国深海海底区域资源勘探开发法》第 9 条。

④ 参见《中华人民共和国深海海底区域资源勘探开发法》第 11 条。

⑤ 参见《中华人民共和国深海海底区域资源勘探开发法》第 12 条、第 13 条、第 14 条。

⑥ 参见《中华人民共和国深海海底区域资源勘探开发法》第 23 条、24 条、25 条、26 条。

⑦ 参见张梓太. 构建我国深海海底资源勘探开发法律体系的思考[J]. 中州学刊，2017，(11)：53-54.

国产生不利影响。因此，相关部门有必要作出进一步明确。加之，中国申请者也只有在获得中国的担保以后才能与海底管理局签订合同，取得在"区域"内的勘探开采"矿区"，进而开展相关活动①，所以担保国责任既是中国必须履行的国际义务，担保国制度也是中国在《深海法》中必须要规定的内容。另外，《海洋法公约》中要求担保国应当履行的各项义务，在《深海法》第9条规定所列举的承包者义务中未能全面地予以落实和规定，如"履行勘探、开发合同义务"与"保护海洋环境义务"两项在《深海法》的第2、3章中得到了专章规定，但"保障人身和财产安全"与"保护文物和铺设物"的义务却并未在《深海法》中有专门规定。此外，尚有"区域"内活动应当顾及沿海国的合法权益②以及与其他活动相适应的义务③等内容未在中国《深海法》中有所涉及。而以上提到的这些义务对于"区域"内资源的开采都具有重要的作用，且依照《海洋法公约》规定，这些义务具有同等法律地位，如此，也理应包含于《深海法》的相关条款规定之中。④

在《深海法》的通过之前，中国已有多部资源和矿产勘探开采法律法规，但这些法律只规范中国国家管辖范围内的采矿活动。⑤例如，《中华人民共和国矿产资源法》及其实施细则，《海洋工程建设项目对海洋环境污染和破坏防治管理条例》，等等。从以上法律的标题可以推断，现有法律的管辖权都在国界之内，没有一项法律适合管理"区域"内的资源开采活动。

---

①　参见贾宇：《深海法》奠定我国深海法律制度的基石［EB／OL］. http：//ocean. china. com. cn/2016—03/22/content_38083911. htm，2016-03-22/2021-12-17.

②　参见《联合国海洋公约》第142条。

③　参见《联合国海洋公约》第147条。

④　参见肖湘. 发达国家国际海底区域立法及对中国的启示［J］. 长沙理工大学学报（社会科学版），2015，30（5）：88.

⑤　参见ISA，Decision of the Council of the International Seabed Authority，ISBA/17/C/20［EB／OL］. http：//www. isa. org. jm/files/documents/EN/17Sess/Council/ISBA-17C-20. pdf，2011-07-21/2021-04-03.

法律的缺失会对中国在"区域"内资源开采的发展带来极为不利的影响，不仅会使得中国的开采主体缺乏法律依据，缺少监管，使得中国企业在国际上可能面临被诉讼的风险，更使得中国企业在"区域"内的活动没有法律保障，在被诉讼的时候，更得不到权益救济；同时也使得中国容易遭到他国的"抹黑"与"恶意攻击"，因缺少对"担保国责任"的规定而面临指责和纠纷，同样也无助于中国在海底管理局及有关规章的制定中发挥更大作用，丢失中国在"区域"内的话语权，导致中国在"区域"内的合理利益主张得不到承认，更有甚者可能会引发严重的国家责任。① 因此，中国在海洋命运共同体理念下，完善本国内的《深海法》，构建完整的深海法体系与制度，推动实现海洋命运共同体"区域"内的国际法制化，保障中国在"区域"内的权益，已然是势在必行。

第二节　海洋命运共同体国际法制化视域下的
中国深海法体系完善

中国的《深海法》由总则、勘探与开发、环境保护、科学技术研究与资源勘查、监督检查、责任追究和补充规定七章组成，共计29 条，比其他国家的类似立法更短。这也使得中国《深海法》所体现的法律制度大多是笼统的。作为中国的惯例，国务院可能会颁布规定来填补剩余的漏洞。因此，在海洋命运共同体理念指引及其国际法制化要求下，中国应该尽快完善《深海法》相关制度，并指导相应的配套实施规定，构建起中国深海法体系。

海洋命运共同体作为全球海洋治理与秩序变革的全新理念，其国际法制化也将成为未来全球海洋事务的基本准则，"区域"内国际法制化实现则是海洋命运共同体国际法制化道路上的关键一步。因此，中国应该作为"先行军"积极展开行动，既要在推动海洋命运共同体国际法制化的进程中构建和完善本国的深海法体系，为中

---

① 参见张湘兰，叶泉. 中国国际海底区域开发立法探析[J]. 法学杂志，2012，33（8）：72.

国在"区域"内利益的实现提供行动指南与法律保障，又要把握海洋命运共同体在国内深海法体系中法制化的这一有利时机，推动海洋命运共同体在"区域"内开采规章制定中的实现，让国际社会广泛接受与认可海洋命运共同体理念，实现海洋命运共同体在全球海洋治理秩序中的规范引领作用，让更多的国家加入海洋命运共同体的建设。实现海洋命运共同体国际法制化下的中国深海法体系完善，需要首先树立海洋命运共同体的最高立法指导思想和基本原则，坚决落实共建共商共享的"三共"原则，同时要从宪法、海洋基本法、深海法以及深海法配套政策等多个维度，各个法律层级来实现中国深海法体系的构建与完善，在海洋命运共同体价值、公平原则、可持续发展原则等原则及其国际法制化的指导下，修改与完善中国《深海法》中相关的优先权、环境保护、担保国责任、责任与赔付责任以及国际合作等基本法律制度。

一、立法指导思想与原则

"工欲善其事必先利其器"，实践行动需要有思想理念的先导性指引。中国《深海法》的完善与深海法体系的构建需要在坚持海洋命运共同体理念的指引下，明确中国的立场与态度，坚持中国的基本原则，并时刻牢记推动海洋命运共同体国际法制化实现的时代使命。

(一)思想高度与立场

中国在"区域"问题上一直坚持发挥大国精神，对于"区域"资源的开采与分配上，始终坚持要兼顾各方利益，实现全人类的利益共赢。中国在未来"区域"开采规章制定过程中以及中国深海法体系完善的过程中，应该在海洋命运共同体理念的指引下，发挥"引领国"的作用，这也是构建"海洋利益共同体"的一项重要内容。中国要进一步坚持自身利益为重，全人类利益为重，依照海洋命运共同体的惠益分享、公平公正、合作共赢的基本理念，来制定中国深海法体系并使之不断完善；在海洋命运共同体秉承的责任共担精神下，积极履行《海洋法公约》中规定的担保国责任，加强对开采者的监督与管理；在海洋命运共同体"清洁海洋"宗旨的要求下，加强对"区域"内开采活动中海洋生态环境的保护。

海洋命运共同体作为中国为全球海洋治理方案提供的智谋，中国应该在海洋命运共同体理念的指引下，坚持中国在深海法体系构建过程中的基本立场，坚决维护"区域"内资源为全人类共同利益服务的目标，坚决维护中国在"区域"内的核心与根本利益，保障中国在"区域"内的合法权益；树立海洋命运共同体为解决"区域"内相关问题的基本原则，并逐步推动其在"区域"内的国际法制化实现，首先探索实现"区域"内全人类共同利益的利益共同体。

此外，还应在海洋命运共同体理念的引导下，充分挖掘"共同体"的丰富内涵与价值，让共同体的深厚价值指引中国海洋法体系的构建以及深海法体系的完善。前已述及，海洋命运共同体理念中所蕴藏的共同体价值不仅是其作为海洋治理全新方案的核心理论贡献与行动方向，更是构建海洋命运共同体所最终要达成的价值追求与目标愿景。而与此同时，广义上的共同体理论与内涵所包含的重要价值与意义无论是对中国的海洋立法完善还是对中国的海洋法律实践都将会产生重大的影响，指引着中国从全人类海洋利益的角度出发，制定、修改、完善深海法规则与体系，构建"区域"内海洋利益共同体，从而更进一步推动海洋命运共同体的构建及其国际法制化的实现。

（二）中国应坚持的原则

中国应该坚持"共商、共建、共享"的"三共原则"，并在深海法体系构建中予以体现和贯彻，以此推动"区域"内矿产资源的有序开采，以及争端的和平解决，同时还应该坚决贯彻落实全人类共同继承财产原则，通过不得据为己有、共同管理、共同使用等内涵的延伸，来达成全人类共同继承财产的目的，实现海洋的共同繁荣。

1. "共建、共商、共享"原则

"共建、共商、共享"原则可以作为全球海洋综合管理的基本原则。其中，共商是前提，只有在共商前提下的共建才有可能实现，才更有意义，才能够保证共建中的公平；共商强调的是国家彼此之间的团结与协作，寻求各国"有事商量着办"，在海洋综合管理问题上共同商量、共同谋划，也只有有效的协作才能开启之后的进程。共建是基础，在各国利益之间寻求最大公约数，实现"平等互利"。共享是目标与结果，只有在共建的基础上，共担风险与责任，才能真正实现共享权利与惠益。①"共建、共商、共享"原则不仅是海洋命运共同体实现"促进海上互联互通""共同增进海洋福祉"的基本原则，更是通过对海洋管理发挥其"预防+解决+管理"的良好机制作用，从而实现海洋命运共同体视域下的海洋综合管理目标，是实现海洋命运共同体国际法制化，推动"区域"内开采规章制定、解决"区域"内争端纠纷，实现"区域"内全人类资源公平分享的重要途径。②"共商、共建、共享"原则不仅通过在平等协商下沟通机制的完善可以将争端扼杀在萌芽状态，从而在初期有效避免关于"区域"内资源开采的海洋争端发生，同时即便是各国之间发生了相关的涉海争端，也可以通过共商共建的方式将争端稳定在最低状态，避免争端的升级，可以有效化解分歧，从而可以最终实现共同分享共建海洋所带来的福祉。③

　　共商，是指各行为主体之间，主要是各国家之间本着"有事好商量""有事要商量""有事先商量"的信任理念，在遇到问题的时候，先与相关国家进行协商，以期避免司法程序就可以将问题解决。各国家不分大小，不论强弱，只要有利于双方的经济繁荣、人民福祉的均可基于平等的立场进行公平的协商。在《海洋法公约》中，以及《联合国宪章》中就直接表明各国应该本着和平解决问题的态度，进行友好协商与谈判，这就是全球海洋治理中共商的基础来源。

　　中国在完善深海法体系的过程中，更要进一步强调该原则重要

---

　　①　参见孙传香."海洋命运共同体"视域下的海洋综合管理：既有实践与规则创制[J]. 晋阳学刊，2021，（2）：104-114.

　　②　参见杨泽伟. 共商共建共享原则：国际法基本原则的新发展[J]. 阅江学刊，2020，12(1)：86-93.

　　③　参见孙传香."海洋命运共同体"视域下的海洋综合管理：既有实践与规则创制[J]. 晋阳学刊，2021，（2）：104-110.

性。针对于现有的一些争端，或在"区域"内资源开采过程中产生的争端，应当本着和平的态度，积极寻求与各国家的共商，从而可以有效地化解分歧，避免进入司法程序，导致"两败俱伤"，或者由于冗长的司法程序与时间而拖延共同开发的进程，影响各方的根本利益。中国应积极倡导通过各方共商来解决"区域"内海洋治理与资源开采过程中出现的争端，并推动"区域"内开采规章的制定，以及海洋命运共同体的国际法制化。

海洋命运共同体理念及其国际法制化指引下的协商就意味着在充分运用谈判、磋商等方式的基础之上友好订立双边或多边条约与协定，或通过批准、加入国际公约，秉承条约必守原则，制定国际规则并积极履行。[1] 海洋命运共同体国际法制化中的协商，必须以多国治理为特征。21 世纪全球海洋治理的现代化应建立在海洋利益诉求的多样性和海洋治理主体的多样性基础之上。协商对话是实现多国海洋治理的核心机制，正如习近平主席所指出，协商是民主的重要形式，也是国际治理的重要方式。在推动海洋命运共同体建设与国际法制化实现和中国深海法体系完善的过程中，应当通过对话解决争议，通过协商解决争议。在国际和地区层面，要构建全球海洋伙伴关系，走沟通而不对抗、结伴而不结盟的国与国交往新路，利益共赢的新路。[2]

共建，是指经协商的双方或多方，本着共同的宗旨，原则与目的的基础上，围绕感兴趣或达成一致的、或涉及共同核心利益的领域展开合作，在共建的过程中共同确定建设的方向、建设的内容、建设的设计与规划、建设成效等问题。共建是指共同建设、共同开发、共同操作，以多国治理为特征的现代全球海洋治理理念要求以合作治理为其主旋律，创立更多新国际海洋组织与治理海洋的国际

---

[1]　参见郭萍，李雅洁. 海商法律制度价值观与海洋命运共同体内涵证成——从《罗得海法》的特殊规范始论[J]. 中国海商法研究，2020，31(1)：75-76.

[2]　参见史瑞杰. 协商民主是我国社会主义民主政治的特有形式和独特优势 [EB/OL]. http：//theory. people. com. cn/GB/n1/2018/0323/c40531-29884377. html，2018-03-23/2021-12-17.

条约，满足海洋发展需求，从而有效应对和解决治理过程中遇到的各种问题。① 总之，现代全球海洋治理理念必须以合作为特征。这也就进一步要求中国在构建深海法体系，推动"区域"内开采规章制定与海洋命运共同建设的过程中，要秉持"共建"的核心思想，积极参与国际海洋立法进程，积极参与国际海洋事务，完善中国《深海法》的基本制度，使之与国际社会有效接轨，在"区域"内的建设与资源开采上，加强与各国国家之间的联系与合作，共同开采"区域"内的宝贵资源，共同维护深海底生态环境，共同维护全人类的共同继承财产。

　　共享，可以说既是一种过程也是一种结果。所谓"过程"，是指在共建的过程中各国要给予已有的成果，或在建设的过程中实现资源的互联互通，共享已有的一些信息与资源，为的是能够更好地进行"共建"，也是实现共建的重要一步；所谓"结果"，就是通过一系列的过程，如前面的共商、共建，最终要达到共享的结果，实现共享的目标，就是要对通过建设取得的成就与收益予以分享，并在保持公平公正的基础上进行分享，是指双方或多方能够基于成果共有、信息共享、利益分享等原则，享受海洋命运共同体建设所带来的红利，所实现的普惠性利益成果，所取得的重要成就，以及命运共同体建成所带来的重要价值。② 以多国治理为核心的现代全球海洋治理理念，要求各国团结起来共同应对海洋危机，共享海洋治理所带来的红利，促进人类全面发展。共享全球海洋治理成果和红利是现代全球海洋治理模式所要追求的根本目标。构建海洋命运共同体，实现海洋利益由全人类所共享，是现代全球海洋治理的终极目标。③

---

　　① 参见卢芳华. 海洋命运共同体：全球海洋治理的中国方案[J]. 思想政治课教学，2020，(11)：44-47.

　　② 参见冯梁. 构建海洋命运共同体的时代背景、理论价值与实践行动[J]. 学海，2020，(5)：15.

　　③ 参见 Jinyu Qian. A Community with a Shared Future for Human Beings in the Vision of Modernization of Global Governance：China's Expression and Practice [J]. Journal of Human Rights，2018，17(4)：402-410.

因此，中国在海洋命运共同体国际法制化视域下构建深海法体系的时候，要注意秉持共享的原则，注重利益的平衡，综合考虑"区域"内资源的公平分配，以及注重发展中国家的利益分享，推动国内法制与"区域"内开采规章制定中的信息资源共享，交流互联互通的实现，对开采过程中的信息共享、利益分享等进行合理的规定与分配。

共担①，是权利与义务相统一，在享受共建共享所带来的收益成果时，也应该认识到履行义务才能更好地享受权利，各国只有在责任共担、风险分摊的基础之上，才能更好地进行共建，实现共享。为了实现可持续发展，共担也成为了共商共建共享的题中应有之义。例如，海洋生态环境的建设与保护关涉每个国家的未来和发展，以及全人类的共同利益。而"区域"内的海洋环境又更为脆弱，对整体海洋生态安全有着重要的影响。当前，面对日益严峻的海洋环境污染问题，各国更应该共同携手，加强国家间合作、加强区际合作与治理，严格履行公约所规定的义务，共同应对"区域"内海洋环境污染问题，共同承担人类活动可能造成的海洋生态破坏的后果。

国际海事组织（International Maritime Organization，IMO）先后通过《1954 年国际防止石油污染海洋公约》（*International Convention for the Prevention of Petroleum Pollution of the Sea*）《1969 年国际干预公海油污事件公约》（*Convention on International Intervention in Cases of Oil Pollution on the High Seas*）《1972 年防止倾倒废物及其他物质污染海洋公约》（*Convention for the Prevention of Pollution of the Sea by Dumping of Wastes and Other Substances*）《1973 年防止船舶污染海洋公约》（*Convention for the Prevention of Pollution of the Sea by Ships*）（MARPOL 73/78）等。中国可以先自行批准、加入和履行上述公约，并积极发挥中国的作用，从而推动世界上其他国家也积极批

---

① 参见人民海军成立 70 周年 习近平首提构建"海洋命运共同体"［EB/OL］. http：//cpc. people. com. cn/n1/2019/0423/c164113-31045369. html，2019-04-23/2022-05-02.

准、加入与履行上述公约，以此来实现共同应对防止海洋生态环境被污染的问题。各国只有团结一心、加强合作、共同承担，才能共建海洋命运共同体。

海洋命运共同体理念中所蕴含的共建、共商、共享、共担、共赢的价值理念是化解当今全球海洋治理困境和实现海洋秩序变革的重要智慧与方案①。共商、共建、共享，三者相辅相成，相伴而生，无法割裂，是要在整个过程中共同发挥作用。共担作为保障共商、共建、共享的有效实施，既是共商、共建、共享得以实现的基本前提，又是贯穿于共商、共建、共享过程的始终，只有严格履行了自己的义务，才能更好地享有权利，享受成果。

2. 维护"区域"及其资源为全人类共同继承财产原则

在未来的"区域"国内立法中，人类共同继承财产原则应当得到坚持并且贯穿始终。当然，中国坚持将此原则写入法律并不代表就同意任由他国垄断或操控"区域"内资源，而是在此前提下，呼吁各国公平、合理、有节制地在"区域"内获取合法利益。②

中国一直坚持人类共同继承财产原则③，并深刻关切发展中国家要求重新公正分配"区域"内资源的呼声，以及要建立国际海洋新秩序的诉求。④ 因此，在构建中国深海法体系，以及推动"区域"内开采规章制定和海洋命运共同体国际法制化实现的过程中，中国应当首先重申"区域"内资源为全人类共同继承财产，任何人、任何组织、任何国家不得肆意侵占或侵吞，更不得破坏，应该由专门

---

① 参见郭萍，李雅洁.海商法律制度价值观与海洋命运共同体内涵证成——从《罗得海法》的特殊规范始论[J].中国海商法研究，2020，31(1)：75-76.

② 参见肖湘.发达国家国际海底区域立法及对中国的启示[J].长沙理工大学学报(社会科学版)，2015，30(5)：82-88.

③ 参见杨泽伟，刘丹，王冠雄，张磊.《联合国海洋法公约》与中国(圆桌会议)[J].中国海洋大学学报(社会科学版)，2019，(5)：1-12.

④ 参见 Markus G. Schmidt. Common Heritage or Common Burden? The United States Position on the Development of a Regime for Deep Seabed Mining in the Law of the Sea Convention[M]. Oxford：Oxford University Press，1989. 40.

的机构即海底管理局代表全人类对"区域"内资源进行管理，并行使相关权利，更应该秉承全人类共同继承财产的理念制定各国内法律法规与"区域"内开采规章，首先要保障对全人类共同继承财产的尊重，肯定其全员性、广泛性，这就要求在制定相关政策的时候，要做好利益的平衡与法益的权衡，公平公正地分配"区域"内资源与权益，注重保护中小国家、发展中国家的权利不受侵害，并能够给予其一定的话语权、表达权和积极有效的申诉途径。在中国《深海法》中应当确立全人类共同继承财产原则的基本地位，结合海洋命运共同体理念，切实做到"区域"内财产是为全人类开采，为全人类服务，让全人类获益，实行有效的利益分类规则，惠益分享机制，切实保证全人类能够享受到中国在"区域"内资源开采带来的利益，这也是构建海洋命运共同体的必然要求。在"区域"内资源的管理与使用上要做到让全人类可以参与其中，征求并尊重每个国家意见，给予其充分的表达机会，真正实现全人类做"全人类共同继承财产"的主人。

《海洋法公约》中虽未明确定义何为"人类的共同继承财产"，但从《海洋法公约》的其他规定并结合全文的分析来看，其可以衍生出不得据为己有、国际管理、共同使用等内容。中国构建深海法体系，完善《深海法》规定必须在恪守这些原则的基础上展开，只有这样才能使中国立法获得国际法支撑，更好地维护与谋取中国在"区域"内的合法权益。①

3. 不得据为己有原则

在国际公法领域的领土主权取得原则中有一种先占原则。先占制度的价值在于：实现物有所归，有利于物尽其用。② 但是对于"区域"内的资源来讲，国际社会已经基本形成一致意见，任何国家不得对其进行先占，更不能因为"占有"而对其享有所有权，即

---

① 参见张湘兰，叶泉. 中国国际海底区域开发立法探析[J]. 法学杂志，2012，33(8)：76.

② 参见王姗. 论国际法先占原则的合理性[J]. 长江丛刊，2016，(9)：97.

据为己有，"区域"内的资源属于全人类，即世界上的每一个国家、每一个民族、每一个个人，都对其享有所有权。在实现"区域"内开采规章制定中的海洋命运共同体理念国际法制化的过程中，应当要首先坚持这一基本前提，不得对这一原则违逆，海洋命运共同体的实现是对资源所有权的共享，这一理念正好适用于"区域"内资源的法律地位定性。中国在国内深海法体系完善与"区域"内海洋命运共同体理念国际法制化的过程中，应该坚守"区域"内资源共有的底线，进一步推动人类共同继承财产原则的国际广泛性，以海洋命运共同体理念对之进行催化，阐明其所蕴含的真实意涵，并揭示其背后所带来的巨大利益，使广大国家可以深刻认识到对"区域"内资源不占为己有的重要意义，并能够将之付诸实践，同时还能够做到积极监督，禁止任何国家对其据为己有。

4. 国际管理原则

针对于"区域"内资源，人类要在基于"任何人不得据为己有"的前提下，对其进行管理，但为体现公平原则，"区域"内的资源应该交由国际机构代为托管，依照《海洋法公约》规定，海底管理局是全人类在"区域"内资源的代管机构，代表全人类在"区域"内对资源进行管理，行使权利，维护人类在"区域"内的资源利益。践行海洋命运共同体理念，实现其在"区域"内国际法制化，要在"共同体"要求的共同管理基础上，实现对"区域"内资源的国际管理，中国应该积极配合海底管理局的工作，并在其协调下从事相关的开采活动，同时积极推动其职能的不断完善。

5. 共同使用原则

"区域"内资源虽为全人类共同继承财产，对其开采应该极为慎重，但是"区域"内资源只有得到开采利用才能够显现其价值，才能够真正实现"为全人类利益服务"的目的。因此，对于"区域"内的资源利用应该着重走向开采，但在这一过程中应该保证对资源的共同使用原则，共同使用是"区域"内资源为全人类共同继承财产的基本要求与应有之义。因此，在构建中国深海法体系，推动海洋命运共同体在"区域"内国际法制化的进程中，应当充分保证发展中国家的利益与参与权，在对"区域"内资源的使用中要考虑发展中国家对资源利用的需求,平衡各个国家对资源未来发展的要求,切实保障"区域"内资源可以为各个国家所共同使用。

6. 实现海洋共同繁荣

海洋命运共同体的构建要求在保护全人类海洋利益的基础上实现海洋的共同繁荣。人类要通过坚持开发与保护并重原则、促进国际合作原则,实现对"区域"内资源的有序开采,共建海洋繁荣。① 保护海洋环境,实现"区域"内资源的可持续发展,也是人类共同继承财产原则与海洋命运共同体理念的应有之义。"区域"内资源开采相关规则,如《海洋法公约》及其《执行协定》,"三规章"以及分庭咨询意见等分别从国际法和国内法两个层面对"区域"内海洋环境保护作出了要求。② 因此,在加强海洋环境的保护与治理已成为 21 世纪人类海洋活动的必然趋势之一的背景下③,"区域"内海洋环境保护的问题变得尤为重要,相关规则需要针对"区域"内矿产资源开采中可能出现海洋环境污染、海洋生态破坏和超过海洋资源可承载度等问题给出针对性举措。在针对"区域"内矿产资源开采立法时,中国应贯穿开发与保护并重这一原则,在资源开采过程中采取相应措施,防止海洋污染损害的发生;同时兼顾深海生物资源,避免对其造成损害;掌握开采力度,防止对资源无序、无度的开采,从而取得对"区域"内资源开采与环境保护的双赢效果。④

此外,由于"区域"内资源开采的涉外性与特殊性,在国内立法的时候必须坚持促进国际合作原则。"区域"内资源情况复杂,深海环境变幻多样,如果各国在"区域"内的勘探活动"各行其是",

---

① 参见张湘兰,叶泉. 中国国际海底区域开发立法探析[J]. 法学杂志,2012,33(8):76.

② 参见《海洋法公约》第 209 条,《执行协定》附件第 1 节 1 条第 7 款。

③ 参见崔凤. 21 世纪人类海洋开发活动的主要趋势[N]. 中国海洋报,2006-04-04(003).

④ 参见张湘兰,叶泉. 中国国际海底区域开发立法探析[J]. 法学杂志,2012,33(8):76.

相互之间不进行信息共享，就会很容易造成所主张的采矿区重叠。① 加之，"区域"内资源开采可能与相关活动如铺设海底电缆、公海上的航行与捕鱼等相发生冲突，也都需要各国家在进行"区域"内资源开采活动的时候做好提前的安排与协调，这就要各国之间通过国际合作来处理。当然，在加强国际合作的过程中还可以借鉴其他国家的先进技术，从而增强中国在"区域"内开采中的技术实力。亦可以通过采用组建国际财团的方式来应对"区域"内资源开采活动投资大、成本回收周期长等各种风险，② 这也是西方大国共担风险的一贯做法，中国在"区域"内的立法中也应该鼓励承包者与其他国家的财团进行合作，并对其给予以一定的扶持。③

二、宪法的完善

诚然，要实现以上目标，就要抢占规则制定的制高点，中国要练好"内功"，就需要先行出台"区域"内开采的国内立法，④ 建立较为完善的中国深海法体系。中国深海法体系的构建，首先要完成顶层制度的设计，做好顶层规划，在根本法中确定其根本地位，在基本法中确立其基本制度，做好层级、体系、阶段、种类的规划与建设。

中国首先要确定"区域"内资源、深海法律在中国宪法中的重要地位。海洋是人类的蓝色家园，关乎一国的未来发展，"区域"内资源更是关乎着一国的国计民生，关乎着人类的根本福祉。然而，就目前情况来看，在《中华人民共和国宪法》（以下称"《宪

---

① 参见张海文主编.《联合国海洋法公约》释义集[M]. 北京：海洋出版社，2006.325. 李红云. 国际海底与国际法 [M]. 北京：现代出版社，1997.56.

② 参见萧汉强. 深海底资源开发的法律争端与商业采矿前景[J]. 高科技与产业化，2009，（2）：119.

③ 参见张湘兰，叶泉. 中国国际海底区域开发立法探析[J]. 法学杂志，2012，33(8)：76.

④ 参见张湘兰，叶泉. 中国国际海底区域开发立法探析[J]. 法学杂志，2012，33(8)：73.

法》")中"海洋"或"海洋权益"并未入宪，在《宪法》序言中说明了
中国的领土主权，强调了台湾是中华人民共和国的神圣领土的一部
分，不容分割。① 但是对于中国海洋权益只字未提，领海也是中国
领土不可分割的一部分，领海主权神圣不可侵犯，因此，《宪法》
海洋权益的保障极为必要；其次，2018 年 3 月 11 日，"推动构建
人类命运共同体"被写入中国《宪法》序言第 12 段②，以基本法的方
式向国际社会表明了中国推动构建人类命运共同体的决心。人类命
运共同体是全人类和谐发展的总纲领，海洋是其中不可分割的重要
组成部分，海洋命运共同体的构建也是其中的应有之义。《宪法》
第 9 条中规定了"矿藏、水流、森林、山岭、草原、荒地、滩涂等
自然资源，都属于国家所有，即全民所有；由法律规定属于集体所
有的森林和山岭、草原、荒地、滩涂除外"。③ 这一规定体现了自
然资源的国家所有权，但是在其中并没有强调"海洋资源"，及"区
域"内资源的重要性，这就直接导致了中国的海洋权益，在《宪法》
这样的根本法中缺乏规定与保障，同时也容易导致国民由于对海洋
资源的重要性不够了解而忽视对海洋资源的维护，也使得国民海洋
意识薄弱。

综合以上分析，为了推动海洋命运共同体国际法制化，实现海
洋命运共同体的构建，维护中国的海洋主权与海洋权益，维护中国
在"区域"内的利益，从顶层设计的角度出发，完善中国海洋法的
系统性构建，必须于根本法有保障。因此，首先要在《宪法》序言
中增加关于"中国依照国际公约，或签订、批准加入的国际条约，
依法享有对海洋的主权，保护中国的海洋主权和海洋领土安全，不
受侵犯。"但是如果采用"依照国际公约或签订的条约"这样的表述，
可能会引起关于公约、条约与国内法之间效力关系的问题，会引发
关于"一元论"与"二元论"之争，当前中国在宪法中还未对这一问
题给予答复，相关学者也正在进行积极的讨论与论证，在未有确切

---

① 参见《中华人民共和国宪法》序言第 9 段。
② 参见《中华人民共和国宪法》序言第 13 段。
③ 《中华人民共和国宪法》第 9 条。

定论之前，建议可以不采用这样的表述，避免产生分歧，直接采用中国享有海洋主权，维护海洋权益的概括性表述。其次，海洋命运共同体理念作为由中国政府提出的全球海洋治理的中国方案，要想推动其国际法制化，并最终实现共同体的构建，中国就需要在《宪法》这一根本法中对其作出安排。在《宪法》序言中宜增加"中国切实推动海洋命运共同体的构建"，对于这一表述的位置可以考虑与上文"海洋资源维护"的表述相衔接，即"维护中国的海洋权益，切实推动海洋命运共同体构建"，并将其整体放在关于中国领土主权的表述后面；或考虑单独作为一段，放在关于领土或主权表述之后，彰显中国维护海洋权益，构建海洋命运共同体的决意。最后，针对于海洋资源或"区域"内资源的具体条款表述，应该充分考虑到，"区域"内资源适用全人类共同继承财产原则，任何国家、任何人不得据为己有，因此，不应直接将"区域"内资源属于国家所有这样的表述写入《宪法》，这是与国际法原则相违背的；但是考虑到其重要性，以及在种属构成概念上与海洋资源的关系，建议在《宪法》第 9 条中增加关于"海洋是自然资源的组成部分"等相关内容的表述，这样既可以保障中国海洋权益于根本法有据，又可以实现中国在"区域"内资源的维护。

三、加快海洋基本法制定

中国的海洋事业蒸蒸日上，涉猎范围不断增多，但至今却还没有一部完整统一的《海洋基本法》法典，针对于海洋事务的管理仍主要采用专项立法模式。① 这不仅导致立法部门繁多且职能交叉，立法层级不高且法律规范交叉的现象，也不利于中国海洋事业的长久发展。② 综合性统一海洋基本立法的缺失会导致中国海洋事业管

① 参见于宜法，马英杰，薛桂芳，郭院. 制定《海洋基本法》初探[J]. 东岳论丛，2010，31（8）：163-167. 李金明. 中国要尽快制定《海洋基本法》[N]. 海峡导报，2012-06-22（001）.

② 参见邢广梅，刘子玮，刘君然，陈雪松，刘晓博. 试论制定我国《海洋基本法》的必要性和紧迫性[J]. 西安政治学院学报，2012，25（1）：84-86.

理松散，协调性不强，工作效率不高，容易引发"多头治理，实难共治"的局面产生，因此在推动海洋命运共同体国际法制化与共同体建设、构建中国深海法体系，维护"区域"内中国海洋权益上，中国海洋基本法的制定起到了举足轻重的作用。中国不仅应该制定出符合本国国情的海洋基本法，还应该坚持以自己的实践来深化国际海洋事务的发展，推动国际海洋秩序的变革与海洋文明的进步，助力国际海洋治理的法治化实现。中国海洋基本法的制定应当包含海洋法的基本原则，确认中国的海洋主权神圣不可侵犯，明确中国的海域范围四至，列明中国的领海、毗连区、专属经济区等海域，规定中国海洋资源的开发与利用、海洋环境的保护、海洋争端的解决等内容，实现海洋管理与规划在基本法层面的制度规划与顶层设计，从而实现中国海洋法体系在基本法层面的完善，统领中国的海洋事业。

与此同时，首先，应当在海洋基本法中明确，海洋是中国领土的部分，不容分割，中国依法对相关海域享有主权权利，不得侵犯，对产生的海洋争端应本着和平协商的态度予以解决。这样一来，基本法中写明海洋权益，与海洋权益"入宪"两者相呼应，完成了海洋权益于根本法有保障，于基本法有规定。其次，作为中国参与国际海洋事务的指导理念，海洋命运共同体理念正在逐渐为国际社会所接受。在推动海洋命运共同体建设与实现海洋命运共同体国际法制化的进程中，应当将"海洋命运共同体"理念写入海洋基本法中，作为中国参与和管理海洋事务的基本行动准则。如前所述，2018 年，中国对《宪法》进行了第五次修订，将"人类命运共同体"写入《宪法》序言，为保护《宪法》的权威与稳定性，目前还不宜对"宪法"再次进行修改。因此，可以考虑在制定《海洋基本法》时将海洋命运共同体理念写入其中，确定其基本指导思想与行动准则的法律地位，在表述上可以采用："中国推动构建海洋命运共同体，推动海洋命运共同体国际法制化实现。"最后，为突出强调"区域"内资源的重要性，建议在未来的海洋基本法中用专章的形式来规定"区域"内的资源开采与管理，确认"区域"内资源为全人类共同继承财产，由国际海底管理局代为托管，实现共同使用，肯定在

"区域"内资源开采与利用中共商共建共享原则的重要性，协调处理"区域"内的争端，完善相关机制，积极配合国际海底管理局的工作，同时要点明，中国应当积极参与国际海底管理局的事务与"区域"内开采规章的制定，并应当积极发挥作用。

四、《中国深海法》的完善

海洋资源的潜在价值巨大，除去丰富的渔业资源以外，还蕴藏有储量可观的石油、天然气等矿产资源，人类应该不断地加强对海洋矿产资源的勘探开发与利用。但是海洋矿产资源是不可再生资源，应该注意实现其可持续开发与利用。《海洋法公约》允许各国通过国内法律，划定专属经济区周围的天然气和石油平台的安全区。① 各国家也都对海洋矿产资源的开采制定了具体的规定与措施。例如，英国、法国和加拿大都非常关注东亚海域的经济价值，并在不断增加对海中石油和天然气勘探的技术和财政援助，以及深化与有关国家的联系。②

《海洋法公约》于 1994 年正式生效，从制定到生效的时间里一些对在其管辖水域内深海海底采矿具有既得利益的国家已经制定或修改了管理"区域"内资源开采活动的国家法律，③ 来履行《海洋法公约》规定的义务，落实有效管控责任，如新西兰于 1964 年制定大陆架法，涉及了对"区域"内资源勘探开采活动的规范。

迄今为止，已经有十多个国家制定了相关法律。此外，有更多的国家也正在抓紧制定本国的相关法律，还有一些国家决定将海底

---

① 参见 James Manicom. Bridging Troubled Waters：China，Japan，and Maritime Order in the East China Sea［M］. Washington，D. C.：Georgetown University Press，2014. 165-176.

② 参见 Wang Shan，Fu Yu. International Rivalries at Sea and China's National Security［J］. Contemporary International Relations，2010，（9）：19.

③ 参见 Till Markus，Pradeep Singh. Promoting Consistency in the Deep Seabed：Addressing Regulatory Dimensions in Designing the International Seabed Authority's Exploitation Code［J］. Review of European，Comparative & International Environmental Law，2016，25（3）：351.

矿物的范围纳入有关其水域近海石油活动的现有法规，而不是制定新的具体法规，如巴布亚新几内亚的《1992 年采矿法》。① 中国《深海法》的基本目的是：确保对其赞助的承包商在"区域"内的活动进行有效管制，并确保承包商遵守海底管理局颁布的规则和条例，特别是环境规则和条例；同时也要为从事"区域"内开采活动的承包商提供法律保障。中国《深海法》十分重视对海洋环境的保护，这是对"区域"内开采活动最重要的贡献之一。②

　　中国的目标是制定一项深海法规，以便使从事"区域"内开采活动的承包商的程序标准化，并为对"区域"的勘探和开采活动感兴趣的潜在申请人提供指导。考虑到这一目的，中国的"区域"内立法应该以程序为导向，提供国内深海海底监管机构、海底管理局和潜在申请者三方之间的权利和义务的细节，同时它必须在程序上与国际海洋法法庭根据《海洋法公约》制定的深海底采矿国际法律制度相联系。国内深海法律和有关国际法都将适用于深海底活动的潜在申请者。在国内，潜在申请者应联系中国的"区域"资源开采相关管理部门，并通过某些程序获得国家资助或担保。在国际上，申请人应向海底管理局提交工作计划、国家资助、担保证书和其他必需的文件，海底管理局将决定申请人是否有资格获得勘探、开采合同。因此，"区域"内矿产资源开采活动的整个程序涉及三方和两个管理层面，即国家和国际程序，两个负责机构，国内机构和海底管理局之间的联系与协调，这虽使国家立法的起草工作变得有些复杂，但确是至关重要的。③

　　在中国《深海法》完善与深海法体系构建的过程中，首先要明确立法目的，明确的立法目的有利于提高立法与决策的科学化、规

---

　　①　参见 1992 年《巴布亚新几内亚采矿法》。

　　②　参见 Shen Hao. International Deep Seabed Mining and China's Legislative Commitment to Marine Environmental Protection [J]. Journal of East Asia and International Law，2017，10(2)：490.

　　③　参见 James Manicom. Bridging Troubled Waters：China，Japan，and Maritime Order in the East China Sea [M]. Washington，D. C. ：Georgetown University Press，2014. 199.

范化，从而进一步达成"良法"之治。如在美国 1980 年《深海海底硬矿物资源法》中就明确指出其立法宗旨是要建立一套符合美国自身价值观的"区域"资源开采制度体系，并对美国在"区域"内的利益作出了预先宣誓，一旦美国不批准《海洋法公约》，此项立法可以保护美国在"区域"内的利益。① 这也是为后来美国立场做了铺垫，其即承认了"区域"内矿产资源为全人类共同继承的财产，同时又规定了美国有权自由地对"区域"内矿产资源进行商业勘探和开采，然而其本质就是确立了国内法高于国际法的原则，是在统一权威的"区域"内资源开采制度之外的"单边主义行为"。②

中国《深海法》完善，其内容除对立法依据、立法目的、适用范围及主管机关等内容进行规定外，至少还应包含如下内容：

(一)承包者的权利与义务保障

从权利方面来看，针对"区域"内资源开采申请者取得权利的方式主要有通过许可证授予权利、利用开采许可证确认矿产资源所有权、以后对后续许可权利进行申请等几种方式。在中国《深海法》的完善中，应该对申请者权利的取得方式，以及其所取得的权利性质、权利外观的形式予以明确规定，同时也应对申请者的范围作出明确的规定。除去对申请者的权利予以规定外，在义务方面也应当对其作出规定，如开采者的安全保障义务，提供信息、确保保险、资金供应安全的义务，环境保护、消除损害影响的义务，技术培训义务，紧急事件报告义务以及深海活动主体不得妨碍其他合法用海活动的义务，等等。承包者所享有的权利主要是获取收益，而应当承担的义务则至少包括了按照法律规定定期缴纳费用，保护海洋环境，保护海上人命及财产安全以及遵守相关法律法规等。

除此之外，按照现有《深海法》第 9 条规定，承包者应该承担

---

① 参见 Laursen Finn. Superpower at Sea：U. S. Ocean Policy[J]. New York：Praeger，1983，(1)：117.

② 肖湘. 发达国家国际海底区域立法及对中国的启示[J]. 长沙理工大学学报(社会科学版)，2015，30(5)：83.

的"履行勘探、开发合同""保护海洋环境"两项义务均在该法的第
2章与第3章中分别进一步作出了专门的详细规定，但对于另外两
项义务，即"保障人身和财产安全"和"保护文物和铺设物"并没有
在该法中以专章的形式得到规定。① 因此，在未来中国《深海法》完
善的过程中应该对以上两项义务也以专章的形式作出进一步的明确
规定，以期与其他义务之间做到在法律规定上的平衡。

（二）法律责任

中国《深海法》在第6章中针对于承包者从事"区域"内开采活动
未能履行海洋环境保护义务的情况下，规定了承包者应当承担民事、
行政甚至刑事责任，但是这一规定还不够详细，具体责任的承担也
不够明确，如承包者违反规定应承担的责任应该包括法律责任与赔
偿责任等，但《深海法》第12条中并未对承包者规定修复和复原海洋
环境的责任。相较于其他海洋大国而言，中国的"区域"内资源开采
活动的法律责任体系尚不健全。例如，德国、美国与英国的"区域"
内矿产资源开采活动立法中都对造成污染和海洋生态破坏后产生的
法律责任作出了规定，其中尤以德国规定得最为详细，不但区分了
行政与刑事责任，在刑罚种类方面还设置了罚金、有期徒刑等。②

《海洋法公约》第235条第2款规定了国家对其管辖下的自然
人或法人造成的海洋环境污染损害，可以提起申诉以获得救济。③
同时，《咨询意见》中也进一步肯定了担保国负有义务确保承包者
对"区域"内从事的活动所造成的损害进行赔偿。中国《深海法》在
第6章中采用了过错责任原则，却没有考虑到如果承包者存在履行
不能的情况时应该如何处理等问题。从中国现有的"区域"内资源
开采活动的责任体系来看，很难满足未来"区域"内资源开采的要

---

① 参见李文杰. 也谈国际海底区域担保国的法律义务与责任——以国际
海洋法法庭第17号"咨询意见案"为基点[J]. 河北法学，2019，37(1)：123.

② 参见肖湘. 发达国家国际海底区域立法及对中国的启示[J]. 长沙理
工大学学报(社会科学版)，2015，30(5)：84.

③ 参见《联合国海洋法公约》第235条第2款。

求。中国在 2017 年的《评论意见》中依然坚持担保国的"尽职义务"是一种行为义务，主张担保国仅承担过错责任，① 但对于其他特殊情况下产生的责任承担无法填补实际损害的情况并没有涉及。

是以，中国在未来完善《深海法》相关规定以及构建深海法体系的时候，应该要求造成"区域"内海洋环境污染损害的责任者排除危害并赔偿损失，赔偿的数额应与实际损害的数额相当。对于《深海法》责任体系的完善，还应该参照《中华人民共和国矿产资源法》《中华人民共和国海洋环境保护法》等其他相关立法中的规定，尽量做得与之相协调一致。针对于开采者未经备案或许可，私自在"区域"内从事资源开采活动或者超出许可范围、权限进行"区域"内矿产资源开采活动，对发生重大责任事故不及时报告、采取应急措施予以及时处理，从而造成海洋环境污染损害、或重大责任事故发生的应当进行相应的处罚。② 还应当考虑，如果担保国未能履行或协助履行应急补救义务，应该承担的责任以及责任缺口的填补问题；当出现上述责任缺口，或者因无法确定致害者而不能进行追偿时，可能由环境责任基金来承担责任；"区域"采矿事故的发生不仅是对海底环境造成污染破坏，而是有可能会损害周边的他国"矿区"内利益、沿岸国利益等，更为重要的是，中国虽为"区域"内矿产资源的开采者，作为受益方，也有可能成为"区域"内矿产资源开发活动的受害方。因此，建议中国考虑设立国家基金来处理国与国之间的上述纠纷，并对自身的权利义务做好平衡，维护自身利益，这些都需要中国深海法体系中责任制度的完善。③

最后，参照海洋大国的立法实践，针对监管部门违反监管职责时应承担的责任在未来《深海法》完善的时候也应该有所体现。

---

① 参见国际海底管理局. 中华人民共和国政府关于《"区域"内矿产资源开发规章草案》的评论意见[EB/OL]. https://www.isa.org.jm/files/documents/EN/Regs/2017/MS/ChinaCH.pdf, 2017-12-20/2021-03-15.

② 参见张丹. 国际海底区域勘探开发与中国的大洋立法[J]. 法制与社会，2014，(24)：75.

③ 参见魏妩媚. 国际海底区域担保责任的可能发展及其对中国的启示[J]. 当代法学，2018，32(2)：35-42.

（三）环境保护

海洋环境保护是一国在开发利用海洋中必然要承担的一项重要义务，也是实现可持续发展的题中应有之义。"区域"内海洋生态环境尤其脆弱，其环境保护往往涉及到整个海洋生态系统，因此在"区域"内往往适用更为严格的环境保护制度。随着"区域"内资源与环境保护的重要性不断增加，各海洋大国也在不断完善本国的环境立法，如德国的《环境责任法》（*German Environmental Liability Law*）、俄罗斯的《环境保护法》（*Russian Environmental Protection Law*）、瑞典的《环境保护法》（*Swedish Environmental Protection Act*），日本的《日本深海海底采矿暂行措施法》（*Japanese Interim Law on Measures for Deep Seabed Mining*）等都对"区域"内环境保护作出了详细的规定。

这些国家的环境立法各具特色，如《德国环境责任法》《俄罗斯环境保护法》等都规定了环境保险费制度，以保证对环境污染造成损害的时候可以及时获得补救。法国的《深海海底矿物资源勘探和开采法》（*French Law on the Exploration and Exploitation of Deep Seabed Mineral Resources*）虽然仅有 16 条，却有两条涉及了对"区域"内海洋环境的保护，即第 9 条和第 14 条，其中第 9 条原则性规定了勘探许可证或开采许可证持有人应当承担环境保护的义务。此外即便是美国，虽未批准加入《海洋法公约》，也不承认"区域"内既有的国际制度，但是在对"区域"内资源的开采中也是相当重视环境保护问题，在美国《深海海底硬矿物质资源法》第 2 条中提出了要实行环境评价规划制度以保护"区域"内海洋环境，并在第 3 条"本法的国际目标"中作为立法目的被再次强调，又在第 9 条"环境保护"和第 10 条"自然资源保护"中规定了具体的环境保护制度，以便可以将这一目的予以落实。斐济则在其《2013 年国际海底矿物管理法》（*Fiji International Seabed Mineral Management Act* 2013）中，将"预防原则"①作为海洋环境保护的基本原则予以确认，其对环境

---

①　参见斐济《2013 年国际海底矿物管理法》第四部分第 32 条第 5 款。

保护制度的安排基本上采用的是海底管理局所制定的"三规章"中规定的制度。① 英国在对"区域"内海洋环境保护方面，不管是其1981 颁布的《深海采矿临时条例》(the United Kingdom Provisional Regulations of Deep Sea Mining)，还是 2014 年修订后的《深海采矿法》(the United Kingdom Deep Sea Mining Law)，都设立了"保护环境"的义务和责任，多次提到"应当考虑到必须(尽量合理可行地)保护海洋动植物和其他生物体及其生存环境免受因许可证获批而进行的任何活动产生的有害影响"。在深海采矿的各项过程中，都应该严格遵守对海洋环境的保护，② 不应该因"区域"内的采矿活动对"区域"内其他资源造成有害影响。

目前，中国海洋环境保护立法主要存在法律碎片化，缺乏系统的海洋环境保护基本法；一些地方立法机关颁布了地方性法规，但没有提供具体的实施细则；违法成本低，对破坏海洋环境的肇事者惩罚力度不够；在实践中缺乏对公众参与环境保护、"特别敏感海域制度"等现有新制度的引进；与其他国家的合作协议只是声明，并不具有法律约束力，没有具体的合作机制或规定③等问题。

通过对以上各海洋大国的立法分析，总结借鉴其成功经验，中国可以从以下几个方面着手，完善中国《深海法》中的环境保护制度。

首先，采取"区域"内环境保护与许可证制度相结合的方式来加强对"区域"内资源开采主体的严格把关。即将"区域"内海洋环境保护内容作为获得许可证的必要条件之一，实现海洋环境保护的前置性制度设计与规划，寓海洋环境保护条件于"区域"内资源开采的许可制度之中，用前置性审查机制来落实对"区域"内海洋环

---

① 参见王岚. 国际海底区域开发中的环境保护立法——域外经验及中国策略[J]. 湖南师范大学社会科学学报，2016，45(4)：94.

② 参见肖湘. 发达国家国际海底区域立法及对中国的启示[J]. 长沙理工大学学报(社会科学版)，2015，30(5)：85.

③ 参见 Chang Yenchiang. On Legal Implementation Approaches Toward Amaritime Community with a Shared Future[J]. China Legal Science，2020，8(2)：1-30.

境的保护目标。例如，英国 2014 年《深海采矿法》①中规定了管理当局在颁发勘探和开采许可证时，应当尽力避免或减少"区域"内勘探开采活动对海洋环境造成的不利影响。②

　　针对于在许可制度中加入环境保护条件的适用模式主要有三种，第一，可以采用以美国为代表的全程模式，即将环境保护内容纳入许可证的申请、审查、批准、颁发、转让的所有环节，对涉及许可的全过程都要严格适用环境保护条件。第二，采用义务模式和后果模式相结合的方式，首先在申请许可证的时候，原则性规定许可证的获得者应该负有保护海洋环境的义务，并应该予以严格遵守执行，其次明确对于未能履行环保义务，或违反相关环保规定的，将撤销对其许可，以行为和结果模式相结合的方式适用，主要国家为英国、法国、澳大利亚。第三，仅是简单要求申请人在申请时明确表明其会遵守环境保护义务，或有能力进行环境保护，严格按计划实行保护即可，比如德国、库克群岛。③ 鉴于"区域"内海洋环境保护的重要性及其重大意义，应该实行更为严格的环境保护制度与严格准入政策，因此，笔者建议中国在深海立法中采用全过程管控模式，将环境保护审查列入许可制度的各个方面，从而实现全过程的监管，并对发现存在污染环境行为的及时停止对其的申请审查，对已经发放的予以撤销许可。

　　其次，设立环境保护基金制度。在中国的《深海法》中已经制定了相当多的对"区域"内海洋环境保护的要求。例如，第 1 章第 1 条规定了保护海洋环境是本法的立法目的之一，④ 第 3 条规定了"区域"内勘探的环境保护原则；⑤ 第 3 章第 13 条规定了建立环境

　　① 参见英国深海采矿法［EB/OL］. http://www.legislation.gov.uk/ukkpga/2014/15/schedule. 2014-07-01，2014-07-01/2022-01-23.
　　② 参见肖湘. 发达国家国际海底区域立法及对中国的启示［J］. 长沙理工大学学报(社会科学版)，2015，30(5)：85.
　　③ 参见王岚. 国际海底区域开发中的环境保护立法——域外经验及中国策略［J］. 湖南师范大学社会科学学报，2016，45(4)：94.
　　④ 参见《中华人民共和国深海海底区域资源勘探开发法》第 1 条。
　　⑤ 参见《中华人民共和国深海海底区域资源勘探开发法》第 3 条。

基线、评估环境影响和监测环境损害的法律制度等。① 但是通篇来看，在中国的《深海法》中并没有涉及对"区域"内环境保护基金制度的设立。但随着"区域"内制度的完善以及开采规章的制定，"区域"内环境保护基金制度的确立会成为必然的趋势。此外，已经有相关国家制定了环境保护基金制度，例如库克群岛规定了环境保证金，以实现对海洋环境污染的预防，同时还规定了环境应急计划手段等。中国在未来《深海法》的完善中引入环境保护基金制度，不仅可以为中国主体在"区域"内资源开采活动中提供环境污染担保，为环境污染的补救提供资金后盾，保障"区域"内海洋生态环境不被颠覆，也是中国履行《海洋法公约》中担保国义务的必然要求，同时又为未来中国履行"区域"内开采规章中的义务打下了良好的基础；更为重要的是可以以中国的实践来推动国际相关法律制度的形成。实际上，中国在《深海法》中的一些环境保护制度与措施已经被海底管理局先后发布的"区域"内开采规章（草案）所采纳，这也表明了中国要以实际行动推动"区域"内相关制度的确立，因此，中国引入环境保护基金制度可以有利于推动"区域"内制度的完善。

再次，以海洋命运共同体理念为指导，贯彻可持续发展原则，实现"清洁之海"的构建，推动海洋命运共同体理念在"区域"内开采规章制定中环境保护领域的国际法制化实现。中国《深海法》第14条规定了可持续发展原则下保护海洋生物多样性和利用海洋资源的问题。② 可持续发展原则是协调代际冲突的关键，我们当代人对海洋资源的利用不应威胁子孙后代的权益。海洋命运共同体的实现是要构建"清洁之海"，可持续发展原则是其根本的方式与必经之路。

最后，结合具体情况，制定具体方案，一般与特殊相结合，从而确定在一般法基础上的"区域"内海洋环境保护政策。"区域"作为整个地区海洋系统的重要组成部分，其环境保护有着海洋环境的一般属性，适用一般环境立法的基本原则，但同时"区域"内的海

---

① 参见《中华人民共和国深海海底区域资源勘探开发法》第13条。
② 参见《中华人民共和国深海海底区域资源勘探开发法》第14条。

洋环境又有其自身独特性,因此针对"区域"内环境的特征作出针对性立法,才能更好地保护"区域"内的海洋环境。① 中国依据制定的一系列法律法规虽已基本确立了一系列具体的海洋环境保护制度②,但在未来针对《深海法》的完善和构建中国深海法体系的时候对于环境保护方面的立法,既要考虑现有环境保护法律制度的沿用性,同时还要统筹兼顾"区域"内开采活动中环境保护立法的特殊性。首先,在完善中国《深海法》中的环保制度的时候,要参考中国现有的基本海洋环保法律制度,既要对其有所传承,又不得与其相违背,更要对其有所发展,以使其可以更好地服务于"区域"内海洋环境的保护。实际上,"区域"内的环境立法在内容上属于海洋环保立法的特殊法,《中华人民共和国海洋环境保护法》作为海洋环境保护的基本法,起到了原则、指引性作用,"区域"内环境立法作为其特殊法应该在秉持一般法的原则上结合具体情况予以进一步地适用。其次,在分析借鉴国际上已有较为成熟的"区域"内环境立法时,如关于环境影响评价制度、环境事故计划报告制度、限制排污制度等,原则上中国也应在"区域"内环保立法中予以借鉴,但是应当结合中国的实际情况进行综合分析、严格判断,综合考虑海底管理局"三规章"以及"区域"内开采规章未来的制定走向、海洋命运共同体国际法制化的实现与共同体构建等所要求的最佳环境做法与预防做法予以适当的调整,进行取舍。最后,依照《海洋法公约》和海底管理局制定的相关规章可以确定,目前在"区域"内从事的活动主要有探矿、勘探和开采三类,这三类开发活动由于在各自过程中会从事不同的行为,或行为的侧重点不同,导致其对海洋环境的影响程度亦不同。因此,"区域"内海洋环境保护的具体

---

① 参见吴志敏. 风险社会语境下的海洋环境突发事件协同治理[J]. 甘肃社会科学, 2013, (2): 229-232.

② 参见张梓太, 沈灏. 深海海底区域资源勘探开发立法研究——域外经验与中国策略[C]. 生态文明法制建设——2014 年全国环境资源法学研讨会(年会)论文集(第三册), 2014. 698.

制度设计应围绕这三类活动有不同侧重点地展开，① 有针对性地设计环境保护制度，以期可以达到最好的效果。

（四）担保国责任

《海洋法公约》第 139 条第 1 款规定了缔约国负有确保承包者在"区域"内从事资源开采活动应该遵守公约规定的义务。制定"区域"开采的国内立法是中国应当履行的国际义务，也是中国的权利。

针对《海洋法公约》的规定，一些国家早在《海洋法公约》生效之后就依照其要求颁布了本国的深海采矿法或对已有的深海采矿法进行了修订，以确保本国积极履行《海洋法公约》规定的担保国义务，免除担保国责任。例如，德国在 1995 年颁布了《海底采矿法》，作为德国在"区域"内资源开采的"宪法"，该法规定：其立法目的是遵守《海洋法公约》及其附属条款；严格监管和控制"区域"内进行的开采活动可能对第三方造成生命经济等方面的危害并保证活动安全，维护海洋环境。除遵守海底管理局的规定和《海洋法公约》规定义务之外，申请者还需要保障在开采活动过程当中避免海洋环境污染和工程资金链断裂等。② 同时，还应当履行三大机构作出的决定与国内法规定，在国际上也应积极履行与海底管理局之间所签定的合同，认真履行合同义务。由此来看，德国通过实行严格准入机制可使"区域"内开采行业更加规范和便于管理，使得申请者更好地履行《海洋法公约》的规定，从而间接降低了德国作为担保国而可能承担的风险。③ 从这一方面来看，中国也可以借鉴许可与担保国责任承担相结合的管理模式来履行担保国责任。首先，在许可类型上美国、日本、英国、德国等采用勘探、开发许可制度；在许可批准条件上，德国明确规定要与海底管理局签订合同，并对

①　参见王岚．国际海底区域开发中的环境保护立法——域外经验及中国策略[J]．湖南师范大学社会科学学报，2016，45(4)：94.

②　参见孙晋，张田，孔天悦．我国深海采矿主体资格制度相关法律问题研究[J]．温州大学学报(社会科学版)，2014，27(3)：1-11.

③　参见戴瑛，谢曾红．国际海底区域开发主体责任研究[C]．辽宁省法学会海洋法学研究会 2016 年学术年会论文集，2017.41-47.

申请人提出了诚实可靠的要求，而日本则对申请人提出了国籍、无犯罪记录等要求，库克群岛对技术资格做了要求；德国、库克群岛、美国、日本对资金条件做出了规定；斐济、德国、库克群岛、美国、日本对作业方案、开采计划提出了要求等；在许可内容上，除了要求环境保护措施（美国、库克群岛）、环境损害修复（库克群岛）之外，还要求包括合理投资、使用花费较少的技术、商业开采的持续性等（美国）；关于自然资源的保护，包括对未开采矿产资源部分的保护、废弃物加工方法、废弃物价值和废弃物潜在用途（美国）；损害保险金、抵押品（斐济、库克群岛）等内容。①

作为担保国，中国应采取预防措施，采用最佳环境做法，进行环境影响评估。此外，"中国需要确保其担保的承包商遵守海底管理局发布的所有相关规则和规定"。② 承包商必须遵守两个层次的法律法规。在国际方面，承包商的活动必须遵守海底管理局颁布的规则；而在国内方面，需要遵守缔约国颁布的法律和条例。关于承包商需要采取的环境措施，中国国家海洋局颁布的环境法规与海底管理局发布的法规同样重要。鉴于中国积极鼓励潜在承包商参与"区域"内资源的勘探和开采，中国应履行作为担保国的义务，同时不通过制定过于严格的环境标准来阻止承包商从事"区域"内活动。中国的《深海法》中有关环境保护的规定都比较笼统，为国家海洋局制定和颁布更加具体的规章制度留下了很大空间。鉴于"区域"内勘探和开采面临如此大的风险，中国政府应该为塑造国际海底体制，特别是开采该地区资源的体制发出声音。③

----

① 参见翟勇. 各国深海海底资源勘探开发立法情况［J］. 中国人大，2016，（5）：51-52.

② 2015年10月30日第十二届全国人民代表大会常务委员会第十七次会议，全国人大环境与资源保护委员会主任陆浩关于《中华人民共和国深海海底资源勘探开发法（草案）》的声明［EB/OL］. http：//www. npc. gov. cn/npc/lfzt/rlyw/2015-11/09/content_1950725. htm，2015-11-09/2021-10-05.

③ 参见 Shen Hao. International Deep Seabed Mining and China's Legislative Commitment to Marine Environmental Protection［J］. Journal of East Asia and International Law，2017，10（2）：505.

同时，还应当注意，中国政府要求的严格环保措施可能会成为私营企业的负担。例如，五矿集团公司是一家国有企业，需要更多的资源来满足获得国家担保证书的资金和环境要求。对此，中国政府一方面应采取措施满足海底管理局关于"区域"内采矿的国际海洋环境保护标准，另一方面也不应要求承包商承担过度的环境责任。因此，中国政府在划定应采取的环境措施时，将不得不谨慎地划清界限。①

此外，为了更好地履行担保国责任，中国还应认真考虑可持续发展委员会所强调的一个意见，即设立一个信托基金以赔偿未包括的损害。建立赔偿基金，一方面可以确保"区域"内矿产资源开采主体或其担保国未能够尽可能地赔偿损害，另一方面又可以通过赔偿基金机制起到缓冲作用，弥补剩余损害。②

（五）国际合作规定

如前所述，国际合作是实现"区域"内矿产资源开采的重要方式，也是海洋命运共同体的重要国际法理论基础之一，对海洋命运共同体国际法制化实现有重要作用，亦是中国完善《深海法》，构建深海法体系应该始终秉持的重要精神。在中国未来《深海法》完善中，应该具体规定如何有效地解决与其他国家的重叠主张问题，如通过加强国际合作与资源共享，避免主张发生重叠引起权益争端；如何与各国之间达成共同开发、技术合作等事项；如何协调在"区域"内从事资源开采活动时与国家使用公海和"区域"所产生的矛盾；如何解决争议的管辖权与法律的适用等问题。通过以上各方面的改进，最终对中国《深海法》予以补充完善，推动中国深海

---

① 参见 State Oceanic Administration Interprets Regulations on Permits of the Exploration and Exploitation of the Resources in Deep Seabed Area[EB/OL]. http：//www. scio. gov. cn/xwfbh/gbwxwfbh/xwfbh/hyj/Document/1550582/155058 2. htm，2017-05-04/2021-09-16.

② 参见 Y. Tanaka. Obligations and Liability of Sponsoring States Concerning Activities in the Area：Reflections on the ITLOS Advisory Opinion of 1 February 2011[J]. Netherlands International Law Review，2013，60(2)：220-223.

法体系的加快构建。

从时间上看，构建海洋命运共同体有短、中、长期规划。短期计划是在低敏感性领域起步，如海上人道主义援助和海洋环境保护；中期计划可扩展到海洋科学研究、海洋能源开发、海上军事合作；长期计划可以解决涉及世界各国核心利益的问题，例如划界重叠水域。在短期规划中，中国可以与其他国家在海洋环境保护方面进行合作。《海洋法公约》规定了世界各国保护和保全海洋环境的义务。它还规定各国应在全球或区域基础上进行合作，并阐明了这种合作的重要性。此外，《海洋法公约》关于专属经济区的规定虽使世界各国扩大了其管辖范围内的海域，但也引起了更多的海域争端。在这些争端得到解决之前，国际条约中明确规定了临时合作，并为大多数国家所承认。① 在推进 21 世纪海上丝绸之路建设的过程中，中国与沿线国家在许多领域开展了联合科研。今后，中国应加强与有关国家在争议海域建立双边或区域合作机制，特别是区域合作论坛，加强在海洋环境保护、航道勘查与勘探、生物和非生物资源勘查与保护等领域的科研与合作。在短期和中期规划的基础上，制定长期规划，逐步解决重叠海域问题，实现构建海洋命运共同体的目标。

五、深海法配套法规的完备

目前，以《深海法》为核心的中国深海法律体系已初步形成，而《深海资源勘探开发环境调查与环境影响评价条例》等即将出台的条例将进一步丰富中国"区域"内环境保护的法律机制，同时将构建完善的中国深海法体系。

然而，《深海法》的内容仅属于原则性规定，有关制度需要进一步制定实施细则才能更好地发挥作用。中国除通过以上问题的研究，完善《深海法》以外，还需要制定配套规章制度来进一步对《深

① 参见 Chang Yenchiang. On Legal Implementation Approaches Toward Amaritime Community with a Shared Future[J]. China Legal Science，2020，8(2)：1-30.

海法》予以落实，提高其可操作性。综观实践中各海洋大国立法也采用了配套立法模式，例如，英国通过制定《深海采矿（勘探许可证）条例》和《深海采矿（申请）条例》来配套落实《深海采矿法》的有关规定。

首先，中国《深海法》中对担保国责任的规定虽有许可制度，但没有明确规定担保国制度。建议在担保国责任的细化规则中，参考各国立法，将申请许可与担保作为两项独立的制度予以规定和实行。同时，还应当增加关于申请人需要具备相关资质与经验、获得专业技能证书的要求。此外，针对于一些发达国家可能采用特殊的手段，如在中国成立公司然后向海底管理局提出申请的情况，中国需要制定一些专门规则来予以限制或禁止。① 这些规定都将细化《深海法》中担保制度的可操作性。

另外，监督制度的确立在担保国义务履行中也具有重要的地位。目前，《深海许可法》第五章规定了"监督检查"制度，形成了较为完整的监督机制。然而，与其他海洋大国立法相比，这些规定仍需要进一步完善。首先，英国在其《深海法》中规定了检查员有对设备进行检查的权限，② 中国需要参照此规定来细化检查权限，如拆卸设备的各部件、检验其运行情况等。其次，扩大检查范围。例如，捷克将其检查范围扩大到了船舶之外的活动地点；而斐济、德国则又扩展至活动相关主体的居所；库克群岛在上述范围的基础上又进一步扩大与活动有关的离岸作业地点，使得其检查的范围最大。最后，赋予监督机构特殊情况下的采取强制措施的权利。如2010 年《德国海底开采法》(*German Seabed Mining Law 2010*)中规定的对相关物品的扣留、《英国深海法》附录中的类似规定等，强制措施的采取有利于更好地发挥检查监督的效果。

其次，制定"区域"开采环境保护管理办法，坚持《海洋法公约》关于海洋环境保护的基本原则，参考海底管理局"三规章"与开

---

① 参见陈小云，屈广清. 当代国际海洋环境保护法完善之理论考量[J].河北法学，2004，(1)：59-62.

② 参见《英国深海采矿法》。

采规章(草案)中关于环境保护的相关规定，并借鉴其他国家深海立法的环境保护条款，为中国《深海法》中环境保护的原则性规定制定具体的操作细则。[1]

《咨询意见》与《海洋法公约》[2]都有提示，海底管理局所制定的海洋环境保护规则与采取的措施应当是一个最低参照标准。因此，中国在完善深海法体系建设中海洋环境保护制度的时候，应对"区域"内开采活动中的担保国所负有的环保义务作出更加详细的要求，包括采用预防性原则和最佳环境做法，采取必要措施保证开采者执行海底管理局发布的有关命令；以及对造成环境污染或重大损害的行为提起申诉以获得迅速和适当的补偿[3]等制度。中国在制定"区域"内资源开采海洋环境保护配套制度的时候，可以此为基准，参照他国立法，对《深海法》中已有的原则与制度作出进一步的细化。例如，关于环境影响评价的范围，《美国深海法》第9条第1款就规定了应当审核申请者的环境影响评价，并且环境影响评价的内容应当包括海上加工与废弃物处置的情况。2009年《库克群岛海底矿产资源法》(Cook Islands Seabed Mineral Resources Act)第303条第1款就要求申请者在提出申请的同时应该提供资金担保，该笔担保资金将用于其对环境保护义务的履行。以上这些内容中国都可以进行参考与借鉴。中国还应在配套规则制定中确保承包者应按公认的国际海事惯例向国际公认的保险商适当投保，以应对"区域"内资源开采活动可能面临的重大风险。例如，捷克和比利时均要求承包者在申请时应当提供有效保险；而斐济则允许承包者在申请时或提供保险，或选择"提供证据证明其有相当的资金和技术能力来应对潜在事故"。[4]

---

① 参见曾文革，高颖. 国际海底区域采矿规章谈判：理念更新与制度完善[J]. 阅江学刊，2020，12(1)：94-105.

② 参见《联合国海洋法公约》附件3第21条第3款。

③ 参见张丹. 浅析国际海底区域的环境保护机制[J]. 海洋开发与管理，2014，31(9)：102.

④ 李文杰. 也谈国际海底区域担保国的法律义务与责任——以国际海洋法法庭第17号"咨询意见案"为基点[J]. 河北法学，2019，37(1)：124.

　　除以上这些制度之外，中国《深海法》尚有管理制度、定期报告制度、资料样品汇交制度、深海公共平台建设制度、缴费与税收制度等同样亟须进行配套规则的立法完善与实施。

　　最后，要做好国内法规定与国际法规定的衔接工作。"区域"内资源开采规章还尚在制定当中，中国应当积极关注规章的制定动态与立法趋势，履行国际义务，完善国内法制。中国共产党第十九次全国代表大会报告指出："推进陆海协调发展，加快海洋强国建设。"目前，中国海洋管理体制碎片化，海洋行政管理部门行政级别相对较低，这些因素直接导致了宏观调控薄弱、微观领域盲目开发、项目重叠建设、海洋事务管理混乱的局面。在中国，许多部门都有处理海洋事务的职能，但由于缺乏统一协调的管理制度，职能、权利和责任相互交织或重叠。此外，中国没有完善的管理和保护其在"区域"从事矿产资源开采活动的法规，尚未建立起完整的海洋法体系。这些因素都会增加采矿的难度。"区域"内丰富的资源引起了国际社会的高度重视，各海洋大国都在制定海底资源的商业开采计划。这既为该地区资源的大规模开发提供了动力，也为中国的发展提供了黄金机遇。

　　诚然，通过前文的分析我们能够得知，中国《深海法》及其配套法规的完善仍将面临着诸多的困难。长期以来中国对深海区域的重视程度不够，深海权益维护意识不足，也使得中国对《深海法》及其配套规则的完善缺乏应有的重视，已有的相关规则没有充分认识到建立完整的深海法律机制的重要性与现实意义；而另一方面，中国海洋话语权的缺失和中国欠缺积极参与国际海洋事务的主动性，致使既有的国际海洋规则中缺少中国的声音，无法体现中国的利益诉求，这就造成了中国在完善《深海法》与制定配套规则的时候无法与国际社会接轨，不能很好地维护中国在"区域"内的利益。然而，随着社会的飞速进步与发展，传统能源枯竭造成的能源供给缺口需要寻找更多的能源来填补，加之"区域"在海洋中占有的重要地位，蕴藏着丰富的矿产能源与生物资源，将成为人类未来发展的"加油站"和"补给站"，而相应规则的完善则将成为重中之重。因此，中国在未来要在海洋命运共同体理念的指引下，不断克服诸多困难，突破重重阻力来完善《深海法》并制定配套规则，为中国在"区域"内获取权益赢得先机并提供保障，这也将成为建立中国海洋法体系的关键一步。

第三节 "区域"内海洋命运共同体国际法制化的中国举措

1990 年 4 月，中国在国家海洋局内设立了中国大洋矿产资源研究开发协会，作为中国在"区域"内活动的管理机构，负责制定、颁布有关规章制度，监督相关主体在"区域"内进行的活动，确保其遵守《海洋法公约》规定及其他国际法和惯例。[①] 但是当前"区域"内开采规章正在制定过程当中，中国不仅要积极推动"区域"内开采规章制定的进程，使其能够更体现中国的利益诉求，更要推动海洋命运共同体在"区域"内的国际法制化，维护全人类的共同利益。为此，中国不仅要对国内深海法制进行完善，构建完整的深海法体系；还要进一步从多方面、多角度保证其有效落实，如实现"区域"内开采体制机制完善，提高中国"区域"内的海洋话语权，积极引领海洋规则构建，从而推动海洋命运共同体理念的完善并推动实现其在"区域"内制度中的国际法制化，最终实现海洋命运共同体理念在国际海洋规则体系中的法制化落实，构建人类海洋命运共同体。

一、完善"区域"开采体制机制

法律法规的有效实行需要完善的体制机制保证其能落到实处，切实发挥效果。从世界层面来讲，"区域"内规则制定起步较晚，体制机制尚不成熟。而从中国自身来讲，中国虽然很早开始"区域"内资源的探矿和勘探活动，但是直到 2016 年才颁布了第一部

---

① 参见 Shen Hao. International Deep Seabed Mining and China's Legislative Commitment to Marine Environmental Protection [J]. Journal of East Asia and International Law, 2017, 10(2)：498.

《深海法》，相关的配套机制尚不健全。中国需要进一步建立、完善"区域"内资源开采的配套机制，如建立海底资源综合管理机构，以协调相关事务；建立监管监测机制，保障法规的有效运行；建立国内执法机制以配合海底管理局履职；形成高效的激励机制，鼓励开发者积极参与"区域"内资源开采等，并推动中国积极参与国际海洋立法进程。

（一）增设海底资源综合协调机构

设立海底资源综合管理机构，对于一国从事"区域"内资源勘探开采活动，维护其在"区域"内的资源利益具有重要的作用。各海洋大国也对此做了规定，其中最典型的是德国，在其2010年颁布的《海底采矿法》中设立了"三大机构"，并由此三个机构专门从事"区域"内矿产资源开采活动以及对开采者资格的审查，由此共同组成了海底资源综合协调机构。"三大机构"指的是德国国内各州的采矿局、能源局和地质局。[1] 又如，库克群岛设置了海底资源管理局，斐济设国际海底局，有的国家则成立专门机构，如美国设国际海洋和大气管理局，英国设国务大臣，俄联邦设地质和深层土地利用管理局，法国由国务院管理，日本设经济贸易产业部，捷克设产业和贸易部，新西兰设能源部，澳大利亚采用联合机关和指派机关形式。

"区域"内资源开采的事项不仅需要一部综合性法律予以规制，在实践上也需要建立一个综合性的海底事务管理机构来统筹协调"区域"内的资源开采。中国可以借鉴英美国家的立法设立"区域"内综合协调机构，作为最高领导机构的直属机构，并明确"区域"内综合协调机构的权责制度。同时在其下设立直属的海上维权执法队伍，以便及时应对各种海上突发事务，推进海上统一执法，提高执法效能，在最短时间内处理海上问题，维护中国海洋权益。[2]

---

[1]　参见《德国海底采矿法》第1、2条。

[2]　参见张辉. 国际海底区域制度发展中的若干争议问题[J]. 法学论坛，2011，26(5)：91-96.

当前，为加强海洋综合管理，促进海洋事业发展，中国的涉海管理机构已经过调整。这些改革与规定都是为了更好整合行政资源，加强对涉海的综合协调能力，提高工作效率，更好地维护中国的海洋权益。但是，在这些改革与整合中，并没有涉及专项针对于"区域"内资源开采的规划，由于"区域"内资源的独特重要性，建议在涉海机构管理改革的过程中，提升涉"区域"内事务处理机构的地位，例如，可以增设海底资源综合协调机构，建立中国海底资源管理委员会，或中国海底事务局，专司"区域"内资源开采的相关事宜，如项目审批、海底环境保护、监督管理，对外发布信息等，并积极参加国际海洋会议，尤其是"区域"内相关立法进程，主张中国观点，维护中国权益。当然，关于海底资源综合管理机构的地位还应做进一步的综合考虑，如建立成一个独立的资源管理机构，作为海底资源管理委员会与自然资源部并列，还是做自然资源部下的二级单位；笔者认为，为了突出"区域"内资源建设的重要性，目前对其建立也还尚在探索阶段，不宜起步过高，可以将海底资源委员会作为自然资源部下的二级机构，以便其更好地发挥作用，维护中国在"区域"内的权利。

(二)构建深海信息共享机制及运行指南

长久以来，由于深海与生俱来的神秘、复杂、危险、又与公众日常生活远离等特征，公众对其关注度不高，其很难走进大众的视野，当然，这些特征也决定了其必然需要成熟的技术、雄厚的资金、充足的人员保障才能得以被开发，实现其价值。但长期以来深海技术不够发达，公众对其知之甚少，这都使得对深海的信息挖掘不够，对其基本情况掌握不足，最终影响了开发。因此，要想认识深海、运用深海，使其造福人类就必须要掌握足够多的深海信息，要想吸引更多的主体来参与"区域"内资源的开采就要实现信息共享。当下，在国内要建立深海信息共享平台，每个主体都可以在该平台上进行深海资源信息的互换与交流，既可以实现资源信息的共享，又可以及时了解相关的海况，规避海底活动中的风险发生，吸引更多的主体来参与"区域"内资源的开采；当然，一些开采者出于自身利益保护可能并不愿意进行资源分享，这就要求政府实行激励机制，鼓励企业、开采者积极共享信息。在国际层面上，中国应该积极加强与海底管理局、国际海事组织等的合作，践行海洋命运共同体合作共赢，共享共建的理念，从而实现与上述机构或国家之间的深海资源信息共享。此外，中国还应与国际社会共同制定、颁布运行指南，为从事"区域"资源开采的主体提供指引，让开采者及时、充分了解"区域"内动态。构建深海信息共享机制及运行指南，不仅可以实现深海信息的共享，为国家更好地决策提供科学依据与支撑，还能够在开采者之间实现信息的互联互通，使其及时制定开采计划，规避海洋风险，保护海洋环境；在国际上还可以及时获取最新的"区域"内资源信息，掌握先进的开采技术，并为"区域"内开采规章的制定进一步提供信息支持与决策智慧，还可以进一步推动海洋命运共同体理念深入人心，加强对海洋环境的保护，实现海洋命运共同体国际法制化的目标。另外，《深海法》第 16 条规定，国家应建立深海公共服务平台，为深海科学研究、资源调查、信息共享提供专业性服务。可以考虑在国际予以基金支持的基础上由中国大洋矿产资源研究开发协会牵头组建深海资源共享平台，① 并保障平台的有效运行。

（三）完善监督管理机制

《深海法》中将监督检查的权利赋予了国务院海洋主管部门，但具体由其下的哪个部门进行审查却未予以明确说明，致使中国大洋协会和国务院海洋主管部门职能分配不清。② 因此，在未来中国《深海法》完善的时候应该具体规定负责监管的部门、监管职责、监管事项与应急预案等。

第一，加强监督与管理。规则的实施效果不仅取决于立法的好

---

① 参见曾文革，高颖．国际海底区域采矿规章谈判：理念更新与制度完善[J]．阅江学刊，2020，12（1）：94-105．

② 参见程斌秀，蒋小翼．深海开发中的环境法律问题研究[J]．浙江海洋大学学报（人文科学版），2018，35（1）：11．

坏,还需要有配套监管机制的实行与保障,从而为法律法规有效发挥作用保驾护航,监管机制的完善是保证"区域"内资源有序开采的必然要求。首先,应当在现有监管机制的基础上加大监管追责力度,实现监管审查具体化。① 为了防止出现部门间权责交叉导致的行政效力低下的问题,可以考虑在国家海洋局下设置一个专门监督审查小组,或依照本书前述建议,在建立的综合性海底资源管理机构中专门设立一个监督管理执行委员会来负责对"区域"内勘探开采活动的义务落实和环境保护情况的监督。相关机构应当加强监管力度,严厉打击违法违规行为,认真履行担保国责任,将损失降到最低。在监管的过程中应细化监管标准,实现监管审查的具体化,不放过任何一个细节,不留下漏洞,避免产生后患。其次,建立分阶段定期审查和不定期审查相结合的监督制度,例如对合同履行、开采状况、环境保护等项目定期、不定期展开调查,不定期进行抽查,保证可以做到监管覆盖整个开采全过程,促使开采主体坚持履行法律法规、合同中规定的义务。此外,监管因为是由政府主导的行政行为,因此其自身也应该接受监督。然而,由于深海探测活动的神秘性、专业性使得监管机构和公众难以实时了解项目运行状况,又加之国民对相关监管活动的运行状况关注度不高等多种原因可能造成监管的失效等问题出现,因此,首先监管部门可以要求开采主体进行信息公开,便于相关监管机构的审查与监督,同时也应该要求对监管机构相关工作以及工作进度的公开,结果的公示等,以便公民有适当的途径可以接触到"区域"内开发项目的相关资料,如环保资料,开采资料等,建立双主体、双对象,内外双重运行模式的监督机制,实现扩大监管主体范围和提高监管实效的目的。当然,在信息公开过程中也要注意对商业机密、技术机密等内容的保护。

---

① 参见程斌秀,蒋小翼. 深海开发中的环境法律问题研究[J]. 浙江海洋大学学报(人文科学版),2018,35(1):11.

第二，建立事前规制与事后追责相结合的监管模式。① 在责任承担模式的选择上，人类通常习惯于采用事后追责模式，即规定为违法责任，却往往忽略了发挥事前预防机制的作用。例如，中国《深海法》规定了针对海洋环境污染的责任制度。但"区域"内相关活动往往"牵一发而动全身"，海底生态环境的污染一旦发生极可能造成不可挽回的后果，即便承担赔偿责任也只能是"杯水车薪，饮鸩止渴"。更或者，即便补救措施可以挽回损失，恢复环境基本状况，但却需要承担高昂的经济负担，而相对于开采者来说，一般很难有这样的经济实力来承担赔偿责任，责任无法落实，相关条款也就失去了其存在的意义。因此，在充分考虑相关情况的基础上，建议从加强事前规制的角度出发适当增加一些配套措施。首先，建立"区域"内责任保险和赔偿基金制度。"区域"资源开采活动需要巨大的资金和技术支持，同时勘探开采活动又具有极大的不确定性，为了尽力减轻开采者的负担，鼓励更多主体积极参与到"区域"内资源开采活动中来，可以设立重大意外事故责任保险和相应的赔偿基金，适当分流开采者的赔偿责任，规避损失与受益不相称或差距巨大的情况发生，导致挫伤开采主体的积极性，相关措施的适用是要在事前即免除其后顾之忧。其次，建立处罚记录、处罚名单库。相关主体发生违规违章行为之后，海洋主管部门可将相关内容记录归档，并对其实行惩罚措施，如在一定时间内不得再次提出许可申请；此外，在其限制申请期过后，主管部门应该再对其资格予以重新审查、评估和认定，对之前造成环境严重损害后果的主体再次提出申请时应该适用更为严格的审核标准。②

（四）完善国内执法机制，配合海底管理局行政管制

《海洋法公约》中规定了"区域"内资源开采的相关制度，并建

---

①　参见程斌秀，蒋小翼. 深海开发中的环境法律问题研究[J]. 浙江海洋大学学报(人文科学版)，2018，35(1)：10.

②　参见程斌秀，蒋小翼. 深海开发中的环境法律问题研究[J]. 浙江海洋大学学报(人文科学版)，2018，35(1)：12.

立了代表全人类管理"人类共同继承财产"的海底管理局，也明确
规定了其职责与职能。公约作为国际规则，要求各国应该完善或修
改本国的国内法，以使其符合国际公约的规定，例如，在第 143 条
第 3 款中规定了各缔约国可在"区域"内进行海洋科学研究，并应
以各种方式促进"区域"内海洋科学研究方面的国际合作等内容①，
这些内容都需要缔约国在国内法中予以进一步的确认与规定。此
外，有关于行政执法的内容也需要各缔约国的确认与完善。然而，
目前在《海洋法公约》体制内配合海底管理局行政管制而立法的国
家只有新加坡、捷克、比利时等 8 个国家。中国尚未根据《海洋法
公约》中的规定对相关内容予以立法修订和完善。一方面，在国内
建立"区域"执法机制是履行担保国义务的应有之义，② 首先在《海
洋法公约》中明确规定了缔约国作为担保国应该认真、严格履行义
务，完善国内"区域"执法机制；其次，公约在规定担保国义务的
同时也规定了在一定的条件下可以对担保国的责任予以免除，即担
保国已经按照相关法律规定要求严格履行了担保义务的，可以免除
担保国的责任，因此，建立国内"区域"执法机制不仅是履行义务
的必然要求，也是中国在未来免除担保责任，减轻责任承担的必然
要件。另一方面，中国在国内法中规定"区域"执法机制不仅可以
对本国或对由自己担保的开采者行为进行监测与定期审查，发现违
法违规行为予以及时惩处，履行自己的担保国责任，或对侵害人类
共同继承财产的行为予以及时制止，还可以加强中国与国际规则的
接轨，提升自己的话语权，主张自己的权益。完善国内"区域"执
法机制使得中国积极参与"区域"内的相关活动与立法进程，更好
地配合海底管理局履行其职能，促进海底管理局履职能力的提升，
从而促使其更好地保护全人类的共同财产利益。

（五）深度参与国际立法进程

作为负责任的大国，中国在坚持人类共同继承财产原则的同时

---

① 参见《联合国海洋法公约》第 143 条第 3 款。
② 参见王岚. 国际海底区域开发中的国家担保制度研究［J］. 学术界，
2016，（12）：205-215.

应深度参与国际立法进程，在提升中国的规则制定能力和话语权的同时积极反映中国的利益与关切，为合理、有序、可持续开采深海矿产资源贡献中国智慧。

如前文所述，中国在参与海洋治理的进程中已经掉队了，在国际海洋秩序形成的过程中，中国对国际海洋立法进程的参与度又不高。因此，中国应该深刻分析国际局势，审视中国的核心需求，清楚地认识到中国现实情况的转变。当前，中国是"区域"内的先驱投资国和主要担保国，并且成为了海底管理局理事会的主要成员，这都将对开采规章的制定产生相当大的影响。因此，中国在"区域"内的利益已经从一个发展中国家本着人类共同财产的精神被动地寻求与发达国家共享的利益，转变为一个积极寻求从"区域"内直接受益的未来深海底采矿国。①

中国应该更加积极地参与国际海洋立法进程，在参与进程中不断加强与相关国家的合作，只有实现国际合作才能实现共赢，反之又能以国际合作来促进中国深度参与全球海洋治理与国际海洋立法进程。在推动构建海洋命运共同体的进程中，中国应该更加重视围绕与本国周边海域环境的国际合作，借鉴世界上成功的合作模式，加快制定合作框架。因此，中国首先要根据法律和政治因素、经济需要以及不同海域环境保护的现状，采取不同的合作模式。例如，在相关海域争议解决之前，共同开发争议海域已成为世界各国的普遍做法。此外，还有波罗的海模式、地中海模式等合作模式可以借鉴。其次，在合作中要明确具体的制度、标准和违法责任。例如，"区域"内采矿可能造成的石油污染和船舶倾倒污染需要沿线国家的共同努力，有关国家应联合起来共同研究解决由于共同勘探和开采而造成的海洋环境污染的方法与责任制度等。最后，中国应加强国内立法，建立有效的新制度。为中国深度参与国际海洋法立法进程提供法律制度保障，以国内为核心，推动其向国际的发展与转

---

① 参见 Nengye Liu, Rakhyun E. Kim. China's Law on the Exploration and Exploitation of Resources in the International Seabed Area of 2016[J]. International Journal of Marine and Coastal Law, 2016, 31(4): 693.

化，打通以国内促进国际立法的道路，消除障碍，实现国内国际的双循环。与此同时，为了进一步加强与周边国家的国际合作，探索设立特别敏感海域、海洋环境保护区等制度，如"区域"内海洋环境的特别敏感地带，"区域"内特定海域的自然保护区等，加强对"区域"内海洋环境的保护。①

(六) 建立激励机制

单纯依靠完整的法律保障制度与措施不能绝对地保障"区域"内资源开采的中国利益，中国还需要在做到以上前提下增加额外的激励措施，并在相关法律法规中予以规定，使其以法律形式得以固定，来扩大"区域"内资源开采主体的广泛性与积极性，保障开采者的权益，调动开采者的积极性。"区域"内资源开采的启动是保证区域内资源有效开发的前提，开发者对资源的开发积极性不高，"区域"资源的有效利用就无从谈起，因此，建立恰当的激励机制可以保障"区域"内资源开采的有效启动。

为了维护中国的海洋利益，鼓励包括私人主体在内更多的实体从事"区域"内开采活动，中国的深海法律应该对相关主体从事"区域"内活动提供较为明确的激励措施，建立激励机制。实际上，中国在环境保护、节能、可再生能源、清洁生产等领域采取激励措施已经是一种普遍的做法，政府通常采取自下而上的方式，让公众参与其中，以促进目标实现。考虑到"区域"内蕴藏着巨大的资源，政府应该从本质上激励各主体积极参与"区域"内采矿活动。因此，对于"区域"内资源开采的激励措施可以从以下几个方面入手：首先为从事"区域"内活动的人减免税收。一国的法律一般都会规定从事一定的商业行为需要缴纳一定的税费，但在中国不断发展的社会进程中"减税降费"已经成为一项有效的减负惠民的激励政策。然而，"区域"内开采活动难度之大、成本之高尤甚，面对这样的

---

① 参见 Chang Yenchiang. On Legal Implementation Approaches Toward Amaritime Community with a Shared Future[J]. China Legal Science, 2020, 8(2): 1-30.

状况，如果政府还规定了高昂的税费政策就会让很多主体望而却步。因此，在"区域"开采领域实现减税降费更为必要，可以为"区域"开采者减轻一定的经济负担，降低开采成本，鼓励开采者积极投身"区域"内资源的开发与建设。其次实行政府采购，或加大政府采购力度。政府采购可以通过公平竞争的方式来选择和确定"区域"内资源的开采者，并可以此来把控投标者的经济实力与能力。"区域"内资源开采实属不易，很难遇到合适的开采者。因此，在优质的开采竞争者之间要形成良性公平竞争机制，避免行业垄断的产生，这将具有重要意义。同时，政府通过采购中的招投标流程可以很好地筛选"区域"内开采投标者的资质与实力，在最开始的阶段可以尽量避免以后损失的发生。再次，加强政府资助债务。如前所述，"区域"内资源开采需要巨大成本，一些企业有意愿参与"区域"内资源开采但却没有足够的经济实力，为了实现"区域"内资源开采，一些企业可能会通过借债的方式来获得资金的周转。但在资源开采的过程中，还债的压力始终存在，企业由于一时的发展不顺无法还贷，或因为"区域"内资源开采技术等多种因素尚不成熟，导致最终破产，无法还债，这不仅对企业带来巨大伤害，也会给出借方造成不可估量的损失。因此，政府在一定条件下适当地予以补偿可以缓解企业所面临的资金压力。

此外，还应从以下三个方推进激励措施：一是技术研发激励，科技是第一生产力，"区域"内资源开采即便有了雄厚的资金支持和相应的开发条件，但技术也是重要的一部分。长期以来技术壁垒是阻碍"区域"内资源开采的重要原因。因此，在探究深海的过程中各国不断强化深海技术研发，然而，深海自身的环境条件也必然导致了技术开发的困难。是以，对深海技术的研发，中国应给予一定的激励，如人员保障、技术支持、项目申报绿色通道等政策，调动技术研发人员的积极性。二是增加深海勘探开采活动投资，国家或政府作为公共权益的保护者也需要投资国家建设。笔者认为，"区域"内资源的发展关系着国计民生，在一定程度上也可以被认为是公共基础资源，国家每年都会编制国民经济预算和决算，在其中应该加入对"区域"内资源开采工程的投资与支持。三是注重海洋环境保护,"区域"内海洋环境是海洋生态环境稳定的命脉。因此,一国应该在对本国内开采主体予以支撑的同时也加强对海洋环境保护的支撑,从加强实行对海洋环境保护的激励,到对其在资源开采活动过程中的海洋环境保护的支撑,使其能够建立全方位,全过程的海洋环境保护模式。① 最后,中国应该建立"区域"内资源开发的专项资金,成立基金委员会,由专门人员管理,实现"区域"内基金的专款专用,专门适用于"区域"内资源开发的相关事项,如技术的研发,企业开采的担保,环境保护、造成损害的赔偿等。

中国要不断践行海洋命运共同体理念,并在推动其国际法制化的进程中将以上这些规定首先在中国《深海法》中予以实现,以期可以激励更多的主体参与"区域"内资源的开采活动,为中国赢多更多的利益。

二、提升国际海洋制度性话语权

中国是国际海洋法律制度的重要推动者,不管是参与国际海洋事务,还是处理国际海洋争端,都要在国际海洋法的框架内进行。要想让海洋命运共同体理念成为国际共识,中国可以通过提升制度性话语权将海洋命运共同体思想融入国际海洋法律制度,使之规则化和制度化。中国虽然已经积极参与国际海洋法律制度制定的进程,但是仍面临制度性话语权缺失的被动情况。中国没有得到与国家海洋实力相称的话语权,导致国家海洋利益无法得到应有的尊重。② 中国提出的海洋命运共同体理念是增进全人类福祉的全球性海洋话语,既能增进国际社会对中国的认同,又能增进国际社会彼此之间的认同,从而可以推动共同体内的成员对共同海洋利益和国家责任达成共识。因此,中国可以凭借海洋命运共同体理念所提供

---

① 参见 Shen Hao. International Deep Seabed Mining and China's Legislative Commitment to Marine Environmental Protection[J]. Journal of East Asia and International Law, 2017, 10(2): 501.

② 参见陈伟光等."一带一路"建设与提升中国全球经济治理话语权[M].北京:人民出版社, 2017. 223.

的制度性话语表达的理论基础，将中国海洋制度性话语权融入国际海洋法律制度。①

　　中国作为海底管理局的主要成员之一，在海底管理局职能与"区域"内各项规章制定的过程中均发挥了一定的作用。但也必清醒地认识到，针对"区域"的国内立法缺失将会影响未来中国在海底管理局与相关国际立法中发挥更大的作用。② 因此，在未来的"区域"内活动中，中国除了要提高硬实力以外，还需着力加强软实力，即在"区域"制度的发展方面提高自己的影响力，提升中国在"区域"内活动的话语权，使得符合中国利益的议题和规则被列入"区域"内相关会议的议程，并最后能够被纳入"区域"制度制定中，③使中国的立场与态度能在有关国际海洋立法中得到充分的体现与实现。

　　海洋话语权是一国争取海洋权益、表达海洋诉求的风向口和话语支柱。一国海洋话语缺失，不仅会直接导致海洋资源的缺乏，海洋权益的不足，更是会导致海洋话语体系的缺失，利益诉求得不到重视，只能被动接受海洋大国制定的国际规则，无法提出自己的权益主张，使得自己的海洋诉求被边缘化，最终失去对本国海洋权益的控制。

　　话语权在权益的获取中起到了先导性作用，中国要为自己的权益代言，要敢于"提要求"，善于"提要求"，积极主动地"提要求"，获取自己的权利，而不能总是"被动地接受"，甚至是被动地"承受"。中国海洋话语权的缺失会造成中国在海洋权益获取上陷入被动的状态，无法自己争取权益，只能等待"分配"。而由中国综合判断世界海洋格局，提出的具有中国智慧的新倡议、新理念，如"和谐海洋""海洋命运共同体"等也将在实践中难以被其他国家

---

　　① 参见孙超，马明飞.海洋命运共同体思想的内涵和实践路径[J].河北法学，2020，38(1)：183-191.

　　② 参见薛桂芳.《联合国海洋法公约》与国家实践[M].北京：海洋出版社，2011.215.

　　③ 参见张辉.国际海底区域法律制度基本框架及其发展[J].法学杂志，2011，(4)：13.

接受，使得中国的海洋理念未能充分发挥其应有的作用。由于长期以来的海洋话语权与海洋话语意识的缺失，中国所提出的海洋主张与海洋倡议不被国际社会所认同，甚至一些海洋大国妄图遏制中国话语权，控制中国的海洋战略输出，从而侵犯中国的海洋权益。然而，中国所提出的海洋理念与倡议是在充分总结中国参与国际海洋实践的基础上得出的经验，从全人类命运共同体与海洋发展长远利益的角度考虑，提出来的切实符合全人类共同利益需求的中国智慧与中国方案，其实现必将为全人类带来丰厚的回报。因此，中国应该在不断提高国际海洋话语权的过程中宣传自己的海洋理念与倡议，建立海洋话语体系，为自己的海洋理念开辟国际传播道路；同时，中国海洋理念走向世界，被国际社会所接受，一方面既是中国海洋话语权提高的表现，另一方面也是中国海洋话语权构建的重要机遇，海洋理念被接纳，意味着国际社会认同中国的海洋价值观，可以为以后中国提出更多的海洋发展理念赢得先机，助益中国海洋话语权的实现。

是以，一方面要先提升自己的综合国力与海洋实力，自身实力的增强才是一国海洋话语权提升的根基；其次要不断地提出中国的主张，让世界听到中国的声音与呼吁，积极参与国际海洋会议相关议题的设置，对于中国利益有益的议题，应通过阐述其重要价值、与多方合作、多边斡旋、谈判协商的方式积极促成其被列入海洋会议议题，针对不利于中国海洋权益的主张，通过阐述其厉害性、必要时通过审查其合法性，坚决抵制将其被列入会议议题，同时探索针对于违法、侵害中国海洋权益的议题被列入会议议题讨论后，积极寻求申诉、救济途径，彰显中国同侵害自身海洋权益的国际违法行为斗争到底的决心。与此同时，在提交或排除议题的时候，应该反复申明中国所提议题的利害关系，与中国和平发展、为世界谋福利的信念，借助海洋命运共同体理念阐述中国走和平发展道路的决心，表明中国只是要求自身的合法权益，消除海洋大国对中国海洋力量崛起的忧虑。例如，在"区域"内开采规章的制定过程中，针对于相关问题的立法，中国应该积极地提出相应的主张，将与中国利益关切紧密的几个议题列入会议议程，如"优先权"问题，海洋环境保护等问题,通过提交审查报告、评论建议等方式说明相关议题的重要性与必要性,使其能在未来的会议中得到重视。

中国海洋话语权的构建应该在认真考虑基本国情尤其是涉海国情的基础上,审时度势,掌握了解、熟悉国际海洋局势,探知各国海洋实力,创造条件,捕捉时机,在国际海洋领域发出中国的声音,表达中国的诉求,构建中国的海洋话语体系。要抓住中国提出的海洋命运共同体理念这一契机,发出中国声音,将其传播到世界的各个角落,不断扩大其域外影响,从而赢得国际社会对中国海洋话语的认同与重视,创新海洋思维传播方式,更新海洋话语权构建方式,切实提高中国的国际海洋话语权。

首先,要借力以海洋命运共同体的国际传播增强中国海洋话语权的国际认同,为中国海洋话语权构建打好思想基础。

海洋命运共同体理念是一种超越旧海洋秩序中"国强必霸、海洋霸权主义"思想的,强调平等、合作、共建、共享的新型海洋治理观,是为完善世界海洋治理而提出的中国方案。构建海洋命运共同体这一倡议自提出以来就受到了国际社会的广泛关注与各个海洋大国的热议。自中华人民共和国成立 70 周年以来,中国在国际社会中发挥着越来越重要的作用,在世界海洋治理中的贡献越来越大,地位也越来越重要,构建海洋命运共同体这一倡议也在不断地受到越来越多国家的认可。因而,中国应该借助海洋命运共同体理念传播的这一有利时机,将其传播不断广泛化,深度化,进一步提升中国海洋话语的吸引力和感召力,打造融通中外的海洋话语权。首先使得国际社会对中国海洋话语与海洋思维的认同感不断提升,为中国海洋话语体系的构建奠定良好的思想基础。

其次,要以海洋命运共同体为话语手段,创新中国海洋话语构建新方式。①

几个世纪以前,中国曾在世界海洋体系中树立了自己的海洋话语体系,在当时可谓是世界海洋话语体系的引航者。然而,时移世

---

① 参见吕健,关惠文.海洋命运共同体视域下提升中国海洋话语权研究[J].延边教育学院学报,2021,35(2):95.

易,当今世界正经历百年未有之大变局,世界海洋领域新的状况不断发生,各国综合实力、海洋力量对比不断发生深刻变化,在新时代中海洋发展也会出现一系列的新问题。面对新形势,以往的海洋话语权即便盛极一时也无法满足现在的需求,亦不适应当下的发展态势。因此,应该在构建海洋命运共同体理念的指引下,创新中国海洋话语权构建方式、传播形式等。第一,提高全民族的海洋意识。纵观西方各海洋大国,在发展海洋的同时都很重视培养国民的海洋意识。思想是生产发展的"引路人",中国应该将海洋教育融入国民教育的全过程,从而助力中国国民海洋权益的提高。海洋命运共同体理念的提出不仅是呼吁世界范围内海洋共同利益的构建,更是对中国国民海洋意识的唤醒。创新构建方式,形成海洋命运共同体的意识,这对于新时代中国海洋事业的发展至关重要。第二,群策群力,加强海洋社会组织的作用。在传播海洋命运共同体理念,构建中国海洋话语体系的过程中,除了官方的宣传与报道外,还应该加强海洋社会组织的作用。海洋社会组织凭借其非官方的身份,可以在促进国家间交流与认同方面发挥着特殊的作用。中国的海洋社会组织起步较晚,政府应该在依法管理的基础上给予其足够的政策、资金支持,完善制度保障。在政府的引导下,使其走向国际舞台,扩展中国国际海洋话语的影响力,提升话语质量,实现与官方机构相得益彰的作用。①

再次,要以海洋命运共同体为思维引领,切实提高中国的国际海洋话语权质量与影响力。

当今世界海洋领域并不太平,各国对海洋权益的争夺越发激烈,一些海洋大国企图通过不断调整与加强本国的海洋发展战略,深化海洋实践重回海洋大国的地位,垄断海洋资源。例如,美国通过所谓"航行自由"不断挑战中国的领海主权,俄罗斯通过"2030 海军发展计划"等企图重现大国海军的风采。因此,中国应该在这一背景下,切实发挥大国作用,在海洋命运共同体理念的指引下,积

---

① 参见吕健,关惠文.海洋命运共同体视域下提升中国海洋话语权研究[J].延边教育学院学报,2021,35(2):95.

极参与解决国际海洋事务中各种问题，切实提高中国的国际影响力。第一，以习近平新时代中国特色社会主义思想为统领，构建中国特色对外话语体系。同时，要继续增强中国的综合国力与海洋实力，加强海洋科技创新，这是中国取得国际话语权的根基。第二，"积极参与海洋相关的国际活动，开展海洋外交，尝试搭建国际海洋话语平台"。① 面对在海洋发展中不断出现的新问题，中国应该在海洋命运共同体思想的引领下，积极倡导更新、推动建立新的海洋问题交流平台，强化相关议题的设置能力，并针对性地提出具有建设性意义的解决方案。中国必须在海洋命运共同体思想的引领下适应国际海洋社会多样化的发展，在寻找共性的基础上，不断提升新时代中国海洋话语权，助力中国海洋强国建设，促进世界海洋共同繁荣。②

最后，在"区域"内开采规章制定中积极提出中国主张，提升中国在"区域"内的话语权，推动海洋命运共同体在"区域"内开采规章制定中的国际法制化实现。"区域"内开采规章正处在制定中的关键时刻，其对于各国在今后"区域"内权利的实现与资源的分配起着决定性的作用。因此，中国应该牢牢抓住此次机遇，充分表达中国的诉求与态度，积极参与规章的制定与评论，并在其中积极发挥中国的作用，在讨论、评论与建议的过程中将海洋命运共同体理念的核心与精髓贯穿其中，如海洋资源、海洋环保、海洋安全、海洋争端和平解决、可持续发展、全人类共同利益等各个方面；要在规章制定的过程中多发言、敢发言、会发言，让国际社会看见海洋命运共同体解决问题的优越性。借助这一良好途径提升中国海洋话语权，抢占在国际海洋领域构建中国海洋话语体系的"战略高地"。

中国海洋话语体系的构建不会一举成功，而是一个不断深入的

---

① 吕健，关惠文. 海洋命运共同体视域下提升中国海洋话语权研究[J]. 延边教育学院学报，2021，35(2)：95.

② 参见吕健，关惠文. 海洋命运共同体视域下提升中国海洋话语权研究[J]. 延边教育学院学报，2021，35(2)：95.

过程，首先从中国国民海洋意识的提高，到走出国门，能够积极在国际海洋舞台上表达自己的诉求，维护自己的权益，又到主动参与到国际海洋事务与争端的解决中，践行海洋命运共同体理念，最后到中国海洋话语体系的构建，需要一个漫长的过程，在这个漫长的过程中要善于打破常规，推陈出新，敢于忘记历史性成就，善于发现自己的不足，并能够及时地补充与改正，才能实现最终的目的。

三、引领国际海洋规则构建

"海洋命运共同体理念的创新性话语表达，需要通过'嵌入'国际海洋法律规则加以固化，实现从共识性话语到制度性安排的转化"①，最终实现海洋命运共同体理念的国际法制化，为全球海洋有序治理提供有效的规则指引。当前，国际海洋立法也正如火如荼地开展，如处于磋商阶段的 BBNJ 协定、正在制定中的"区域"内开采规章(草案)都是极为重要的国际海洋立法进程，为海洋命运共同体理念实现国际法制化提供了良好的契机。因此，中国宜在加强国内海洋法治建设，完善海洋命运共同体构建的国内法路径的基础上，在国际上充分利用国际海洋法制度建设平台，引领"区域"内开采规章的制定，通过充分表达中国意愿来提升国际海洋话语权与中国在国际海洋领域的规则制定能力，推动海洋命运共同体理念从共识性话语向国际法制化的转化。

(一)中国基本立场

国际海洋新秩序的建立是在现有《海洋法公约》制度的基础上形成国际海洋法的新制度，这是当前全球海洋治理秩序变革的基本前提，也是海洋命运共同体国际法制化实现的基本信念，海洋命运共同体的国际法制化不是推倒现有的国际海洋规则，重新建立国际海洋法律体系，而是在现有国际海洋规则的基础上，以人类命运共同体核心理念为新的指引，更新现有规则，完善现有体系，变革现

---

① 薛桂芳."海洋命运共同体"理念：从共识性话语到制度性安排——以 BBNJ 协定的磋商为契机[J].法学杂志，2021，42(9)：53-66.

有秩序，从而打破当前全球海洋治理的困境。因此，中国要引领国际海洋规则的构建就是要在尊重现有规则的基本立场上，即以规则为基础维护海洋秩序和遵循海洋规则，实现"依法治海"，在世界范围内践行海洋命运共同体理念。首先，要以更加开放的姿态积极参与国际海洋法律新制度的形成与制定，集思广益，充分表达中国的海洋观念。其次，将为国际社会所公认的符合人类共同利益、符合中国利益的国际海洋法律规则转换为国内海洋法律制度，以国内海洋法律制度推动全球海洋法律治理的前进与制度的完善。① 同时，中国应就海洋规则的发展和完善提出自己的要求和建议，实现由海洋规则的维护者到引导者的转换。②

基于此，为更好地发挥中国在全球海洋规则制定中的影响，确定海洋命运共同体视域下中国的基本立场，中国应根据自身的国情和需求，及时调整和转换自己的角色与定位。从如下几个方面着手：

第一，变海洋规则的遵守者为制定者，变海洋规则的维护者为引导者。中国一直是国际海洋规则的忠实遵守者、履行者、维护者、践行者。中国很少提出符合自己海洋发展利益的具体规则及见解，在国际海洋会议中未能积极利用难得的机遇，提出自己的主张。现今，国际海洋局势发生重要变化，中国基本国情及其对海洋需求的现实状况发生深刻变化，随着中国经济和科技装备的发达，对海洋的认识程度不断加深，中国应该依据自身的国情与人民的需求，创造条件和机会，抢抓机遇，针对海洋规则的发展和完善提出中国的建议和要求，培育中国在海洋议题设置和制度创设中的能力，努力实现由海洋规则的维护者到引导者、由遵守者向规则制定者角色的转换，以此来为中国赢得更多的海洋权益与惠益。

第二，变海洋规则的实施者为监督者。为此，中国应该适度地

---

① 参见孙超，马明飞. 海洋命运共同体思想的内涵和实践路径[J]. 河北法学，2020，38(1)：183-191.

② 参见金永明. 新时代中国海洋强国战略治理体系论纲[J]. 中国海洋大学学报(社会科学版)，2019，(5)：29.

创造条件和机会对其他国家实施的海洋规则和制度以及对国际海洋法，相关公约的实施情况予以监督和评估，实现由国际海洋规则实施者向国际海洋规则实施效果监督者的转换，从而更好地提出中国的主张，不仅可以有效回击他国对中国的挑战，还可以依法维护国际海洋秩序，造福世人。

第三，变海洋规则的承受者为供给者。在百年的风雨历程与艰苦的奋斗中，中国根据自身国情特色与社会发展需求，审时度势，在符合世界人民利益的基础上，构筑了中国特色社会主义法律体系，这当然也包括了国内海洋法律体系，这些法律规定不仅是对公约的良好践行，也是中国的海洋治理智慧，更深刻体现了海洋命运共同体中人类命运休戚与共的核心思想，对全世界人类海洋的利益有着重要的贡献，因此，在实现海洋命运共同体国际法制化进程中，如何让国际社会认可中国的海洋立场与观点，理解中国的海洋政策，是关键的一步。中国有必要增加解释相关理念的机会，让国际社会从一开始愿意接受中国的制度理念，为中国的制度供给从基本态度上消除障碍。[①]

中国在推动海洋命运共同体国际法制化的进程中，应着重研究与引领"区域"内开采规章的制定，并积极发挥中国的作用，国际法是决定国际资源分配的有效手段，中国在实现海洋命运共同体的道路上，应该坚持将其国际法制化的基础上引领"区域"内开采规章的制定，使其充分发挥资源配置的功能。可从以下几个方面入手：在海底管理局即将发布的新一版本的《"区域"矿产资源开发规章(草案)》[②]中，从开始阶段就积极介入，发挥在新规则制定中的引领作用；在"区域"内制度的定期审查机制战略的讨论时，应当充分考虑到目前中国两个承包者都涉及到的海底电缆敷设通过各自

---

① 参见金永明. 新时代中国海洋强国战略治理体系论纲[J]. 中国海洋大学学报(社会科学版)，2019，(5)：29.

② 参见 Ongoing Development of Regulations on Exploitation of Mineral Resources in the Area [EB/OL]. https：//www. isa. org. jm/legal-instruments/ongoing-development-regulations-exploitation-mineral-resources-area, 2017-05-04/2021-04-04.

矿区的深海海底开发与法律交叉议题;① 在涉及到海底管理局职能完善的过程中，积极发表中国的观点与态度，如对于法技委的改革，除了建议控制委员会规模外，仍应继续建议其应该增加具备环境和法律方面背景的委员数量；重视海底管理局会议上"环保联盟"以高标准和严格的环保问题牵制海底资源开采的现象。② 总之，要不断通过中国驻海底管理局代表、观察员等途径，在相关议题中积极开展工作，进而争取在相关国际海洋立法领域中的海洋话语权，使之能够朝着有利于中国利益的方向发展，使其可以为中国的利益维护所用。③ 与此同时，在相关的海洋法会议与立法进程中，中国还应注意多提倡海洋命运共同体理念及其国际法制化的重大意义，使之能够逐渐被国际社会所认可，最终达成海洋命运共同体国际法制化的目标。

从更为长远的视野来看，中国要在批判与扬弃西方价值观的基础上，继承自己民族的优秀传统价值观，塑造形成一种代表世界历史发展趋势，引领世界发展潮流的新型文明模式。普惠价值，应是这一新型文明模式的有机、重要组成部分。以普惠为价值追求的海洋命运共同体构建使中国在世界开始积极主动推进全球化的历史进程，积极主动参与并推进全球化和全球海洋治理的顶层设计。中国对世界海洋体系的主动参与和塑造作用开始显现。④

海洋环境治理经济成本高，需要先进技术的支持，还涉及一系列其他地缘政治问题，这是小国无法承受的负担。因此，大国特别是海洋大国应主动承担大国责任，深化相互合作，逐步帮助小国参

---

① 参见薛桂芳主编.《海洋法学研究》(第2辑)[M]. 上海：上海交通大学出版社，2018. 175.

② 参见薛桂芳主编.《海洋法学研究》(第2辑)[M]. 上海：上海交通大学出版社，2018. 151-158.

③ 参见杨震，刘丹. 中国国际海底区域开发的现状、特征与未来战略构想[J]. 东北亚论坛，2019，28(3)：123.

④ 参见李海青. 以普惠价值支撑构建人类命运共同体[EB/OL]. http：//opinion. china. com. cn/opinion_90_168390. html，2017-08-07/2021-07-17.

与合作。例如，中国可以主动加强与美、英、俄、加、德、澳、日等国在政策沟通、目标设定、科研开发、节能减排、溢油处理、垃圾收集、生物保护等多个领域开展合作，在环境治理和生态恢复方面与他们共同采取行动。其次，中国应该秉持"开放包容、务实合作、互利共赢"的理念，继续发展与其他有关国家基于全方位、多层次、互动性、综合性的合作机制的蓝色伙伴关系。在全球海洋环境治理过程中，致力于实现海洋共同利益最大化，协调各国海洋政策分歧与利益冲突，促进各国家间平等互信。①

(二)引领规则构建的路径

中国应该在坚持自己的基本立场上，通过深化国际海洋合作与实践并在其中积极发挥中国的重要作用，引领国际海洋规则的构建。具体而言，应在海洋命运共同体理念及其国际法制化的指引下，首先中国应定期召开与小岛屿国家之间的圆桌会议，加强与有关涉海非官方组织的合作与交流，实现资源与信息的互通共享。其次，中国应当借助"一带一路"倡议中许多非洲国家积极参与的良好机会在海洋治理层面进一步落实《关于构建更加紧密的中非命运共同体的北京宣言》，探索打造中非海洋命运共同体这一区域命运共同体的构建；同时进一步深化与金砖五国的合作，在海洋资源开发与利用领域合力打造"五位一体"的"金砖国家命运共同体"。这既有利于中国加强与相关国家的深入合作与交流，亦可以实现先行构建区域命运共同体的目标，其既可以解决区域问题，还可以分阶段分步骤地推进海洋命运共同体的最终构建，更重要的是在构建区域命运共同体的过程中中国可以积极宣传自己的主张，表明自己的态度，让区域内国家可以先为接受中国的主张与观点，帮助中国在未来的引领国际海洋规则构建的过程中提供助力与支持。除此之外，中国还应该进一步发挥上海合作组织(Shanghai Cooperation

---

① 参见 Chang Yenchiang. On Legal Implementation Approaches Toward Amaritime Community With a Shared Future[J]. China Legal Science，2020，8(2)：1-30.

Organization，以下称"上合组织"）友好协商机制的积极作用，以《上海合作组织成员国长期睦邻友好合作条约》为基础，严格遵循互利协商的"上海精神"，同时根据"上合组织"通过的包括反恐公约在内的一系列公约对北冰洋、太平洋以及印度洋所涉及的海洋事务进行进一步集中治理，以身作则积极践行相关制度规定，并推动其进一步完善与发展。从制度建设角度，遵循乃至主导制定相关国际海洋公约是实现海洋命运共同体国际法制化与构建海洋命运共同体的高级阶段的重要任务。①

　　一项海洋倡议从其被提出开始，到得以发展再到纳入相关的规则，包括被吸纳到国际法制中，并发挥重要作用需要历经一个艰难而又漫长的过程。而在这一过程中，无论是要推动国际海洋治理规则的完善，还是要将中国的立场与诉求推向全世界并使之可以在相应的国际规则中予以体现，中国政府以及学者的努力和行动都是必不可少的。未来，对中国政府与学者行动的强化也将会深刻影响到海洋命运共同体理念的广泛传播。海洋命运共同体理念由中国政府提出，更应该由中国积极发挥推动作用。是以，中国应该在未来秉持自己的海洋倡议更加积极地投身到全球海洋治理的进程之中，运用自身力量、发挥自身优势来推动国际海洋新秩序的构建，并在实践中不断表明自己的态度与观点，使得国际社会可以给予中国诉求更多的关注，强化中国处理国际海洋事务的能力。而中国学者则要在遵循中国海洋倡议核心价值的基础上，对海洋命运共同体理念进行充分的研究，并将其进行广泛传播，通过不断的交流让世界知晓中国海洋倡议的精髓，领略中国海洋治理的智慧，从而使中国的海洋倡议获得更多的国际认同，为其被国际规则所接纳而奠定基础。

　　前文已多次阐述了"区域"内资源对全人类及中国生存发展的重要性，同时，海洋命运共同体理念由中国政府首次提出，要想其实现国际法制化构建，并在"区域"内作为例证得以先行实践，就需要中国把握"区域"内开采规章正在制定的良机，更加积极地关

---

　　① 参见徐峰．"海洋命运共同体"的时代意蕴与法治建构［J］．中共青岛市委党校青岛行政学院学报，2020，（1）：65.

注并参与到"区域"内开采规章的制定中。2021 年 12 月，海底管理局第 26 届理事会第二期会议顺利闭幕，此次会议对未来制定"区域"内开采规章作出了进一步的安排。中国应该一如既往地关注"区域"内开采规章的制定情况与发展趋势，并积极协助海底管理局完成开采规章的制定工作，推动中国海洋价值观被国际海洋规则所接纳。

"区域"内开采规章尚在制定过程当中，中国一直积极关注"区域"内开采规章的制定，对相关问题积极发表中国的观点与态度，中国在此间提出的海洋命运共同体理念正是解决"区域"内开采规章制定问题的新路径，中国应该在践行海洋命运共同体理念的基础上，完善中国《深海法》与深海法体系的构建，主动实现海洋命运共同体在国内海洋法律中的法制化实现，并以此推动其在"区域"内开采规章制定中的国际法制化实现，构建以内促外，以内推动国际的海洋命运共同体国际法制化路径，正如美国《深海海底硬矿物资源法》中所言，其旨在作为一项临时措施来主导《海洋法公约》的讨论与制定。与此同时，对未来"区域"内开采规章制定过程中遇到的新问题中国应及时关注，积极参与讨论，表明中国的立场与态度，积极申明中国的权益主张，尝试将海洋命运共同体理念引入其中，引领"区域"内开采规章的制定，为引领国际海洋规则的构建夯实基础。

最后，为推动以上目的的达成，中国还应主动借鉴其他国家的方法与经验。通过对现有国际法规则的分析以及形成过程的回顾我们不难发现，已有国际法规则大多是由发达国家主导或制定的，甚至可以说是发达国家意志的体现；在制定国际规则的过程中，这些国家或凭借其自身强大的综合实力将自己的意志强加到国际规则中，或是积极表达自己的利益诉求并使其在国际规则中得以体现，从而可以实现制定的国际规则能为其所用，更好地维护本国利益。这也从侧面反映了中国将自己意志加入相关国际规则与议题设置中的能力不足与意识的欠缺。中国首倡的海洋命运共同体理念要想在国际社会中获得认可并被纳入国际海洋规则，学习、借鉴其他国家提出的多项倡议或建议能够被国际法吸纳并转化为规则的经验与做法是必不可少的。例如，可以通过不断地增强自身的综合实力，加强对与自身利益相关事务的积极关注，并主动表达中国诉求，积极参与国际海洋事务，提升中国的海洋话语权，通过多方协商交流将中国利益关切问题列入有关议题中予以讨论等多种方式，从而让世界听到中国的强音。

本 章 小 结

"区域"内资源的开采关系着全人类的共同利益，更与中国的未来发展与国民命运休戚相关。中国作为"区域"内先驱投资国之一，对"区域"内资源的开采起到了先导性的作用。海洋命运共同体理念作为中国参与全球海洋治理的中国指南，要想推动其国际法制化实现，构建海洋命运共同体，同时要保障"区域"内利益的实现，中国就要积极付出实际行动。要先实现海洋命运共同体在中国深海法律中的法制化，才能更进一步推动海洋命运共同体在"区域"内开采规章中国际法制化的实现，从而实现"区域"内资源的有序开采，与合理利用，切实落实全人类共同继承财产原则。

中国深海法体系尚不完善，在国际海洋领域的话语权依然不够，中国尚不能引领国际规则的构建使得国际海洋规则更符合中国的利益需求。推动构建海洋命运共同体及其国际法制化实现，以及"区域"内制度的完善，中国需要在海洋命运共同体理念指引下构建完善的中国深海法体系与中国海洋话语体系。

推动海洋命运共同体国际法制化及其在"区域"内的实现，首先要实现海洋命运共同体的中国国内法制化。中国要从法律层级、法律领域与制度完成"区域"内开采制度的顶层设计与制度构建。要先推动海洋命运共同体理念"入宪"，推动"区域"内开发与权益维护"入宪"。中国应该尽快制定海洋基本法，实现海洋命运共同体在中国海洋基本法中的法制化，并在其指引下完善中国《深海法》中的相关制度。例如，中国宜在本国立法中对"优先权"问题、"区域"内环境保护等问题予以规定，相关制度只有获得了国内立法上的依据，才有可能进一步在国际法中得以实现。同时建立"区

域"内开发专项基金，可以对基金按用途不同进行划分，如用于
"区域"内海洋环境的保护，对海洋环境污染进行的修护与赔偿，
以及对"区域"内造成的其他损害的赔偿等，以便当承包者不能担
责或者不能全部担责的时候对受害者进行赔付。当然，"良法善
治"，光有良法不足以实现"区域"内的有效治理，还需要完善的执
行机制来与之配套施行。首先要完善相关的配套法律法规、规章条
例等，以提高法律的可操作性，细化具体规定；同时还要构建健全
的体制机制，设计统揽"区域"内相关事务的综合性协调管理机构，
综合管理涉"区域"内事务，提高工作效率，增强治理效果。

　　除了完善相关法律，构建完整的法治体系，中国要想推动海洋
命运共同体的国际法制化及其在"区域"内开采规章中的实现，还
要提升中国的国际海洋话语权，转变中国当前的态度与定位，改变
中国在国际海洋事务中的身份与角色，引领国际海洋规则的构建与
国际海洋秩序的重构，从而可以为中国海洋权益的维护与"区域"
内利益的实现提供重要的保障。海洋话语权与一国的海洋利益密切
相关，直接影响到中国所提出的观点与主张在国际海洋社会中得到
认可与获得支撑的程度，最终关系着中国海洋权益的实现。中国要
构建自己的海洋话语体系，提升在"区域"内的话语权，积极提出
中国的主张与态度，表达中国的利益诉求，并努力使之实现，逐渐
变海洋规则的"被动接受者"为"主动引领者"，实现中国对国际海
洋规则的引领，将中国的利益诉求写进国际海洋规则，为中国与广
大发展中国家赢得更多的海洋利益，完成时代赋予中国的使命。

结　　论

　　海洋命运共同体理念是人类命运共同体理念在海洋领域的重要实践与发展。海洋命运共同体理念对于各国之间缓解海洋冲突，加强交流以及维护海洋权益都具有重大的意义。为使海洋命运共同体理念得到具体的落实与贯彻，并能够深入地指导人类海洋实践，就必然要实现海洋命运共同体的国际法制化构建。海洋命运共同体国际法制化可以使得各国家之间的海洋权利与义务以法律形式固定并能够推动人类海洋实践的深入发展。海洋命运共同体作为全球海洋治理困境解决以及全球海洋秩序重构的全新方案与全新路径，只有实现其国际法制化才能够更好地发挥作用，为人类的海洋实践提供有效规范，保护海洋环境，实现海洋的可持续发展，在满足当代人利益需求的同时也不损害后代人的利益。

　　目前，各国对海洋命运共同体理念所持意见不一，更对其国际法制化实现持谨慎态度。因此，海洋命运共同体国际法制化的实现不能一蹴而就，尚需要经过不断地推广、运用与磨合。通过不断地对海洋命运共同体国际法内涵的阐释使各国认识到海洋命运共同体国际法制化的重要性以及将会为全人类所带来的海洋惠益，从而使海洋命运共同体理念及其国际法制化可以获得国际社会的广泛支持。海洋命运共同体国际法制化的实现不仅是要靠理念宣传，更重要的是要通过一系列制度安排和实践措施来完成。例如，对《海洋法公约》中海洋环境保护、国际海底区域制度、专属经济区与大陆架制度、国际海洋争端解决制度等相关规则的修订与完善，并不断加强与深化各国之间的合作与交流，通过协商谈判的方式解决各国之间的海洋权益争端与分歧，维护各国的海洋权益，实现海洋资源的共同开发与利用。各国应深入参与全球海洋治理，推动区域制度

274

的构建与完善，为海洋命运共同国际法制化实现与共同体构建奠定良好的基础。

"区域"内蕴藏着丰富的矿物资源，具有潜在的巨大经济价值。"区域"内开发制度作为《海洋法公约》中专章规定的制度，具有其独立的法律地位与法律意义。随着陆地资源的枯竭，世界各国对"区域"内资源开采的关注越来越密切，并试图通过一系列的制度安排规范"区域"内的矿产开采活动，例如，国际层面上从《海洋法公约》及其《执行协定》到海底管理局颁布的"三规章"，以及近年来为迎接"区域"内开采阶段的到来，海底管理局又一连颁布了三部开采规章（草案）；而在国内层面，许多国家也已经制定了较为完善的"区域"内开采法规，以为本国在"区域"内获取利益提供保障以及更好地履行国际义务。然而，因"区域"内地理位置复杂和法律地位的独特性，其资源开采涉及方面广泛，利益诉求复杂，矛盾冲突激烈。"区域"内开采规章的制定过程必然是一个复杂长久的博弈过程。海洋命运共同体理念的提出不仅为国际海洋治理困境提供了一种全新的思路，其国际法制化的实现以及在"区域"内开采规章制定中的实践既可以保证"区域"内资源开采的可持续发展，又能够满足各国资源需求，同时更能够造福全人类，使得全人类共同继承财产原则得以落实。

"区域"内资源开采涉及多主体和多利益的分配与海洋战略安全的错综复杂局面，任何国家都不能够独立完成"区域"内的资源开采任务，因此只有以高度的国家责任感来调和"区域"内的矛盾，以海洋命运共同体理念及其国际法制化为指引，实现"区域"内资源的有序开发，保护"区域"内海洋环境才能够真正维护人类的海洋利益，才能够真正维护人类的共同继承财产，并使其发挥最大的作用。

2016 年，中国颁布了首部《深海法》，这既可以使中国依照《海洋法公约》规定有效履行担保国责任，同时又能够为中国的深海采矿活动做进一步的规范。然而，《深海法》相关制度尚不完善，中国深海法体系尚不健全。从中国自身利益角度考虑，以及为推动海洋命运同体构建及其国际法制化的实现，中国宜在海洋命运共同体理念的指引下完善中国的海洋基本法，构建深海法体系，积极参与国际海洋治理活动，从而提升中国海洋话语权，引领国际海洋规则的构建。这不仅可以为中国在"区域"内的活动与资源的获取提供国内法依据，同时也可以有效解决在当前开采规章制定中遇到的多重问题，还可以进一步推动海洋命运共同体国际法制化的实现，向世界彰显海洋命运共同体的强大生命力，有利于推动海洋命运共同体的早日实现。

海洋命运共同体理念与"区域"内开采规章尚在发展之中。未来，中国应该更加积极投身国际海洋治理活动，进一步参与制定"区域"内开采规章，在深海开采领域发出自己的声音。中国要从国内出发，在海洋命运共同体理念指引下完善中国《深海法》及相关制度，构建中国深海法体系，展现海洋命运共同体合作共赢的魅力；在不断参与国际海洋治理的过程中扩大海洋命运共同体理念的域外影响与效应，推动其国际法制化的实现；通过增加议题设置等方式促进其在"区域"内开采规章中的落实，从而不仅可以为中国争取到更多的权益，还可以实现为全人类利益服务的目的。

一项海洋倡议的提出，只有在历经了时间的考验与实践的检验后才能逐步地被吸纳成为相应的规则，并以法律的形式得以固定。海洋命运共同体理念从其提出到发展以及国际法制化的实现需要通过国际社会的认可以及国际实践的检验，只有经过漫长的"成长"才能最终被国际法规则所接纳，为各国家所遵守。在这个艰难的过程中，中国作为海洋命运共同体理念的首倡者，同时又作为全球海洋治理的重要参与者、实践者，需要在其中起到重要的"先锋模范"作用以及指导与引领作用。正如文中所提到的那样，中国需要首先在充分研究海洋命运共同体理念内涵的基础上，不断推陈出新，探索其国际法制化的实现路径以及构建海洋命运共同体的模式。通过深刻研究以及不断地论证来丰富海洋命运共同体的内涵，并对其进行广泛的传播；通过学术研究、文化交流、政府合作等方式使之走向世界，令国际社会都能够知晓、了解海洋命运共同体的真正内容，并能被国际社会所广泛接受与认可。此外，中国还应该积极行动起来，发挥先锋典范作用，通过海洋命运共同体国内法制化的方式来推动其国际法制化的实现，并以此来树立"中国范例"，从而形成"以内促外"的新模式。海洋命运共同体不可能从理念倡议而一举成功完成国际法制化的构建，况且作为由中国政府提出的一项海洋倡议，其也不可能一跃被国际法规则所接纳。因而，在这个漫长的过程中，中国需要久久为功，应该首先积极推动其国内法制化的实现，如中国《深海法》的完善以及配套规则的制定，并在此基础上形成完整的海洋法体系；同时善用国际眼光，讲好中国故事，彰显中国特色，以此来影响、引领国际海洋规则的更新与创制，并以此来推动"区域"内开采规章的制定和相关规则的完善，从而使之成为典型例证，最终推动实现海洋命运共同体的国际法制化，令其被国际法规则所接纳，被各国家所遵守。

参 考 文 献

一、法律法规及报告

[1] 1982 年《联合国海洋法公约》

[2] 1969 年《维也纳条约法公约》

[3] 《关于执行 1982 年 12 月 10 日〈联合国海洋法公约〉第十一部分的协定》

[4] 《"区域"内多金属结核探矿和勘探规章》

[5] 《"区域"内多金属硫化物探矿和勘探规章》

[6] 《"区域"内富钴铁锰结壳探矿和勘探规章》

[7] 《国际海底区域内矿物资源开发规章草案(草案)》,2017 年版

[8] 《国际海底区域内矿物资源开发规章草案(草案)》,2018 年版

[9] 《国际海底区域内矿物资源开发规章草案(草案)》,2019 年版

[10] 中华人民共和国政府关于《"区域"内矿产资源开发规章草案》的评论意见

[11] 国际海底管理局大会关于《"区域"内多金属结核探矿和勘探规章》修正案的决定——ISBA/19/A/9

[12] 国际海底管理局理事会关于《"区域"内多金属结核探矿和勘探规章》修正案及有关事项的决定——ISBA/19/C/17

[13] 国际海底管理局大会关于《"区域"内多金属结核探矿和勘探规章》第 21 条修正案的决定——ISBA/20/A/9

[14] 国际海底管理局理事会关于《"区域"内多金属结核探矿和勘探规章》第 21 条修正案的决定——ISBA/20/A/23

[15] 国际海底管理局大会关于《"区域"内多金属硫化物探矿和勘探规章》的决定——ISBA/16/A/12/Rev. 1

[16] 国际海底管理局理事会关于《"区域"内多金属硫化物探矿和勘探规章》的决定——ISBA/16/C/12

[17] 国际海底管理局大会关于《"区域"内多金属硫化物探矿和勘探规章》第 21 条修正案的决定——ISBA/20/A/10

[18] 国际海底管理局理事会关于《"区域"内多金属硫化物探矿和勘探规章》第 21 条修正案的决定——ISBA/20/C/22

[19] 国际海底管理局理大会关于《"区域"内富钴铁锰结壳探矿和勘探规章》的决定——ISBA/18/A/11

[20] 国际海底管理局理事会关于《《"区域"内富钴铁锰结壳探矿和勘探规章》的决定——ISBA/18/C/23

[21] 关于承包者评估"区域"内海洋矿物勘探活动可能对环境造成的影响的指南——ISBA/21/LTC/11

[22]《中华人民共和国深海海底区域资源勘探开发法》

[23]《联邦德国海底采矿法》(Seabed Mining Act-MbergG)

[24] 英国法律法规网. 英国深海采矿法[EB/OL]. (2014-01-15)[2021-06-06]. http：//www. legislation. gov. uk/ukpga/2014/15/schedule.

[25] 国际法委员会第 68 届会议报告，第五章《习惯国际法的识别》，A/71/10，2016 年。

[26] 中国海洋矿产资源研究开发协会：《就有关在区内发展及推行支付机制的讨论文件所作出的回应》，2015 年。

[27]《中华人民共和国环境保护法》

[28]《中华人民共和国可再生能源法》

[29]《中华人民共和国宪法》

[30]《中华人民共和国民法典》

[31]《联合国人类环境会议宣言》

[32]《变革我们的世界：2030 年可持续发展议程》

[33] 1972 年《禁止在海床洋底及其底土安置核武器和其他大规模毁灭性武器条约》

[34] Declaration of Principles Governing the Sea-Bed and the Ocean Floor，and the Subsoil Thereof，Beyond the Limits of National

Jurisdiction, G. A. Res. 2749, U. N. GAOR, 25th Sess. , Supp. No. 28, U. N. Doc. A/8028 [EB/OL]. (1970-12-17) [2021-06-06]. http: //www. un. org/depts/los/convention _ agreements/texts/unclos/unclos_c. pdf.

[35] Council, Decision Relating to a Request for Approval of a Plan of Work for Exploration for Polymetallic Nodules Submitted by Tonga Offshore Mining Limited, ISBA/17/C/15, 19 July 2011.

[36] UN General Assembly Resolution 2574, (1970) 9 ILM 419.

[37] Council, Decision Relating to a Request for Approval of a Plan of Work for Exploration for Polymetallic Nodules Submitted by Marawa Research and Exploration Ltd. , ISBA/18/C/25, 26 July 2012.

[38] Council, Decision Relating to a Request for Approval of a Plan of Work for Exploration for Polymetallic Nodules Submitted by the Cook Islands Investment Corporation, ISBA/20/C/29, 21 July 2014.

[39] Regulation 5. 7 of the International Seabed Authority's Financial Regulations.

[40] Charter of Economic Rights and Duties of States, GA Res. 3281 (XXIX) (1974), Art. 29.

[41] Nauru, Proposal to Seek an Advisory Opinion from the Seabed Disputes Chamber of the International TriBunal for the Law of the Seaon Matters Regarding Sponsoring State Responsibility and Liability, UNDoc. ISBA/16/C/6 (Mar. 5, 2010).

[42] International Seabed Minerals Act, supra note 35, Part 7 Fiscal Arrangements

[43] Report of the Ad Hoc Open-ended Informal Working Group to Study Issues Relating to the Conservation and Sustainable Use of Marine Biological Diversity Beyond Areas of National Jurisdiction Transmittal Letter Dated 9 March 2006 from the Co-Chairpersons of the Working Group to the President of the General Assembly,

doc A/61/65 (20 March 2006), para. 71.

[44] Rio Declaration on Environment and Development (Rio de Janeiro, adopted 14 June 1992) 31 ILM 874; Principle 15.

[45] Pemmaraju Sreenivasa Rao, Second Report on the Legal Regime for the Allocation of Loss in case of Transboundary Harm Arising out of Hazardous Activities, A/CN. 4/540, Report by Special Rapporteur, 2004.

[46] 1979 Agreement Governing the Activities of States on the Moon and Other Celestial Bodies, 1363 U. N. T. S. 3, Dec. 5, 1979.

[47] U. N. GAOR, 1st Comm. 22d Sess. , 1515th mtg. , U. N. Doc. A/ C. 1/PV. 1515 (Nov. 1, 1967) .

[48] ISA, Developing a Regulatory Framework for Mineral Exploitation in the Area. Stakeholder Engagement (2014).

[49] United Nations Economic Commission for Africa, Africa's Blue Economy: A Policy Handbook, 2016.

[50] Lodge. M. , The International Seabed Authority and Deep Seabed Mining, UN Chronicle, Volume LIV Nos. 1 and 2 [EB/OL]. (2017-01-07) [2022-01-21]. https://unchronicle. un. org/ article/international-seabed-authority-and-deep-seabed-mining.

[51] Co-Chairs Report of Griffith Law School and the International Seabed Authority Workshop on Environmental Assessment and Management for Exploitation of Minerals in the Area, Australia [EB/OL]. (2016-05-23) [2022-01-02]. https://www. isa. org. jm/files/documents/EN/Pubs/2016/GLS-ISA-Rep. pdf.

[52] International Marine Minerals Society, Code for Environmental Management of Marine Mining[EB/OL]. (2010-04-23) [2021-10-25]. http://www. immsoc. org/IMMS_code. htm.

[53] Council, International Seabed Authority, Decision of the Council of the International Seabed Authority Relating to a Request for Approval of a Plan of Work for Exploration for Polymetallic Nodules Submitted by G-TEC Sea Mineral Resources NV, 18th

sess，181St mtg，ISBA Doc ISBA/18/C/28（26 July 2012）.

［54］Regional Agreement on Access to Information，Public Participation and Justice in Environmental Matters in Latin America and the Caribbean（Escazii Convention），art. 1［EB/OL］.（2018-03-04）［2021-09-24］. https：//treaties. un. org/doc/Treaties/2018/03/20180312%2003-04%20PM/CTC-XXVII-18. pdf.

［55］U. N. Secretary-General，Oceans and the Law of the Sea Rep. of the Secretary-General，54 U. N. Doc. A/ 62/.

［56］Stockholm Convention on Persistent Organic Pollutants，2001，art. 1［EB/OL］.（2018-03-04）［2021-03-25］. http：//www. pops. int/documents/convtext/convtext_en. pdf.

二、中文著作

［1］陈岳，蒲俜. 构建人类命运共同体(修订版)［M］. 北京：中国人民大学出版社，2018.

［2］陈德恭. 现代国际海洋法［M］. 北京：海洋出版社，2009.

［3］崔凤，宋宁而. 海洋社会学的建构：基本概念与体系框架［M］. 北京：社会科学文献出版社，2014.

［4］陈伟光等."一带一路"建设与提升中国全球经济治理话语权［M］. 北京：人民出版社，2017.

［5］董世杰. 争议海域既有石油合同的法律问题研究［M］. 武汉：武汉大学出版社，2019.

［6］邓妮雅. 海上共同开发管理模式法律问题研究［M］. 武汉：武汉大学出版社，2019.

［7］付琴雯.《联合国海洋法公约》在法国的实施问题研究［M］. 武汉：武汉大学出版社，2022.

［8］高健军. 中国与国际海洋法——纪念《联合国海洋法公约》生效10周年［M］. 北京：海洋出版社，2004.

［9］高健军.《联合国海洋法公约》争端解决机制研究［M］. 北京：中国政法大学出版社，2010.

［10］高圣平. 担保法论：On security law［M］. 北京：法律出版

社，2009.

[11] 高辉清. 效率与代际公平：循环经济的经济学分析与政策选择[M]. 杭州：浙江大学出版社，2008.

[12] 甘绍平. 应用伦理学前沿问题研究[M]. 南昌：江西人民出版社，2002.

[13] 何海榕. 泰国湾海上共同开发法律问题研究[M]. 武汉：武汉大学出版社，2020.

[14] 胡锦涛. 胡锦涛文选（第三卷）[M]. 北京：人民出版社，2016.

[15] 黄文博. 海上共同开发争端解决机制的国际法问题研究[M]. 武汉：武汉大学出版社，2022.

[16] 江家栋，曹海宁，阮智刚. 中外海洋法律与政策比较研究[M]. 北京：中国人民公安大学出版社，2014.

[17] 卡尔·马克思，弗里德里希·恩格斯. 德意志意识形态[M]，1932.

[18] 李雪威. 新时代海洋命运共同体构建[M]. 北京：世界知识出版社，2021.

[19] 李红云. 国际海底与国际法[M]. 北京：现代出版社，1997.

[20] 李包庚等. 人类命运共同体：破解全球治理危机的中国方案[M]. 北京：当代中国出版社，2019.

[21] 刘亮. 大陆架界限委员会建议的性质问题研究[M]. 武汉：武汉大学出版社，2020.

[22] 林家骏. 国际海底区域矿产资源开发法律问题研究[M]. 北京：法律出版社，2021.

[23] 梁西著，杨泽伟修订. 梁著国际组织法（第七版）[M]. 武汉：武汉大学出版社，2022.

[24] 梁西. 梁西论国际法与国际组织五讲（节选集）[M]. 北京：法律出版社，2019.

[25] 梁昊光. "一带一路"：二十四个重大理论问题》[M]. 北京：人民出版社，2018.

[26] 联合国. 国际法院判决书、咨询意见和命令摘要 1997-2002

［M］. 2005.

［27］马俊驹，余延满. 民法原论（上）［M］. 北京：法律出版社，2010.

［28］世界环境与发展委员会. 我们共同的未来［M］. 长春：吉林人民出版社，1997.

［29］孙传香. 中日东海大陆架划界国际法问题研究［M］. 武汉：武汉大学出版社，2019.

［30］商务国际辞书编辑部. 现代汉语词典［M］. 北京：商务印书馆，2020.

［31］王铁崖. 国际法引论［M］. 北京：北京大学出版社，1998.

［32］王灵桂，赵江林."周边命运共同体"建设：挑战与未来［M］. 北京：社会科学文献出版社，2017

［33］王帆，凌胜利. 人类命运共同体：全球治理的中国方案［M］. 长沙：湖南人民出版社，2017

［34］王彤. 世界与中国：构建人类命运共同体［M］. 北京：中共中央党校出版社，2019.

［35］王泽鉴. 债法原理［M］. 北京：北京大学出版社，2013.

［36］习近平. 论坚持推动构建人类命运共同体［M］. 北京：中央文献出版社，2018.

［37］习近平. 习近平谈治国理政（第二卷）［M］. 北京：外文出版社，2017.

［38］薛桂芳. 我国深海法律体系的构建研究［M］. 上海：上海交通大学出版社，2019.

［39］薛桂芳主编. 海洋法学研究（第 1 辑）［M］. 上海：上海交通大学出版社，2017.

［40］薛桂芳主编. 海洋法学研究（第 2 辑）［M］. 上海：上海交通大学出版社，2018.

［41］薛桂芳.《联合国海洋法公约》与国家实践［M］. 北京：海洋出版社，2011.

［42］杨泽伟主编.《联合国海洋法公约》若干制度评价与实施问题研究［M］. 武汉：武汉大学出版社，2017.

[43] 杨泽伟主编. 中国国家权益维护的国际法问题研究[M]. 北京：法律出版社，2019.

[44] 杨泽伟."一带一路"倡议与国际规则体系研究[M]. 北京：法律出版社，2020.

[45] 杨泽伟. 国际法（第四版）[M]. 北京：高等教育出版社，2022.

[46] 杨泽伟. 国际法析论(第五版)[M]. 北京：中国人民大学出版社，2022.

[47] 杨泽伟. 海上共同开发国际法理论与实践研究[M]. 武汉：武汉大学出版社，2018.

[48] 杨泽伟主编. 海上共同开发协定汇编[M]. 北京：社会科学文献出版社，2016.

[49] 杨珍华. 中印跨界水资源开发利用法律问题研究[M]. 武汉：武汉大学出版社，2020.

[50] 赵强. 开发深海海洋能共建海洋命运共同体——深海海洋能开发战略构想[M]. 青岛：中国海洋大学出版社，2020.

[51] 张战等著. 构建人类命运共同体思想研究[M]. 北京：时事出版社，2019.

[52] 张海斌. 国际法治与人类命运共同体[M]. 北京：法律出版社，2019.

[53] 张海文编著，《联合国海洋法公约》与中国[M]. 北京：五洲传播出版社，2014.

[54] 张海文主编，《联合国海洋法公约》释义集[M]. 北京：海洋出版社，2006.

[55] 张宇燕. 习近平中国特色社会主义外交思想研究[M]. 北京：中国社会科学出版社，2019.

[56] 张坤民. 可持续发展伦理[M]. 北京：中国环境科学出版社，1997.

[57] 张颖."一带一路"背景下油气管道过境法律问题研究——以《能源宪章条约》为视角[M]. 武汉：武汉大学出版社，2022.

[58] 郑易生，钱薏红. 深度忧患——当代中国的可持续发展问题

[M].北京：今日中国出版社，1998.

[59]周鲠生.国际法(上卷)[M].武汉：武汉大学出版社，2009.

[60]中央宣传部.习近平新时代中国特色社会主义思想学习纲要[M].北京：学习出版社、人民出版社，2019.

[61]联合国.国际法院判决书、咨询意见和命令摘要 1997-2002[M].2005.

三、中文译作

[1][美]E·博登海默著.法理学：法律哲学与法律方法[M].邓正来，译.北京：中国政法大学出版社，1998.

[2][美]路易斯·亨金.国际法：政治与价值[M].张乃根，马忠法，罗国强，叶玉，徐珊珊，译.张乃根，校.北京：中国政法大学出版社，2005.

[3][德]弗里德里希·恩格斯，[德]卡尔·马克思.马克思恩格斯选集(第三版)第二卷[M].北京：人民出版社，2012.

[4]傅崐成等编译.弗吉尼亚大学海洋法论文三十年精选集(1977—2007)(第一卷)[M].厦门：厦门大学出版社，2010：206-207.

[5][英]马丁·阿尔布劳著.中国在人类命运共同体中的角色——走向全球领导力理论[M].严忠志，译.北京：商务印书馆，2020.

[6][荷兰]尼科·斯赫雷弗.可持续发展在国际法中的演进：起源、涵义及地位[M].汪习根，黄海滨，译.北京：社会科学文献出版社，2010.

[7][美]奥尔森.零和博弈：世界上最大的衍生品交易所崛起之路[M].大连商品交易所研究中心翻译组，译.北京：中国财政经济出版社，2014：6.

[8][英]齐格豪特·鲍曼.共同体[M].欧阳景根，译.南京：江苏人民出版社，2003.

[9][斐济]萨切雅·南丹.1982年《联合国海洋法公约》评注[M].毛彬，译.北京：海洋出版社，2009.

［10］［美］约翰 L. 梅罗. 海洋矿物资源［M］. 马孟超，孙英等，译. 北京：地质出版社，1980.

四、英文著作

［1］Alex G. Oude Elferink，Donald R. Rothwell. Oceans Management in the 21st Century Institutional Frameworks and Responses［M］. Leiden：Publications on Ocean Development，2004.

［2］Arie Trouwborst. Precautionary Rights and Duties States［M］. Leiden：Martinu Nijhoff，2006.

［3］Douglas R. Burnett，Lionel Carter. International Submarine Cables and Biodiversity of Areas Beyond National Jurisdiction［M］. Leiden：Brill Nijhoff，2015.

［4］David C. Gompert. Sea Power and American Interests in the Western Pacific［M］. New York：Rand Corporation，2013.

［5］Donald R. Rothwell，Tim Stephens. The International Law of the Sea［M］. Portland：Hart Publishing Limited，2016.

［6］Davor Vidas edited. Law，Technology and Science for Oceans in Globalization［M］. Lyasker：Martinus Nijhoff，2010.

［7］David Anderson，Alan Boyle，Robin Churchill，et al. . David Freestone，Maria Gavouneli，Douglas Guilfoyle：Law of the Sea：UNCLOS as a Living Treaty［M］. British Institute of International，2016.

［8］David Kenneth Leary. International Law and the Genetic Resources of the Deep Sea［M］. Leiden：Martinus Nijhoff Publishers，2007.

［9］E. D. Brown. Sea-Bed Energy and Minerals：The International Legal Regime Sea-bed Energy and Minerals［M］. Leiden：Brill Nijhoff，2001.

［10］Emst- Ulrich Petersman. The GATT/WTO Dispute Settlement：International Law，International Organizationsand Dispute Settlement［M］. Ireland：Kluwer Law International，1997.

［11］Edwin W. Patterson. Jurisprudence［M］. Brooklyn，1953.

[12] Georges Labrecque. International Law of the Sea [M]. Toronto: Thomson Reuters Canada Limited, 2015.

[13] Henry G. Schermers, Niels M. Blokker. International Institutional Law [M]. Leiden: Martinus Nijhoff Publishers, 2011.

[14] Hugo Grotius. The Free Sea [M]. Liberty Fund, Inc, 2004.

[15] Kemal Baslar. The Concept of the Common Heritage of Mankind in International Law [M]. Netherlands: Kluwer Law and Martinus Nijhoff Publishers, 1998.

[16] James Manicom. Bridging Troubled Waters: China, Japan, and Maritime Order in the East China Sea [M]. Washington, D. C. : Georgetown University Press, 2014.

[17] Page T. Conservation and Economic Efficiency: An Approach to Material Policy [M]. New York: The Johns Hepkin University Press, 1977.

[18] Peter Baytista Payoyo. Cries of the Sea World Inequity, Sustainable Development and the Common Heritage of Humanity [M]. Hague: Kluwer Lae International, 1997.

[19] Robin Churchill1. Dispute Settlement in the Law of the Sea: Survey for 2011 [M]. The International Journal of Marine and Coastal Law, 2012.

[20] Laursen Finn. Superpower at sea: U. S. Ocean Policy [M]. New York: Praeger, 1983.

[21] Louis Henkin. International Law: Politics and Values [M]. Dordrecht: Martinus Nijhoff Publishers, 1995.

[22] Louis B. Sohn, Kristen Gustafson Juras, John E. Noyes, et al. . Law of Sea in a Nutshell [M]. St. Paul: West Publishing CO, 2010.

[23] Lassa Francis Lawrence Oppenheim. International Law: A Treatise (8th ed.) [M]. New Jersey: The Lawbook Exchange, Ltd. , 1955.

[24] Natalie Klein. Maritime Security and the Law of the Sea [M].

Oxford: Oxford University Press, 2012.

[25] O'Connell. The International Law of the Sea [M]. Oxford: the Clarendon Press, 1982.

[26] Jeanette Greenfield. China's Practice in the Law of the Sea [M]. Oxford: Clarendon Press, 1992.

[27] Julius Stone. Social Dimensions of Law and Justice [M]. Stanford: Stanford University Press, 1966.

[28] Joseph F. C. Dimento, Alexis Jaclyn Hickman. Environmental Governance of the Great Seas (Law and Effect) [M]. Glasgow: Edward Elgar Publishing Limited, 2012.

[29] Mark Zacharias. Marine Policy [M]. New York: Routledge, 2014.

[30] James Haerrison. Making the Law of the Sea [M]. New York: Cambridge University Press, 2011.

[31] Julian Anthony Koslow. The Silent Deep: The Discovery, Ecology and Conservation of the DeepSea [M]. Chicago: University of Chicago Press, 2007.

[32] Jacqueline Peel. The Precautionary Principle in Practice: Environmental Decision-Making and Scientific Uncertainty [M]. Leichhardt: Federation Press, 2005,

[33] Markus G. Schmidt. Common Heritage or Common Burden? The United States Position on the Development of a Regime for Deep Sea-bed Mining in the Law of the Sea Convention [M]. Oxford: Oxford University Press, 1989.

[34] R. P. Anand. Legal Regime of the Sea-Bed and the Developing Countries [M]. 1976.

[35] Ranganathan S. Strategically Created Treaty Conflicts and the Politics of International Law [M]. Cambridge: Cambridge University Press, 2014.

[36] R. R. Churchill, A. V. Lowe. Law of the Sea (3rd ed) [M]. Manchester: Manchester University Press, 1999.

[37] S. N. Nandan, M. W. Lodge and S. Rosenne. UN Convention on the

Law of the Sea 1982：A Commentary［M］. Bill：Springer Press，2002.

［38］Scheiber, Harry N, eds. Law of the Sea：The Common Heritage and Emerging Challenges［M］. Boston：Martinus Nihoff Publishers，2000.

［39］Vöneky and Höfelmeier. United Nations Convention on the Law of the Sea：A Commentary［M］. Bill：Springer Press，2017.

［40］Pontifical Council of Justice and Peace. Compendium of The Social Doctrine of The Church［M］. London：Bloomsbury Publishing PLC，Burns&Oates Ltd，2006.

［41］International Seabed Authority. Draft framework，High level issues and Action plan，Version II.

［42］Itamar Mann. Humanity at Sea：Maritime Migration and the Foundations of International Law（Cambridge Studies in International and Comparative Law）［M］. Cambridge：Cambridge University Press，2017.

［43］Yearbook of the International Law Commission，2003（Ⅰ）.

［44］Yoshifumi Tanaka. The International Law of the Sea［M］. Cambridge：Cambridge University Press，2012.

［45］Yoshifumi Tanaka. Protection of Community Interests of international law［M］. Hamburg：Max Planck Institute，2011.

［46］Li Y. Transfer of Technology for Deep Sea-bed Mining：the 1982 Law of the Sea Convention and Beyond［M］. Leiden：Martinu Nijhoff，1994.

［47］小田滋. 海の資源と国际法（第 1 卷）［M］. 东京：有斐阁，1972.

五、中文论文

［1］白佳玉，隋佳欣. 人类命运共同体理念视域中的国际海洋法治演进与发展［J］. 广西大学学报（哲学社会科学版），2019，41（04）：82-95.

［2］白佳玉，隋佳欣．以构建海洋命运共同体为目标的海洋酸化国际法律规制研究［J］.环境保护，2019，47（22）：74-79.

［3］薄晓波．可持续发展的法律定位再思考——法律原则识别标准探析［J］.甘肃政法学院学报，2014（03）：19-31.

［4］陈慧青．国际海底区域内矿产资源开发中承包者的机密信息保护研究［J］.资源开发与市场，2020，36（10）：1109-1114.

［5］陈娜，陈明富．习近平关于海洋命运共同体重要论述的科学内涵与时代意义［J］.邓小平研究，2019（05）：62-72.

［6］陈娜，陈明富．习近平构建"海洋命运共同体"的重大意义与实现路径［J］.西南民族大学学报（人文社科版），2020，41（01）：203-208.

［7］陈金钊．"人类命运共同体"的法理诠释［J］.法学论坛，2018，33（01）：5-13.

［8］陈明琨．人类命运共同体的内涵、特征及其构建意义［J］.理论月刊，2017（10）：120-123.

［9］陈秀武．"海洋命运共同体"的相关理论问题探讨［J］.亚太安全与海洋研究，2019（03）：23-36，2-3.

［10］陈伟光，王燕．全球经济治理制度博弈——基于制度性话语权的分析［J］.经济学家，2019（09）：35-43.

［11］陈诗琴．国际海底开发过程中"区域"内剩余责任解决［J］.西部学刊，2020（10）：129-131.

［12］杨琳．论环境立法中的责任伦理［J］.科学经济社会，2019，37（04）：1-8.

［13］陈小云，屈广清．当代国际海洋环境保护法完善之理论考量［J］.河北法学，2004（01）：59-62.

［14］崔野，王琪．全球公共产品视角下的全球海洋治理困境：表现、成因与应对［J］.太平洋学报，2019，27（01）：60-71.

［15］程斌秀，蒋小翼．深海开发中的环境法律问题研究［J］.浙江海洋大学学报（人文科学版），2018，35（01）：8-13.

［16］戴瑛，谢曾红．国际海底区域开发主体责任研究［C］.辽宁省法学会海洋法学研究会2016年学术年会论文集，2017：

41-47.

[17] 董世杰，CHEN Jueyu，HUANG Yuxin. 国际海底区域内区域环境管理计划的法律地位[J]. 中华海洋法学评论，2020，16（04）：85-119.

[18] 冯梁. 构建海洋命运共同体的时代背景、理论价值与实践行动[J]. 学海，2020（05）：12-20.

[19] 方行明，魏静，郭丽丽. 可持续发展理论的反思与重构[J]. 经济学家，2017（03）：24-31.

[20] 房子婷，王忠春. 人类命运共同体理论对马克思共同体思想的继承与发展[J]. 佳木斯大学社会科学学报，2021，39（02）：32-35.

[21] 郭春晓. "和而不同"传统思想的现代转化：创新发展与时代价值[J]. 东岳论丛，2021，42（04）：75-81，191.

[22] 郭萍，李雅洁. 海商法律制度价值观与海洋命运共同体内涵证成——从《罗得海法》的特殊规范始论[J]. 中国海商法研究，2020，31（01）：74-82.

[23] 郭萍，李雅洁. 国际法视域下海洋命运共同体理念与全球海洋治理实践路径[J]. 大连海事大学学报（社会科学版），2021，20（06）：8-14.

[24] 龚柏华. "三共"原则是构建人类命运共同体的国际法基石[J]. 东方法学，2018（01）：30-37.

[25] 高之国，贾宇，密晨曦. 浅析国际海洋法法庭首例咨询意见案[J]. 环境保护，2012（16）：51-53

[26] 高健军. 国际海底区域内活动的担保国的赔偿责任[J]. 国际安全研究，2013，31（05）：36-51，155-156.

[27] 黄高晓，洪靖雯. 从建设海洋强国到构建海洋命运共同体——习近平海洋建设战略思想体系发展的理论逻辑与行动指向[J]. 浙江海洋大学学报（人文科学版），2019，36（05）：1-8.

[28] 何志鹏. 全球治理的中国话语[J]. 厦门大学学报（哲学社会科学版），2016（02）：1-10.

[29] 何宗玉，林景高，杨保华，刘少军．国际海底区域采矿规章制定的进展与主张[J]．太平洋学报，2016，24(10)：9-17.

[30] 侯昂妤．超越马汉——关于中国未来海权道路发展的思考[J]．国防，2017(03)：45-54.

[31] 胡波．中国海上兴起与国际海洋安全秩序——有限多极格局下的新型大国协调[J]．世界经济与政治，2019(11)：4-33，157.

[32] 胡晓红．可持续发展原则：国际经济治理的基本原则——从亚投行环境与社会标准展开[J]．兰州大学学报(社会科学版)，2018，46(06)：175-185.

[33] 侯贵卿，李日辉．深海矿产资源政策法规研究及意义[J]．海洋地质动态，1997(06)：4-6.

[34] 金永明．人类共同继承财产概念特质研究[C]．《中国海洋法学评论》2005年卷第2期，2014：233-244，615-634.

[35] 金永明．国际海底区域资源勘探规章述评[J]．海洋开发与管理，2006(04)：18-28.

[36] 金永明．论海洋命运共同体理论体系[J]．中国海洋大学学报(社会科学版)，2021(01)：1-11.

[37] 金永明．新时代中国海洋强国战略治理体系论纲[J]．中国海洋大学学报(社会科学版)，2019(05)：22-30.

[38] 金永明．现代海洋法体系与中国的实践[J]．国际法研究，2018(06)：32-45.

[39] 江伟钰．21世纪深海海底资源开发与海洋环境保护[J]．华东理工大学学报(社会科学版)，2002(04)：88-95.

[40] 金应忠．试论人类命运共同体意识——兼论国际社会共生性[J]．国际观察，2014(01)：37-51.

[41] 金鑫，陈飞宇．论新公共行政学——与传统公共行政比较[J]．前沿，2008(09)：60-63.

[42] 姬妍婷，吴丰．可持续发展原则视域下稀土贸易冲突问题研究[J]．西昌学院学报(社会科学版)，2021，33(01)：32-36.

[43] 贾宇，XIE Hongyue．"区域"资源开发与担保国责任问题——

中国深海法制建设的新发展[C]. 中国海洋法学评论, 2016 (1): 13-38.

[44] 康玉琛. 公民基本权利和义务关系的理论和实践[J]. 华侨大学学报(哲学社会科学版), 1989(01): 12-16.

[45] 孔令杰.《联合国海洋法公约》的完善[C].《中国海洋法学评论》2010年卷第1期, 2010: 120-155.

[46] 孔志国.《联合国海洋法公约》与中国海权策略选择[J]. 中国法律: 中英文版, 2010(3): 6.

[47] Klaas Willaert, 黄宇欣, 张晓意. 国际海底区域内与外大陆架矿物资源开发缴费机制比较研究[J]. 中华海洋法学评论, 2020, 16(04): 43-84.

[48] 刘洋, 王悦, 裴兆斌. 人类共同继承财产原则在国际海底区域实践研究[J]. 沈阳农业大学学报(社会科学版), 2019, 21(02): 157-163.

[49] 刘淮. 国外深海技术发展研究(上)[J]. 船艇, 2006(10): 6-18.

[50] 刘玉红, 刘新荣. 解决资源代际公平问题的制度博弈及路径选择[J]. 求索, 2014(11): 105-109.

[51] 李汉玉. 人类共同继承财产原则在国际海底区域法律制度的适用和发展[J]. 海洋开发与管理, 2018, 35(04): 70-75.

[52] 李志文. 国际海底资源之人类共同继承财产的证成[J]. 社会科学, 2017(06): 90-98.

[53] 李光辉. 中国海权发展模式的超越与海洋经济法制完善研究[J]. 学术探索, 2020(10): 33-44.

[54] 李光辉. 英国特色海洋法制与实践及其对中国的启示[J]. 武大国际法评论, 2021, 5(03): 40-61.

[55] 芦斌. 论国际环境法中的可持续发展原则[J]. 法制与经济, 2017(10): 179-180.

[56] 李国选. 海洋命运共同体理念的生成逻辑[J]. 邓小平研究, 2020(06): 58-68.

[57] 李龙, 刘玄龙. 法理与政理: 中华民族共同体意识理论探微

[J]. 吉首大学学报(社会科学版),2021,42(01):1-9.

[58] 李强. 论《月球协定》中"人类共同继承财产"概念的法律地位 [J]. 兰州学刊,2009(06):135-137.

[59] 李志文,马金星. 论我国海洋法立法[J]. 社会科学,2014 (07):86-95.

[60] 李懿,张盈盈. 国外海洋经济发展实践与经验启示[J]. 国家 治理,2017(22):41-48.

[61] 李文杰. 也谈国际海底区域担保国的法律义务与责任——以 国际海洋法法庭第 17 号"咨询意见案"为基点[J]. 河北法学, 2019,37(01):113-125.

[62] 卢芳华. 海洋命运共同体:全球海洋治理的中国方案[J]. 思 想政治课教学,2020(11):44-47.

[63] 陆浩. 深海海底区域资源勘探开发立法的理论与实践[J]. 中 国人大,2016(15):10-14.

[64] 吕健,关惠文. 海洋命运共同体视域下提升中国海洋话语权 研究[J]. 延边教育学院学报,2021,35(02):94-96.

[65] 罗国强,冉研."区域"内活动的担保国法律保障机制研究 [J]. 江苏大学学报(社会科学版),2021,23(03):25- 41,53.

[66] 刘少军,杨保华,刘畅,戴瑜. 从市场、技术和制度看国际 海底矿产资源的商业开采时机[J]. 矿冶工程,2015,35 (04):126-129.

[67] 刘惠荣,齐雪薇. 全球海洋环境治理国际条约演变下构建海 洋命运共同体的法治路径启示[J]. 环境保护,2021,49 (15):72-78.

[68] 刘叶美,殷昭鲁. 新中国 70 年中国共产党海洋政策探析[J]. 理论观察,2019(12):15-19.

[69] 刘新华. 中国共产党海洋思想探析[J]. 马克思主义研究, 2015(10):41-50.

[70] 刘江平. 环太平洋联合军演,意欲何为?[J]. 海洋世界, 2012(07):70-73.

[71] 刘巍. 海洋命运共同体：新时代全球海洋治理的中国方案
[J]. 亚太安全与海洋研究, 2021(04)：32-45, 2-3.

[72] 马金星. 全球海洋治理视域下构建"海洋命运共同体"的意涵
及路径[J]. 太平洋学报, 2020, 28(09)：1-15.

[73] 马得懿. 海洋命运共同体：历史性水域的国际法阐释与演进
[J]. 华东师范大学学报(哲学社会科学版), 2020, 52(05)：
128-137, 187.

[74] 宁红玲, 漆彤. "一带一路"倡议与可持续发展原则——国际
投资法视角[J]. 武大国际法评论, 2016, 19(01)：228-245.

[75] 彭芩萱. 人类命运共同体的国际法制度化及其实现路径[J].
武大国际法评论, 2019, 3(04)：7-19.

[76] 潘耀亮, 朱晖. 我国对国际海底区域开发法律制度完善研究
[C]. 辽宁省法学会海洋法学研究会 2016 年学术年会论文
集, 2017：81-91.

[77] 潘俊武. 剖析 1982 年《联合国海洋法公约》中的强制争端解决
机制[J]. 法律科学(西北政法大学学报), 2014, 32(04)：
193-200.

[78] 潘俊武. 解析国际争端解决机制及其发展前景[J]. 法律科学
(西北政法大学学报), 2009, 27(04)：112-121.

[79] 庞中英. 在全球层次治理海洋问题——关于全球海洋治理的
理论与实践[J]. 社会科学, 2018(09)：3-11.

[80] 曲亚囡, 李佳. 人类共同继承财产原则在国际海底区域适用
研究[J]. 沈阳农业大学学报(社会科学版), 2019, 21(01)：
50-55.

[81] 曲亚囡, 裴兆斌. 国际海底区域海洋环境保护研究[C]. 辽宁
省法学会海洋法学研究会 2016 年学术年会论文集, 2017：
69-74.

[82] 邱文弦. 论人类共同继承财产理论的新发展——基于"一带一
路"倡议的促动[J]. 浙江工商大学学报, 2019(04)：
114-121.

[83] 邱松. 新时代中国特色大国外交的理论与实践意义——兼论

国际关系理论中国学派的构建[J]. 新视野，2019（03）：81-87.

[84] 全永波. 全球海洋生态环境多层级治理：现实困境与未来走向[J]. 政法论丛，2019（03）：148-160.

[85] 全永波. 全球海洋生态环境治理的区域化演进与对策[J]. 太平洋学报，2020，28（05）：81-91.

[86] 全永波. 区域合作视阈下的海洋公共危机治理[J]. 社会科学战线，2012（06）：175-179.

[87] 邵明娟，王淑玲，张炜，吴西顺. 国际海底区域内勘探合同现状[J]. 中国矿业，2016，25（S2）：54-57，96.

[88] 孙超，马明飞. 海洋命运共同体思想的内涵和实践路径[J]. 河北法学，2020，38（01）：183-191.

[89] 沈灏. 我国深海海底资源勘探开发的环境保护制度构建[J]. 中州学刊，2017（11）：57-60.

[90] 孙福胜. 马克思主义共同体治理理论探析[J]. 云南行政学院学报，2020，22（06）：62-69.

[91] 孙传香."海洋命运共同体"视域下的海洋综合管理：既有实践与规则创制[J]. 晋阳学刊，2021（02）：104-114.

[92] 孙晋，张田，孔天悦. 我国深海采矿主体资格制度相关法律问题研究[J]. 温州大学学报（社会科学版），2014，27（03）：1-11.

[93] 谭宇生. 国际海底勘探开发的国家义务与责任——以"谨慎处理"义务为核心[J]. 太平洋学报，2013，21（09）：74-84.

[94] 王才玮. 国际海底区域"开采规章"制定的法律问题研究[J]. 山西财经大学学报，2014，36（S1）：113-115.

[95] 王岚. 国际海底区域开发中的国家担保制度研究[J]. 学术界，2016（12）：205-215.

[96] 王岚. 国际海底区域开发中的环境保护立法——域外经验及中国策略[J]. 湖南师范大学社会科学学报，2016，45（04）：91-98.

[97] 王勇. 国际海底区域开发规章草案的发展演变与中国的因应

[J]. 当代法学，2019，33(04)：79-93.

[98] 王超. 国际海底区域资源开发与海洋环境保护制度的新发展——《"区域"内矿产资源开采规章草案》评析[J]. 外交评论(外交学院学报)，2018，35(04)：81-105.

[99] 王斌. 太平洋国际海底区域资源开发的海洋环境保护[J]. 太平洋学报，2002(02)：85-94.

[100] 王佳. 国际海底区域的担保国责任制度咨询案评析[J]. 朝阳法律评论，2012(01)：147-155.

[101] 王芳，王璐颖. 海洋命运共同体：内涵、价值与路径[J]. 人民论坛·学术前沿，2019(16)：98-101.

[102] 王婉潞. 联合国与南极条约体系的演进[J]. 中国海洋大学学报(社会科学版)，2018(03)：16-22.

[103] 王印红，吴金鹏. "和谐海洋观"的阐释与建构[J]. 中国海洋大学学报(社会科学版)，2015(03)：19-24.

[104] 王琪，王爱华. 和谐海洋理念的构建——基于蓝色经济区发展的思考[J]. 中国渔业经济，2014，32(05)：5-11.

[105] 王利兵. 作为网络的南海——南海渔民跨海流动的历史考察[J]. 云南师范大学学报(哲学社会科学版)，2018，50(04)：36-46.

[106] 王阳. 全球海洋治理：历史演进、理论基础与中国的应对[J]. 河北法学，2019，37(07)：164-176.

[107] 王洪兵，汤卫东，范飞虎. 体育旅游资源开发的代际公平内涵[J]. 成都体育学院学报，2019，45(06)：33-38.

[108] 王妤，李剑. 国际经济法之公平互利原则的现实必要性[J]. 现代工业经济和信息化，2014，4(11)：7-9.

[109] 王珉. 我国独立担保法律构造与担保法体系的规范设置[J]. 河北法学，2017，35(07)：83-92.

[110] 王姗. 论国际法先占原则的合理性[J]. 长江丛刊，2016(09)：97-98.

[111] 吴蔚. 构建海洋命运共同体的法治路径[J]. 国际问题研究，2021(02)：102-113.

[112] 文吉昌，刘晓. 马克思共同体思想对人类命运共同体理论构建的启示[J]. 学理论，2021(06)：16-18.

[113] 吴志敏. 风险社会语境下的海洋环境突发事件协同治理[J]. 甘肃社会科学，2013(02)：229-232.

[114] 魏欣欣. 代际公平与领导力的可持续发展[J]. 领导科学，2009(05)：14-15.

[115] 魏妩媚. 国际海底区域担保国责任的可能发展及其对中国的启示[J]. 当代法学，2018，32(02)：35-44.

[116] 肖湘. 发达国家国际海底区域立法及对中国的启示[J]. 长沙理工大学学报(社会科学版)，2015，30(05)：82-88.

[117] 萧汉强. 深海底资源开发的法律争端与商业采矿前景[J]. 高科技与产业化，2009(02)：116-119.

[118] 邢广梅，刘子玮，刘君然，陈雪松，刘晓博. 试论制定我国《海洋基本法》的必要性和紧迫性[J]. 西安政治学院学报，2012，25(01)：84-86.

[119] 薛桂芳. 国际海底区域环境保护制度的发展趋势与中国的应对[J]. 法学杂志，2020，41(05)：41-51.

[120] 薛桂芳. "海洋命运共同体"理念：从共识性话语到制度性安排——以 BBNJ 协定的磋商为契机[J]. 法学杂志，2021，42(09)：53-66.

[121] 徐峰. "海洋命运共同体"的时代意蕴与法治建构[J]. 中共青岛市委党校. 青岛行政学院学报，2020(01)：64-70.

[122] 徐艳玲，陈明琨. 人类命运共同体的多重建构[J]. 毛泽东邓小平理论研究，2016(07)：74-79，92.

[123] 徐秀军，田旭. 全球治理时代小国构建国际话语权的逻辑——以太平洋岛国为例[J]. 当代亚太，2019(02)：95-125，158-159.

[124] 杨泽伟. 国际海底区域"开采法典"的制定与中国的应有立场[J]. 当代法学，2018，32(02)：26-34.

[125] 杨泽伟. 共商共建共享原则：国际法基本原则的新发展[J]. 阅江学刊，2020，12(01)：86-93，122-123.

[126] 杨泽伟. 论"海洋命运共同体"构建中海洋危机管控国际合作的法律问题[J]. 中国海洋大学学报(社会科学版), 2020 (03): 1-11.

[127] 杨泽伟. "一带一路"倡议背景下全球能源治理体系变革与中国作用[J]. 武大国际法评论, 2021, 5(02): 26-44.

[128] 杨泽伟.《联合国海洋法公约》的主要缺陷及其完善[J]. 法学评论, 2012, 30(05): 57-64.

[129] 杨泽伟, 刘丹, 王冠雄, 张磊.《联合国海洋法公约》与中国(圆桌会议)[J]. 中国海洋大学学报(社会科学版), 2019 (05): 1-12.

[130] 杨泽伟. 共商共建共享原则: 国际法基本原则的新发展[J]. 阅江学刊, 2020, 12(01): 86-93.

[131] 杨泽伟. 中国与《联合国海洋法公约》40 年: 历程、影响与未来展望[J]. 当代法学, 2022, 36(04): 29-40.

[132] 杨华. 海洋法权论[J]. 中国社会科学, 2017(09): 163-183, 208-209.

[133] 杨震, 刘丹. 中国国际海底区域开发的现状、特征与未来战略构想[J]. 东北亚论坛, 2019, 28(03): 114-126, 128.

[134] 叶泉. 论全球海洋治理体系变革的中国角色与实现路径[J]. 国际观察, 2020(05): 74-106.

[135] 叶小文. "和而不同"的多重境界——构建人类命运共同体的文化底蕴[J]. 人民论坛, 2021(08): 6-9.

[136] 姚莹. "海洋命运共同体"的国际法意涵: 理念创新与制度构建[J]. 当代法学, 2019, 33(05): 138-147.

[137] 余晓强. 全球海洋秩序的变迁: 基于国际规范理论的分析[J]. 边界与海洋研究, 2020, 5(02): 117-128.

[138] 余谋昌. 关于"全人类利益"的讨论[J]. 哲学研究, 1993 (01): 54-61.

[139] 余民才. 担保国责任与义务咨询意见评述[J]. 重庆理工大学学报(社会科学), 2012, 26(01): 53-60, 67.

[140] 于宜法, 马英杰, 薛桂芳, 郭院. 制定《海洋基本法》初探

[J]. 东岳论丛，2010，31（08）：163-167.

[141] 袁娟娟. 论担保国的责任和义务——2011 年国际海洋法法庭"担保国责任与义务"咨询案述评[J]. 社会科学家，2012（11）：27-30.

[142] 赵忆怡. 国际海底区域开发阶段的担保国责任问题[J]. 中南大学学报（社会科学版），2018，24（03）：58-65.

[143] 张峰. 中国共产党海洋观的百年发展历程与主要经验[J]. 学术探索，2021（05）：10-18.

[144] 张峰. 中国共产党海洋观的百年发展历程与主要经验[J]. 学术探索，2021（05）：10-18.

[145] 张辉. 国际海底区域制度发展中的若干争议问题[J]. 法学论坛，2011，26（05）：91-96.

[146] 张辉. 论国际海底区域开发担保国责任制度[J]. 人民论坛·学术前沿，2017（18）：44-51.

[147] 张辉. 人类命运共同体：国际法社会基础理论的当代发展[J]. 中国社会科学，2018（05）：43-68，205.

[148] 张辉. 国际海底区域开发国之担保义务研究[J]. 中国地质大学学报（社会科学版），2014，14（03）：86-93.

[149] 张辉. 国际海底区域法律制度基本框架及其发展[J]. 法学杂志，2011（04）：13.

[150] 张景全. 为建设海洋命运共同体提供理论支撑——海洋政治学理论构建初探[J]. 人民论坛，2020（21）：101-104.

[151] 张湘兰，叶泉. 中国国际海底区域开发立法探析[J]. 法学杂志，2012，33（08）：72-78.

[152] 张志勋，谭雪春. 论人类共同继承财产原则的适用困境及其出路[J]. 江西社会科学，2012，32（12）：154-158.

[153] 张梓太，程飞鸿. 论美国国际海底区域政策的演进逻辑、走向及启示[J]. 太平洋学报，2020，28（11）：61-72.

[154] 张梓太，沈灏. 深海海底区域资源勘探开发立法研究——域外经验与中国策略[C]. 生态文明法制建设——2014 年全国环境资源法学研讨会（年会）论文集（第三册），2014：

698-720.

[155] 张梓太. 构建我国深海海底资源勘探开发法律体系的思考 [J]. 中州学刊, 2017(11): 52-56.

[156] 张耀. "人类命运共同体"与中国新型"海洋观"[J]. 山东工商学院学报, 2016, 30(05): 90-95.

[157] 张景全, 吴昊. 全球海洋安全治理: 机遇、挑战与行动[J]. 东亚评论, 2020(02): 83-107.

[158] 张丹. 浅析国际海底区域的环境保护机制[J]. 海洋开发与管理, 2014, 31(09): 98-103.

[159] 张丹, 吴继陆. 我国首部深海海底区域资源勘探开发法评析 [J]. 边界与海洋研究, 2016, 1(01): 62-69.

[160] 张丹. 国际海底区域勘探开发与中国的大洋立法[J]. 法制与社会, 2014(24): 71-75.

[161] 张善宝:《担保国责任与义务咨询意见评析》, 人民法院报, 2014年2月7日, 第1版。

[162] 赵理海. "人类的共同继承财产"是当代国际法的一项重要原则[J]. 北京大学学报(哲学社会科学版), 1987(03): 78-87.

[163] 曾文革, 高颖. 国际海底区域采矿规章谈判: 理念更新与制度完善[J]. 阅江学刊, 2020, 12(01): 94-105, 123.

[164] 朱璇, 贾宇. 全球海洋治理背景下对蓝色伙伴关系的思考 [J]. 太平洋学报, 2019, 27(01): 50-59.

[165] 翟勇. 各国深海海底资源勘探开发立法情况[J]. 中国人大, 2016(05): 51-52.

[166] 邹克渊. 国际海洋法对构建人类命运共同体的意涵[J]. 中国海洋大学学报(社会科学版), 2019(03): 13-14.

[167] 张文显. 推进全球治理变革, 构建世界新秩序——习近平治国理政的全球思维[J]. 环球法律评论, 2017, 39(04): 5-20.

[168]《中国就"区域"内活动担保国责任与义务问题向国际海洋法法庭海底争端分庭提交的书面意见》, 载《中国国际法年刊

2010》，世界知识出版社 2011 年版。

［169］中国大洋协会办公室，《国际海域信息》，2013 年 9 月。

［170］中国大洋协会办公室，《国际海域信息》，2015 年 10 月。

［171］中国就"区域"内活动担保国责任与义务问题向国际海洋法
　　　 法庭海底争端分庭提交的书面意见［J］. 中国国际法年刊
　　　 2010，世界知识出版社 2011：543.

［172］中国大洋矿产资源研究开发协会 . 国际海底区域资源开发战
　　　 略研究报告［J］. 1999：23.

六、英文论文

［1］Allan G. Kirton, Stephen C. Vasciannie. Deep Seabed Mining
　　 Under the Law of the Sea Convention and the Implemmention
　　 Agreement：Developing Country Perspectivrs［J］. Social and
　　 Economic Studies, 2002, 51(2)：102-155.

［2］Alberto Pecoraro. Law of the Sea and Investment Protection in Deep
　　 Seabed Mining［J］. Melbourne Journal of International Law, 2019,
　　 20(2)：537-538.

［3］A. F. M. van der Braak. What Would a Community of Shared Future
　　 for Mankind Look Like in the Area of Human Rights? ［J］. Cross
　　 Cultural Human Rights Forum Paper Contributions, 2017, 12：
　　 45-66.

［4］Aline Jaeckel. Developments at the International Seabed Authority
　　 ［J］. International Journal of Marine and Coastal Law, 2016, 31
　　 (4)：706.

［5］Caitlyn Antrim. The International Seabed Authority Turns Twenty
　　 ［J］. Georgetown Journal of International Affairs, 2015, 16(1)：
　　 188-196.

［6］Christopher C. Joyner. Legal Implications of the Concept of the
　　 Common Heritage of Mankind ［J］. The International and
　　 Comparative Law Quarterly, 1986, 35(1)：213-245.

［7］Christos Theodoropoulos. The Wealth of the International Sea-Bed

Area Benefit of Mankind and Private Profit [J]. Zambia Law Journal, 1983(15): 16.

[8] Chang Yenchiang. On Legal Implementation Approaches Toward Amaritime Community With a Shared Future [J]. China Legal Science, 2020, 8(2): 1-30.

[9] Chuanliang Wanga & Yen-Chiang Chang. A New Interpretation of the Common Heritage of Mankind in the Context of the International Law of the Sea[J]. Ocean and Coastal Management, 2020(191): 3-4.

[10] Craik, Neil. Liability for Environmental Harm from Deep Seabed Mining: Towards a Hybrid Approach[J]. Ocean Yearbook, 2019 (33): 315-338.

[11] Craig H. Allen. Protecting the Oceanic Gardens of Eden: International Law Issues in Deep-Sea Vent Resource Conservation and Management[J]. GEO. INT'L ENVTL. L. REV, 2001 (63): 632-636.

[12] David Freestone. Alex G. Oude Elferink. Flexibility and Innovation in the Law of the Sea—Will the LOS Convention Amendment Procedures Ever Be Used?, in Alex G. Oude Elferink ed., Stability and Change in the Law of the Sea: The Role of the Los Convention, Leiton: Martinus Nijhoff Publishers, 2005.

[13] David Freestone. Responsibilities and Obligations of States Sponsoring Persons and Entities with Respect to Activities in the Area[J]. The American Journal of International Law, 2011, 105 (4): 755-760.

[14] Ding Jun, Cheng Hongjin. China's Proposition to Build a Community of Shared Future for Mankind and the Middle EastGovernance[J]. Asian Journal of Middle Eastern and Islamic Studies, 2017(11): 117-119.

[15] Donald K. Anton. The Principle of Residual Liability in the Seabed Disputes Chamber of the International Tribunal for the Law of the

Sea: The Advisory Opinion on Responsibility and Liability for International Seabed Mining [ITLOS Case No. 17] [J]. McGill International Journal of Sustainable Development Law and Policy, 2012, 7(20): 241-257.

[16] Donald K. Anton, Robert A. Makgill, Cymie R. Payne. Seabed Mining—Advisory Opinion on Responsibility and Liability [J]. Environmental Policy and Law, 2011, 41(2): 63.

[17] E. D. Brown. Sea-bed Energy and Minerals: The International Legal Regime[J]. Sea-bed Mining, 2001(2): 201-227.

[18] Edith Brown Weiss. Invoking State Responsibility in the Twenty-First Century[J]. AM. J. INT'L L., 2002, 789(96): 801-802.

[19] Elferink A . The Regime of the Area: Delineating the Scope of Application of the Common Heritage Principle and Freedom of the High Seas[J]. International Journal of Marine & Coastal Law, 2007, 22(1): 143-176(34).

[20] George W. Baer. Notes Toward A New Maritime Strategy [J]. Naval War College Review, 2007(2): 65.

[21] Gàbor Kecskés. The Concepts of State Responsibility and Liability in Nuclear Law[J]. Acta Juridica Hungaric, 2008(7): 228.

[22] Hoang Thi Ha. Understanding China's Proposal for an ASEAN-China Community of Common Destiny and ASEAN's Ambivalent Response [J]. Contemporary Southeast Asia, 2019, 41 (2): 219.

[23] Han Xu. 191st Meeting, Plenary Meetings, 9 December 1982. In United Nations, Third United Nations Conference on the Law of the Sea: Official Records (1984), Vol. 17: 102.

[24] H. Lily. Pacific-ACP States Regional Legislative and Regulatory Framework for Deep Sea Minerals Exploration and Exploitation (SPC, 2012).

[25] Hu Bo. Trends of International Maritime Politics and China's Strategic Choices [J]. China International Studies, 2017

(2): 32.

[26] Ilias Plakokefalos. Seabed Disputes Chamber of the International Tribunal for the Law of the Sea: Responsibilities and Obligations of States Sponsoring Persons and Entities with Respect to Activities in the Area Advisory Opinion [J]. Journal of Environmental Law, 2012, 24(1): 133-143.

[27] Isabel Feichtner. Mining for Humanity in the Deep Sea and Outer Space: The Role of Small States and International Law in the Extraterritorial Expansion of Extraction [J]. Leiden Journal of International Law, 2019(32): 255-274.

[28] Isabel Feichtner. Sharing the Riches of the Sea: The Redistributive and Fiscal Dimension of Deep Seabed Exploitation [J]. The European Journal of International Law, 2019, 30(2): 601-633.

[29] Jinyu Qian. A Community with a Shared Future for Human Beings in the Vision of Modernization of Global Governance: China's Expression and Practice [J]. Journal of Human Rights, 2018, 17(04): 402-410.

[30] Jaeckel A . Deep seabed mining and adaptive management: The procedural challenges for the International Seabed Authority [J]. Marine Policy, 2016, 70(Aug.): 205-211.

[31] Kiss, Alexandre. The Common Heritage of Mankind: Utopia or Reality? [J]. International Journal, 1985, 20(6): 43-76.

[32] L. M. Wedding, S. M. Reiter, C. R. Smith, et al. Managing Mining of the Deep Deabed: Contracts are Being Granted, but Protections are Lagging [J]. Science, New Series, 2015, 349 (6244): 168-188.

[33] Laursen Finn. Superpower at Sea: U. S. Ocean Policy [J]. New York: Praeger, 1983(01): 117.

[34] Laisa Branco de Almeida. Ocean Law in Times of Health Emergency: Deep Seabed Mining Contributions and Its Fear of Overexploitation [J]. Indonesian Journal of International Law,

2020, 18(1): 1-22.

[35] Louis B. Sohn. Managing the Law of the Sea: Ambassador Pardo's Forgotten Second Idea[J]. COLUM. J. TRANSNAT'L L, 1997 (36): 97.

[36] Laura Kaikkonen, et al. Assessing the Impacts of Seabed Mineral Extraction in the Deep Sea and Coastal Marine Environments: Current Methods and Recommendations for Environmental Risk Assessment[J]. Marine Pollution Bulletin, 2018(135): 218.

[37] M. W. Lodge, et al. Seabed Mining: International Seabed Authority Environmental Management Plan for the Clarion-Clipperton Zone, A Partnership Approach[J]. Marine Policy, 2014(49): 66-70.

[38] Miguel Garcia Garcia-Revillo. Access to Maritime Genetic Resources in the International Seabed Area. Freedom of Access versus the Common Heritage of Mankind: Some Reflections[C]. Conferinta Internationala, 2019: 160-170.

[39] Ming Liu. Legalization of the Right to Peace in the Context of a Community with Shared Future for Human Beings[J]. Journal of Human Rights, 2021, 20(1): 117-130.

[40] Michael, W, Lodge. The Common Heritage of Mankind [J]. International Journal of Marine and Coastal Law, 2012, 27(4): 735-742.

[41] MacMaster, Keith. Environmental Liability for Deep Seabed Mining in the Area: An Urgent Case for a Robust Strict Liability Regime[J]. Ocean Yearbook, 2019(33): 339-376.

[42] Naigen Zhang, Institutionalization of a Human Community with a Shared Future and Principles of International Law[J]. Frontiers of Law in China, 2020, 15(1): 84-106.

[43] Nkosazana Dlamini Zuma, Chairperson of the African Union Commission, Key Note Address: Launch of the 2015 – 2025 Decade of African Seas and Oceans and the Celebration of the

African Day of the Seas and Oceans, 25 July 2015.

[44] Nengye Liu, Rakhyun E. Kim. China's Law on the Exploration and Exploitation of Resources in the International Seabed Area of 2016 [J]. International Journal of Marine and Coastal Law, 2016, 31 (4): 693.

[45] Nathalie Ros. Sustainable Development Approaches in the New Law of the Sea[J]. Spanish Yearbook of International Law, 2017 (21): 11-40.

[46] M. C. Wood. The International Seabed Authority: The First Four Years[J]. Max Planck Yearbook of United Nations Law, 1999, 45(4): 199.

[47] Maria L. Banda. Regime Congruence: Rethinking the Scope of State Responsibility for Transboundary Environmental Harm[J]. Minnesota Law Review, 2019, 103(4): 1914.

[48] Ouyang Chuping. 47th Meeting, First Committee, 1 April 1980. In United Nations. Third United Nations Conference on the Law of the Sea: Official Records (1980), Vol. XI: 58.

[49] Pecoraro A. Law of the Sea and Investment Protection in Deep Seabed Mining[J]. SSRN Electronic Journal, 2019, 1: 78-90.

[50] Zou Keyuan. China's Efforts in Deep Sea-Bed Mining: Law and Practic[J]. International Journal of Marine and Coastal Law, 2003, 28(4): 203.

[51] Robin Warner. Environmental Assessment in Marine Areas Beyond National Jurisdiction[J]. Proceedings of the Annual Meeting of American Society of International Law, 2017(111): 252-255.

[52] R. St. J. Macdonald. The Principle of the Common Heritage of Mankind[J]. Boston College International and Comparative Law Review, 2000, 689(4): 200.

[53] Steven Kotz. The Common Heritage of Mankind: Resource Management of the International Seabed [J]. Ecology Law Quarterly, 1976, 6(1): 76.

[54] Scott J. Shackelford. The Tragedy of the Common Heritage of Mankind[J]. Stanford Environmental Law Journal, 2009(28): 130-145.

[55] Shen Hao. International Deep Seabed Mining and China's Legislative Commitment to Marine Environmental Protection[J]. Journal of East Asia and International Law, 2017, 10(2): 490-505.

[56] Shihui Cheng. How Should China Select Its Strategy to Participate in the Activities in the Area: A SWOT-AHP Analysis[J]. China Oceans Law Review, 2018(2): 18.

[57] Sohn, L. B. , Juras, K. G. , Noyes, J. E. , et al. Law of the Sea in a Nutshell[J], 2011(09).

[58] S. Christiansen, et al. . Towards Transparent Governance of Deep Seabed Mining[J]. Institute for Advanced Sustainability Studies, 2016: 33-36.

[59] T. Zwart. Building a Community of Shared Future for Mankind by Adopting a Comprehensive Southern Vision on Human Rights[J]. Building a Community of Shared Future for Human Beings: New Opportunity for South-South Human Rights Development Paper Collection, 2017.

[60] Tladi, Dire. The Common Heritage of Mankind and the Proposed Treaty on Biodiversity in Areas beyond National Jurisdiction: The Choice between Pragmatism and Sustainability[J]. Yearbook of International Environmental Law, 2014(1): 214.

[61] Till Markus, Pradeep Singh. Promoting Consistency in the Deep Seabed: Addressing Regulatory Dimensions in Designing the International Seabed Authority's Exploitation Code[J]. Review of European, Comparative & International Environmental Law, 2016, 25(3): 351-359.

[62] Tony George Puthucherril. Proteceting the Marine Environment: Understanding the Role of International Environmental Law and

Policy[J]. Journal of the Indian Law Institute, 2015, 57(1): 65-86.

[63] T Bräuninger, T. König. Making Rules for Governing Global Commons: The Case of Deep-sea Mining[J]. Journal of Conflict Resolution, 2000(44): 98.

[64] Werner Scholtz. Common Heritage: Saving the Environment for Humankind or Exploiting Resources in the Name of Eco-imperialism? [J]. The Comparative and International Law Journal of Southern Africa, 2008, 41(2): 208.

[65] Wang Shan, Fu Yu. International Rivalries at Sea and China's National Security[J]. Contemporary International Relations, 2010 (9): 19.

[66] Vijaykumar B. India and the Common Heritage Concept in the International Seabed Area [J]. Current Science, 2004, 86 (6): 778.

[67] Yu Long. The Role of the International Seabed Authority in the Implementation of "Due Regard" Obligation Under the LOSC[J]. The Journal of Territorial and Maritime Studies, 2021, 8(1): 27-46.

[68] Y. Tanaka. Obligations and Liability of Sponsoring States Concerning Activities in the Area: Reflections on the ITLOS Advisory Opinion of 1 February 2011 [J]. Netherlands International Law Review, 2013, 60(2): 220-233.

[69] Zeng Ling liang. Conceptual Analysis of China's Belt and Road Initiative: A Road towards a Regional Community of Common Destiny [J]. Chinese Journal of International Law, 2016 (15): 66.

[70] Roscoe Pound. A Survey of Social Interests [J]. Harvard Law Review, 1943(57): 43.

[71] Marie Bourrel, Torsten Thiele, Duncan Currie. The common of Heritage of Mankind as a Means to Assess and Advance Equity in

Deep Sea Mining[J]. Marine Policy, 2018(95): 311-316.

[72] Ximena Hinrichs Oyarce. Sponsoring States in the Area: Obligations, Liability and the Role of Developing States [J]. Marine Policy, 2018(95): 317-323.

[73] Zhiguo Gao. China and the LOS Convention[J]. Marine Policy, 1991, 15(3): 291.

[74] Siavash Mirzaee, Aslan Khuseinovich Abashidze, Alexander Mikhailovich Solntsev. The Concept of Common Heritage of Mankind in the Advisory Opinion of 1 February 2011 by the International Tribunal for the Law of the Sea [J]. Journal of Advanced Research in Law and Economics, 2017, 8 (2): 217-227.

七、案例

[1] 国际海洋法法庭海底争端分庭于 2011 年 2 月 1 日就"区域"内活动担保国责任问题发表的咨询意见。

[2] Lungowe v. Vedanta Res. Plc [2017] EWCA (Civ) 1528, [34]-[38] (appeal taken from EWHC (TCC)) (Eng.).

[3] Dooh v. Royal Dutch Shel Plc, 200. 126. 843-01, Judgment (Gerechtshof Den Haag [Hague Court of Appeal]) (Neth.) (Dec. 18, 2015), http://uitspraken. rechtspraak. nllinziendocument? id=ECLI: NL: GHDHA: 2015: 3586.

[4] Environment and Human Rights Advisory Opinion.

[5] Metropolitan Nature Reserve v. Panama, Case 11. 533.

[6] Juliana v. United States, 217 F. 3d 1224, 1243-44 (D. Or. 2016).

[7] Covington v. Jefferson Cnty., 358 F. 3d 626, 651 (9th Cir. 2004) (Gould, J., concurring).

[8] Am. Comm'n H. R., Report No. 88/03, OEA/Ser. L/VII. 118, doc. 70 rev. P. 34 (2003).

[9] Kyrtatos v. Greece, 2003-VI Eur. Ct. H. R. 257 p. 52.

[10] Brun v. France, Commc'n No. 1453/2006, U. N. Hum. Rts.

Comm. , U. N. Doc. CCPR/C/88/D/1453/2006, p. 6. 3（2006）.

［11］Al-Skeini v. United Kingdom, 2011-IV Eur. Ct. H. R. 99, 170, 1 141.

［12］Pulp Mills on the River Uruguay（Argentina v. Uruguay）, Judgment of 20 April 2010, ICJ Reports 2010.

［13］Memorial of Ecuador, Aerial Herbicide Spraying（Ecuador v. Colom. ）, 2009 I. C. J. Pleadings 1, 1 9. 9（Apr. 28）.

［14］Corfu Channel（U. K. v. Alb. ）, Judgment, 1949 I. C. J. 4, 22（Apr. 9）, ILC 1949 Survey.

［15］Barcelona Traction, Light & Power Co. （Belg. v. Spain）, Judgment, 1970 I. C. J. 3, IT 33-34（Feb. 5）

［16］Interhandel（Switz. v. U. S. ）, Preliminary Objections, 1959 I. C. J. 6, 27（Mar. 21）;

［17］Elettronica Sicula S. p. A. （ELSI）（U. S. v. Italy）, 1989 I. C. J. 15, 31, p. 50（July 20）.

［18］Juridical Condition and Rights of the Undocumented Migrants, Advisory Opinion OC-18/03, Inter-Am. Ct. H. R. （ser. A） No. 18, IT 83-101（2003）.

八、电子文献

［1］中国连任国际海底管理局理事会 A 组成员［EB/OL］.（2021-03-16）［2022-04-05］. http：//www. mnr. gov. cn/dt/hy/202103/t20210316_2617258. html.

［2］中华人民共和国外交部. 中国在国际海底管理局第十届年会上当选理事会 A 组成员［EB/OL］.（2021-03-16）［2022-05-27］. https：//www. fmprc. gov. cn/web/wjb_673085/zzjg_673183/tyfls_674667/xwlb_674669/t129336. shtml.

［3］人民海军成立 70 周年 习近平首提构建"海洋命运共同体"［EB/OL］.（2019-04-23）［2022-05-02］. http：//cpc. people. com. cn/n1/2019/0423/c164113-31045369. html.

［4］李海青. 以普惠价值支撑构建人类命运共同体［EB/OL］.

（2017-08-07）［2021-07-17］. http：//opinion. china. com. cn/opinion_90_168390. html.

［5］中国海洋发展研究中心. 国外专家热议海洋命运共同体理念［EB/OL］.（2019-06-10）［2021-07-02］. http：//aoc. ouc. edu. cn/cf/af/c9824a249775/pagem. psp.

［6］习近平. 在第七十届联合国大会一般性辩论时的讲话［EB/OL］.（2015-09-29）［2021-05-25］. http：//news. Xinhuanet. com/world/2015—09/29/c—1116703645. Htm.

［7］新华网. 关乎人类福祉！习近平提出一个重要理念［EB/OL］.（2019-04-23）［2021-04-23］. http：//www. xinhuanet. com/politics/xxjxs/2019-04/23/c_1124406391. htm.

［8］中国军网. 维护海洋权益 建设海洋强国［EB/OL］.（2019-04-01）［2021-07-06］. http：//www. 81. cn/rd/2019-04-01/content_9464657. htm.

［9］美国：2007 年《二十一世纪海上力量合作战略》［EB/OL］.（2007-04-01）［2021-05-04］，http：//www. Defense. gov/Blog_files/MaritimeStrategy. pdf.

［10］国务院新闻办公室. 中国的和平发展［EB/OL］.（2011-09-06）［2021-09-24］. http：//www. gov. cn/jrzg/2011-09/06/content_1941204. htm.

［11］中国出席国际海底管理局第 21 届会议代表团副团长马新民在"制订多金属结核开发规章"议题下的发言［EB/OL］.（2015-08-07）［2021-05-24］. http：//china-isa. jm. China-embassy. org/chn/hdxx/t1286040. htm.

［12］中国出席国际海底管理局第 22 届会议代表团副团长高风在"'区域'内矿产资源开采规章草案"议题下的发言［EB/OL］.（2016-07-29）［2021-04-02］. http：//china-isa. jm. China-embassy. org/chn/hdxx/t1388582. htm.

［13］外交部. 中国代表团在海管局第 23 届会议理事会"开发规章草案"议题下的发言》［EB/OL］.（2017-08-07）［2021-03-05］. http：//china-isa. jm. China-embassy. org/chn/hdxx/t1487167. htm.

［14］外交部．中国代表团在国际海底管理局第 24 届会上关于开发规
　　　章草案框架结构的发言［EB/OL］．（2018-07-23）［2021-05-12］.
　　　http：//china-isa. jm. China-embassy. org/chn/hdxx/t1583497. htm.

［15］外交部．中国代表团在国际海底管理局第 24 届会上关于开发
　　　规章草案第三部分的发言之二［EB/OL］．（2018-07-23）
　　　［2021-06-11］. http：//china-isa. jm. China-embassy. org/chn/
　　　hdxx/t1583500. htm.

［16］国际海底管理局．中华人民共和国政府关于《“区域”内矿产
　　　资源开发规章草案》的评论意见［EB/OL］．（2017-12-20）
　　　［2021-03-15］. https：//www. isa. org. jm/files/documents/EN/
　　　Regs/2017/MS/ChinaCH. pdf.

［17］2018 年评论意见［EB/OL］．（2018-12-20）［2021-06-19］.
　　　https：//ran-s3. s3. amazonaws. com/isa. org. jm/s3fs-public/
　　　documents/EN/Regs/2018/Comments/China. pdf.

［18］人民海军成立 70 周年 习近平首倡提构建“海洋命运共同体”
　　　［EB/OL］．（2019-04-24）［2021-05-26］. http：//www.
　　　qstheory. cn/zdwz/2019-04/24/c_1124407372. htm.

［19］国务院．国务院办公厅关于印发国家海洋局主要职责内设机
　　　构和人员编制规定的通知（国办发〔2013〕52 号）［EB/OL］.
　　　（2013-07-09）［2021-07-11］. http：//www. gov. cn/zwgk/2013-
　　　07/09/content_2443023. htm.

［20］新华网．综合消息：为完善全球海洋治理贡献中国智慧——
　　　海外华侨华人热议习近平主席提出海洋命运共同体重要理念
　　　［EB/OL］．（2019-04-24）［2021-07-11］. http：//www.
　　　xinhuanet. com/politics/2019-04/24/c_1124411853. htm？baike.

［21］国务院．中共中央印发《深化党和国家机构改革方案》［EB/
　　　OL］．（2018-03-21）［2021-03-21］. http：//www. gov. cn/
　　　xinwen/2018-03/21/content_5276274. htm.

［22］全国人民代表大会．全国人民代表大会常务委员会关于中国
　　　海警局行使海上维权执法职权的决定［EB/OL］．（2018-06-
　　　22）［2021-06-22］. http：//www. npc. gov. cn/zgrdw/npc/

xinwen/2018-06/22/content_2056585. htm.

［23］福岛核事故三周年——史无前例的核损害巨额赔偿及其启示［EB/OL］.（2014-03-11）［2020-12-01］. http：//zn. sinoins. com/2014—03/11/content_101265. htm.

［24］人大新闻网. 深海资源勘探法通过：个人也可申请开发海底矿藏》［EB/OL］.（2016-02-26）［2020-12-01］. http：//npc. people. com. cn/n1/2016/0226/c14576-28154292. html.

［25］国家海洋局.［EB/OL］.（2012-11-29）［2021-05-28］. http：//www. soa. gov. cn/xw/ztbd/2012/jlth_zjzgzrqsq7000mjhs/xctu_jlh/201211/t20121129_10702. htm.

［26］2015 年 10 月 30 日第十二届全国人民代表大会常务委员会第十七次会议，全国人大环境与资源保护委员会主任陆浩关于《中华人民共和国深海海底资源勘探开发法(草案)》的声明［EB/OL］.（2015-11-09）［2021-10-05］. http：//www. npc. gov. cn/npc/lfzt/rlyw/2015-11/09/content_1950725. htm.

［27］贾宇：《深海法》奠定我国深海法律制度的基石［EB/OL］.（2016-03-22）［2021-12-17］. http：//ocean. china. com. cn/2016—03/22/content_38083911. htm.

［28］习近平：决胜全面建成小康社会 夺取新时代中国特色社会主义伟大胜利——在中国共产党第十九次全国代表大会上的报告［EB/OL］.（2017-10-27）［2021-12-17］. http：//www. gov. cn/zhuanti/2017/10/27/content_5234876. htm.

［29］史瑞杰. 协商民主是我国社会主义民主政治的特有形式和独特优势［EB/OL］.（2018-03-23）［2021-12-17］. http：//theory. people. com. cn/GB/n1/2018/0323/c40531-29884377. html.

［30］胡锦涛. 坚定不移沿着中国特色社会主义道路前进，为全面建成小康社会而奋斗——在中国共产党第十八次全国代表大会上的报告［EB/OL］.（2012-11-09）［2021-10-27］. http：//theory. people. com. cn/n/2012/1109/c40531-19530534-2. html.

［31］国务院. 决胜全面建成小康社会，夺取新时代中国特色社会

主义伟大胜利［EB/OL］.（2017-10-27）［2022-04-07］. http：//www. gov. cn/zhuanti/2017-10/27/content_5234876. htm.

［32］共同建设二十一世纪"海上丝绸之路"［EB/OL］.（2015-07-21）［2021-08-12］. http：//cpc. people. com. cn/xuexi/n/2015/0721/c397563-27338109. html.

［33］肩负神圣使命，维护海洋和平安宁——习主席出席庆祝人民海军成立70周年海上阅兵活动在解放军和武警部队引起热烈反响［EB/OL］.（2019-04-25）［2022-01-06］. http：//military. people. com. cn/n1/2019/0425/c1011-31048649. html.

［34］构建人类命运共同体与国际法治变革［EB/OL］.（2019-05-10）［2022-01-06］. http：//theory. people. com. cn/n1/2019/0510/c40531-31076861. html.

［35］专访：世界比以往任何时候都更需要坚持多边主义［EB/OL］.（2020-09-18）［2022-01-08］. https：//m. gmw. cn/baijia/2020-09/18/1301576541. html.

［36］习近平. 放眼世界，我们面对的是百年未有之大变局［EB/OL］.（2017-12-29）［2022-01-24］. https：//news. china. com/zw/news/13000776/20171229/31886996_1. html.

［37］习近平集体会见出席海军成立70周年多国海军活动外方代表团团长［EB/OL］.（2019-04-23）［2022-01-06］. http：//cpc. people. com. cn/n1/2019/0423/c64094-31045360.

［38］胡锦涛. 努力建设持久和平、共同繁荣的和谐世界［EB/OL］.（2012-11-03）［2021-07-27］. http：//cpc. people. com. cn/18/n/2012/1103/c351073-19483816. html

［39］习主席海洋命运共同体理念引共鸣［EB/OL］.（2019-06-08）［2021-10-15］. http：//xinhuanet. com/.

［40］新华时评. 聚力构建海洋命运共同体［EB/OL］.（2021-04-23）［2021-11-19］. http：//m. xinhuanet. com/2021-04/23/c_1127368243. htm.

［41］Briar Douglas, Cooks Partners with Belgium on Seabed Minerals, Cook Islands News ［EB/OL］.（2013-12-27）［2022-01-01］.

http：//www. cookislandsnews. com/iten43133-cooks-partners-with-belgium-on-seabed-minerals/43133-cooks-partners-with-belgium-on-seabed-minerals.

［42］总书记提出人类命运共同体理念的非凡历程［EB/OL］.（2021-01-07）［2021-08-19］. http：//m. cnr. cn/news/20210107/t20210107_525385511. html.

［43］G7 外长会发表海洋安全声明："强烈反对"南海"单方面行动"［EB/OL］.（2016-04-11）［2022-01-26］. http：//m. haiwainet. cn/middle/232591/2016/0411/content_29822826_1. html.

［44］中华人民共和国中央人民政府. 国务院关于印发全国海洋经济发展规划纲要的通知［EB/OL］.（2008-03-28）［2022-02-19］. http：//www. gov. cn/zhengce/content/2008-03/28/content_2657.

［45］中华人民共和国中央人民政府. 国务院批准并印发《国家海洋事业发展规划纲要》［EB/OL］.（2008-02-22）［2022-02-19］. http：//www. gov. cn/gzdt/2008-02/22/content_897673. htm.

［46］美军驱逐舰在印度专属经济区开展"自由航行"，高调表示"事先未征得印度同意"［EB/OL］.（2021-04-09）［2022-02-20］. https：//www. huanqiu. com/.

［47］联合国决议首次写入"构建人类命运共同体"理念［EB/OL］.（2027-02-11）［2022-02-20］. http：//www. xinhuanet. com/world/2017/02/11/c_1120448960. htm.

［48］中国社会科学网. 习近平提出命运共同体理念［EB/OL］.（2011-11-19）［2022-02-20］. http：//www. cssn. cn/.

［49］建设海洋强国，习近平总书记在多个场合这样说［EB/OL］.（2018-06-15）［2022-02-20］. http：//theory. people. com. cn/n1/2018/0615/c40531-30060680. html.

［50］共同构建人类命运共同体——在联合国日内瓦总部的演讲［EB/OL］.（2017-01-19）［2022-02-21］. http：//www. xinhuanet. com//politics/2017/01/19/c_1120340081. htm

［51］中国出席联合国国际海底管理局和国际海洋法法庭筹备委员会［EB/OL］.［2022-02-22］. http：//www. comra. org/.

［52］中华人民共和国中央人民政府．中国大洋协会与国际海底管理
局签订矿区勘探合同［EB/OL］．（2011-11-18）［2022-02-22］.
http：//www. gov. cn/jrzg/2011-11/18/content_1997532. htm.

［53］美领导人指责中国军舰对美舰鲁莽骚扰 外交部：逻辑可笑.
［EB/OL］．（2018-10-16）［2022-02-20］. https：//www. cctv.
com/.

［54］《太平洋学报》新闻网．习近平关于建设海洋强国的讲话［EB/
OL］．（2013-07-30）［2022-04-11］. http：//www. pacificjournal.
com. cn/CN/news/news263. shtml.

［55］中国人大网.《中华人民共和国宪法修正案》（2018 年 3 月 11
日第十三届全国人民代表大会第一次会议通过）［EB/OL］.
（2018-03-11）［2021-08-01］. http：//www. npc. gov. cn/npc/
c505/201803/3bd1311cf0944324b6f3a2bfd8c8cb84. shtml.

［56］胡锦涛在中国共产党第十七次全国代表大会上作报告［EB/
OL］．（2017-10-13）［2022-02-19］. http：//cpc. people. com.
cn/104019/.

［57］国务院．中国大洋协会与国际海底管理局签订富钴结壳勘探
合同［EB/OL］．（2014-04-29）［2021-12-01］. http：//www.
gov. cn/xinwen/2014-04/29/content_2668705. htm.

［58］联合国.21 世纪议程［EB/OL］．（1992-06-14）［2021-11-08］.
https：//www. un. org/zh/documents/treaty/files/21stcentury.
shtml#1. 序言.

［59］中国海洋矿产资源研究开发协会．中国大洋协会对该地区开
发活动管理框架草案的评论》［EB/OL］．（2015-03-14）［2021-
11-08 ］. http：//www. isa. org. jm/Survey/March-2015-Draft-
Exploitation-Framework/stakeholder-re-Sponses.

［60］International Seabed Authority. Draft Regulations on Exploitation of
Mineral Resources in the Area［EB/OL］．（2019-03-22）［2021-
08-15 ］. https：//ran-s3. s3. amazonaws. com/isa. org. jm/s3fs-
public/files/documents/isba_25_c_wp1-e. pdf.

［61］China Minmetals Corporation Signs Exploration Contract with the

International Seabed Authority, ISA NEWS [EB/OL]. (2017-05-12) [2021-10-03]. https: //www. isa. org. jm/news/china-minmetals-corporation-signs-exploration-contract-international-seabed-authority.

[62] China Ocean Mineral Resources R&D Association, The Responses to the Discussion Paper on the Development and Implementation of a Payment Mechanism in the Area, 2015, International Seabed Authority, Draft framework, High level issues and Action plan, Version II [EB/OL]. (2015-07-15) [2022-01-20]. http: // www. isa. org. jm/files/documents/EN/offDocs/Rev— RegFramework—ActionPlan—14072015. PDF.

[63] Deep-Ocean Stewardship Initiative, Commentary on "Developing a Regulatory Framework for Mineral Exploitation in the Area" [EB/OL]. (2015-05-13) [2022-01-23]. http: //dosi-project. org/ wp-content/uploads/2015/08/DOSI-Comments-on-ISA-Regulatory-Framework-Endorsed-May-151. pdf.

[64] International Marine Minerals Society. Code for Environmental Management of Marine Mining [EB/OL]. (2010-04-15) [2022-01-15]. http: //www. immsoc. org/IMMS_code. htm.

[65] P. Verlaan. Deep-Sea Mining: An Emerging Marine Industry Challenges and Responses [EB/OL]. (2015-10-15) [2022-01-24]. http: //www. figsevents. co. uk/news/FIGSLecture_3. pdf.

[66] SPC – EU Deep Sea Minerals Project, About the SPC-EU Deap Sea Minerals Project [EB/OL]. (2011-09-06) [2022-01-24]. http: //dsm. gsd. spc. int/.

[67] International Seabed Authority. Protection of the Seabed Environment [EB/OL]. (2015-11-09) [2021-09-03]. https: // www. isa. org. jm/files/documents/EN/Brochures/ENG4. pdf.

[68] State Oceanic Administration Interprets Regulations on Permits of the Exploration and Exploitation of the Resources in Deep Seabed Area [EB/OL]. (2017-05-04) [2021-09-16]. http: //www.

scio. gov. cn/xwfbh/gbwxwfbh/xwfbh/hyj/Document/1550582/
1550582. htm.

[69] Ongoing Development of Regulations on Exploitation of Mineral
Resources in the Area [EB/OL]. (2017-05-04) [2021-04-04].
https：//www. isa. org. jm/legal-instruments/ongoing-
development-regulations-exploitation-mineral-resources-area.

[70] UN General Assembly Resolution, 2881 (XXVI) [EB/OL].
(1971-12-21) [2021-01-15]. https：//documents-dds-ny. un.
org/doc/RESOLUTION/GEN/NR0/328/97/IMG/NR032897.
pdf? OpenElement.

[71] Maritime Affairs & Fisheries Newsletter [EB/OL]. [2021-01-30].
https：//ec. europa. eu/newsroom/mare/user-subscriptions/114/
create.

[72] Deep Green Metals, Technical Report for the NORI Clarion：
Clipperton Zone Project, Pacific Ocean [EB/OL]. (2018-09-24)
[2021-09-21]. https：//deep. green/43-101-technical-report-
for-the-nori-clarion-clipperton-zone-project-pacific-ocean/.

[73] Information on the Blue Growth Initiative [EB/OL]. [2021-09-
23]. https：//ec. europa. eu/maritimeaffairs/policy/blue_growth
_en.

[74] ISA, Decision of the Council of the International Seabed
Authority, ISBA/17/C/20 [EB/OL]. (2011-07-21) [2021-04-
03]. http：//www. isa. org. jm/files/documents/EN/17Sess/
Council/ISBA-17C-20. pdf.

[75] Hannah Lily, Pacific-ACP States Regional Legislative and
Regulatory Framework for Deep Sea Minerals Exploration and
Exploitation [EB/OL]. (2012-07) [2021-09-24]. https：//
dsm. gsd. spc. int/index. php/publications-and-reports.

[76] Marawa Research and Exploration Ltd, Submission to the
International Seabed A uthority regarding the Development and
Implementation of a Payment Mechanism in the Area [EB/OL].

（ 2015-05-29 ） ［ 2021-09-24 ］. https：//isa. org. jm/files/
marawacomments_29_maypayment_mechanism. pdf.

［77］ ISA, Developing a Regulatory Fraewrk for Mineral Explration in
the Area ［ EB/OL ］. （ 2015-03-04 ）［ 2021-09-24 ］. http：//
www. isa. org. jm/files/documents/EN/Survey/Report-2015. pdf.

［78］ Developing a Regulatory Fraewrk for Mineral Explration in the Area
［ EB/OL ］. （ 2016-06-26 ）［ 2021-09-24 ］. https：//www. isa.
org. jm/files/documents/EN/Regs/DraftExplDraft-ExplRegSCT.
pdf.

［79］ Reviewed and Revised for Stakeholder Responses to the Report to
Members of the Authority and all Stakeholders Issued 23 March
2015 ［ EB/OL ］. （ 2015-03-23 ）［ 2021-07-15 ］. http：//
www. isa. org. jm/files/documents/EN/offDocs/Rev-egFramework-
ActionPlan-14072015. PDF

［80］ ISA, ISA Assembly Concludes in-person Meetings under the 26th
Session ［ EB/OL ］. （ 2021-12-15 ）［ 2021-12-05 ］. https：//
www. isa. org. jm/news/isa-assembly-concludes-person-meetings-
under-26th-session.

［81］ Deep Sea Conservation Coalition, Briefing to the 21st Session of
the International Seabed Authority ［ EB/OL ］. （ 2015-07-16 ）
［ 2021-09-08 ］. http：//www. savethehighseas. org/publicdocs/
DSCC-Briefing-21st-Session-International-Seabed-Authority-July-
2015. pdf.

［82］ International Seabed Authority. Draft Regulations on Exploitation of
Mineral Resources in the Area［EB/OL］. （2017-07-09）［2021-
08-15 ］. https：//ran-s3. s3. amazonaws. com/isa. org. jm/s3fs-
public/files/documents/isba24_ltcwp1rev-en_0. pdf.

［83］ ISA. Developing a Regulatory Framework for Mineral Exploitation
in the Area, Stakeholder Engagement［EB/OL］. （2014-04-23）
［2021-12-25］. https：//www. isa. org. jm/mining-code/ongoing-
development-regulations-exploitation-mineral-resources-area.

[84] See Hannah Lily, Pacific-ACP States Regional Legislative and Regulatory Framework for Deep Sea Minerals Exploration and Exploitation［EB/OL］.（2012-07）［2021-09-24］. https：// dsm. gsd. spc. int/index. php/publications-and-reports.

[85] ISA, Developing a Regulatory Framework For Mineral Exploration in The Area（2015）［EB/OL］.（2015-07-16）［2021-10-08］. http：//www. isa. org. jm/files/documents/EN/Survey/Report-2015. pdf.

[86] Developing a Regulatory Framework For Mineral Exploration in The Area（2016）［EB/OL］.（2016-07-16）［2021-10-08］. https：// www. isa. org. jm/files/documents/EN/Regs/DraftExplDraft-ExplRegSCT. pdf.

[87] ITLOS Seabed Disputes Chamber, Case No. 17, Responsibilities and Obligations of States Sponsoring Persons and Entities with Respect to Activities in the Area, Advisory Opinion, para. 122,［EB/OL］.（2011-02-01）［2021-10-05］. https：//www. itlos. org/fileadmin/ itios/documents/cases/case_no_17/advop_010211. pdf.

九、报纸文献

[1] 崔凤. 21 世纪人类海洋开发活动的主要趋势［N］. 中国海洋报, 2006-04-04(003).

[2] 董卫国. 彰显和而不同的时代意蕴［N］. 人民日报, 2019-07-08(001).

[3] 李海龙, 崔梦. 构建海洋命运共同体：为全球海洋治理贡献中国智慧［N］. 山东党校报, 2021-03-10(004).

[4] 李金明. 中国要尽快制定《海洋基本法》［N］. 海峡导报, 2012-06-22(001).

[5] 联合国新闻稿［N］. SEA/445, 1981-04-16.

[6] 密晨曦. 海洋命运共同体与海洋法治建设［N］. 中国海洋报, 2019-09-17(002).

[7] 中共中央办公厅、国务院办公厅印发《关于全面深入持久开展

民族团结进步创建工作、铸牢中华民族共同体意识的意见》[N].人民日报,2019-10-24(001).

[8] 胡锦涛会见29国海军代表团团长[N].《人民日报》(海外版),2009-04-24(001).

[9]"潜龙一号"无人无缆绳深潜器南海成功海试[N].中国海洋报,2013-05-23(001).

十、博士学位论文

[1] 吕瑞.深海海底区域资源开发法律问题研究[D].西南政法大学,2011.

[2] 陈思静."一带一路"倡议与中国国际法治话语权问题研究[D].武汉大学,2020.

[3] Kathy-Ann Brown. The Status of the Deep Seabed beyond National Jurisdiction:Legal and Political Realities [D]. York University,1991.

后　记

冉冉秋光留不住，满阶红叶暮；阔阔江山装不下，一腔壮志情。蓦然回首，已经在珞珈山度过了三年的求学时光。何其有幸，三年前我成为珞珈山上"王牌军"中的一员，然而三年时光飞逝，在即将离别之时，我已感慨万千。在这三载光阴里，我满载而归，不虚此行。

十年饮冰，难凉热血。我虽十年寒窗，孤灯青卷，但我也一直怀揣着那份对学术研究的憧憬和热爱一路走到现在，我小心翼翼将这份喜欢与热爱珍藏，却又时刻将它注入到我学习生涯的点点滴滴之中，一腔豪情荡胸中。此刻，虽即将要迎来我学生生涯的终点，但却也是我学术生涯的新起点。

桃李不言满庭芳，弦歌百年今又始。自从三年前我踏进武汉大学校门的那一刻起，我就受到了来自这个学校的馈赠与恩泽。在这三年的岁月里，感谢我的母校，感谢我身边的每一位老师，感谢我身边的每一位同学，是他们在不断地激励着我前进，并给我以人生的指引。

在珞珈山上的这三年时光，于我而言既特殊又充实。读博时间只三年，新冠疫情就占了三年，人们常说是疫情偷走了我们本该美好而又充满回忆的大学时光，或有遗憾，或有不甘。但是对于我来说，这三年的疫情时光确是给了我不一样的收获。这不仅是让我见证了一座英雄城市——武汉的三年时光，也是让我见证了一所英雄大学——武汉大学的三年时光。三生有幸，我不仅能在这里攻读博士学位，又能在三年的疫情时光里充实自己，按期完成了博士学习计划，完成了博士论文的写作。

一尺三寸婴，十又八载功。感谢我的家人，感谢我的父母，感谢他们几十年如一日，含辛茹苦地养育和照顾，感谢我的姐姐，在我攻读博士期间帮我照顾家里，作我坚强的后盾。

绿野堂开占物华，路人指道令公家。令公桃李满天下，何用堂前更种花。感谢我的恩师，杨泽伟教授。在我读博期间，杨老师不仅在学术上给予了我悉心的指导，还在生活上给我了更多的关心与帮助。他严谨的学术态度以及求真务实的学风对我产生了很大的影响。我的每一次论文写作，杨老师都会认真修改并给我提出具体的修改意见。其中，留给我印象最深刻的还是开学后第一次见面时杨老师对我的教诲。杨老师给我上的第一堂课就是要学会感恩。承蒙遇见，何其有幸。三年的时光里我一直牢牢地记住了这句话，并将之付诸实践。

感谢武汉大学国际法研究所的每一位老师，黄志雄老师、冯洁菡老师、李雪平老师、高圣惕老师、黄德明老师、石磊老师、苏金远老师，在他们的课堂上我领略到了国际法的魅力与深邃，也让我更加坚定了对国际法的热爱。

汉恩自浅胡恩深，人生乐在相知心。感谢我的舍友冯春阳，在我读博三年期间对我的关心与照顾，一起通宵写论文的日子依旧历历在目。感谢我的同学孙芸芸、徐丽娟、丰月对我的帮助，感谢黄贺达对我的支持与付出。感谢我的师兄师姐以及师弟师妹们，尤其感谢我的徐文韬师兄，在 2022 年除夕夜的前一天还在学校帮我打印论文，送交到老师手上。最后，借此机会，我还想感谢每一位奋斗在抗疫一线的医护工作人员和志愿者们，正是他们的无私奉献、负重前行，才为我们营造了如此美好的安定生活。

今年，即将迎来我的三十而立，我虽长不成参天之树，但也迎来了野百合的春天。即将迈入社会，前路漫漫，等待我的也许是荆棘密布，但我会尽自己最大的努力去做一个对社会有用的人，我将会满怀对学术的热情，不断地默默耕耘，用自己的所学来回报社会。

我从一个普通农民家庭中走来，一路坎坷，一路坚持，走到今天。感谢这一路上所有人的陪伴，感谢这一路上遇到的每一位老师，每一位同学，每一个朋友，是他们的鼓励和支持才成就了今天的我，也感谢我能够得到从本科读到硕士再读到博士的学习机会，圆了我的读书梦和学术梦。我也曾遇到过困难，我也曾想过放弃，但我坚信，苦心人，天不负，只要肯努力付出，必定能得偿所愿。

李光辉

2022 年 6 月　初稿于武大珞珈山

2023 年 1 月　修改于西安